普通高等教育“十一五”计算机类规划教材

数据库原理及应用
学习与实验指导教程

胡孔法　汤克明　纪兆辉　编著

机 械 工 业 出 版 社

本书是主教材《数据库原理及应用》（书号：ISBN 978-7-111-22780-9）一书配套的辅助和补充教程。

全书共分三大部分。第一部分是主教材各章的基本知识点与习题；第二部分是数据库原理及应用实验指导，根据数据库原理及应用教学目标共设计了12个实验，详细讲述了每一个实验的实验目的、实验内容和要求、实验步骤和结果，对Microsoft SQL Server 2000、Visio和Power Designer、Visual Studio 2005. net等数据库设计与开发工具进行实际案例讲解；第三部分是两个附录，包括各章习题答案，三套模拟试卷和答案。

本书习题内容广泛、实验案例具体、内容丰富，适用于高等院校计算机专业、信息管理与信息系统以及相关专业数据库原理及其应用课程的教学与学习指导，还可作为广大从事软件设计与开发工作的工程技术人员及在信息领域工作的科技人员的参考书。通过本课程的学习，能熟练地使用现有的数据库管理系统和软件设计与开发工具，进行数据库结构的设计和数据库应用系统开发。

图书在版编目（CIP）数据

数据库原理及应用学习与实验指导教程/胡孔法等编著．—北京：机械工业出版社，2010. 1

普通高等教育“十一五”计算机类规划教材

ISBN 978-7-111-29294-4

Ⅰ. 数…　Ⅱ. 胡…　Ⅲ. 数据库系统—高等学校—教学参考资料　Ⅳ. TP311. 13

中国版本图书馆CIP数据核字（2009）第231575号

机械工业出版社(北京市百万庄大街22号　　邮政编码100037)

策划编辑：刘丽敏　责任编辑：任正一

封面设计：张　静　责任校对：李　婷　责任印制：洪汉军

三河市国英印务有限公司印刷

2010年2月第1版第1次印刷

184mm×260mm · 13印张 · 318千字

标准书号：ISBN　978-7-111-29294-4

定价：22.00元

凡购本书，如有缺页、倒页、脱页，由本社发行部调换

电话服务　　　　　　　　　　　网络服务

社服务中心：(010) 88361066　　门户网：http: //www.cmpbook.com

销 售 一 部：(010) 68326294　　教材网：http: //www.cmpedu.com

销 售 二 部：(010) 88379649

读者服务部：(010) 68993821　　**封面无防伪标均为盗版**

前　言

数据库技术是产生于20世纪60年代末的计算机数据管理技术，是计算机软件领域的一个重要分支。随着数据库系统的推广，计算机应用已深入人类社会的各个领域，如当前的管理信息系统（MIS）、企业资源规划（ERP）、计算机集成制造系统（CIMS）、地理信息系统（GIS）、决策支持系统（DDS）等都是以数据库技术为基础。目前，我国实施的国家信息化、“金”字工程、数字城市等也都是以数据库为基础的大型计算机系统。所以，我国高等院校从20世纪80年代开始就把数据库原理及其应用作为计算机专业的主要课程之一。目前，“数据库原理及应用课程”是各个高等院校计算机专业、信息管理与信息系统以及相关专业的一门重要专业基础课程。

我们在2008年由机械工业出版社出版的《数据库原理及应用》一书的基础上，认真总结多年科研、软件开发与设计和教学实践的经验，编写了这本《数据库原理及应用学习与实验指导教程》，作为《数据库原理及应用》的配套辅助和补充教程，供广大读者加深对数据库基本原理的理解，对基本技术的应用，对基本知识的掌握。

全书共分三大部分：

第一部分是主教材各章的基本知识点、习题。

第二部分是数据库原理及应用实验指导。

第三部分是两个附录。

第一部分按照主教材《数据库原理及应用》一书的章节给出第1~13章各章的基本知识点以及各章的习题。力图通过习题的练习，复习和掌握主教材所讲的概念、知识，检验和巩固主教材中的学习内容，进一步加深对数据库系统基本概念的理解、对基本技术的应用、对基本知识的掌握，增强学生分析问题、解决问题的能力。

第二部分是数据库原理及应用实验指导。为了进一步加强数据库原理及应用课程实验和课程设计等实践教学环节，根据主教材章节的内容，编排了12个实验，并详细讲述了每一个实验的实验目的、实验内容和要求、实验步骤，结合实际案例对Microsoft SQL Server 2000、Visio和Power Designer、Visual Studio 2005. net等数据库设计与开发工具进行讲解，力图通过综合实验来帮助用户扩展应用能力，使他们能熟练地使用现有的数据库管理系统和软件设计与开发工具，进行数据库结构的设计和数据库应用系统开发，进一步提高实践能力。

第三部分是两个附录，附录A是各章习题答案，附录B是三套模拟试卷和答案。

本书得到国家自然科学基金项目（60773103、60673060）、江苏省自然科学基金（BK2009697）、江苏省“六大人才高峰”项目、江苏省“青蓝工程”优秀青年骨干教师人才计划、扬州大学出版基金项目、扬州大学精品课程建设项目等资助。

本书在编写过程中，得到扬州大学陈崚教授、东南大学董逸生教授的大力支持，在此表示衷心的感谢。

本书习题内容广泛、实验案例具体、内容丰富，可作为计算机专业及相关专业本科生的“数据库原理及其应用”课程的教学与学习指导，也可供研究生、广大软件设计和开发人员参考。

本书难免有错误和不足，希望广大读者对本书提出宝贵意见和建议，敬请指正。

编　者

目　　录

第3部分　附　　录

第1部分　数据库原理及应用基本知识点与习题

第1章　数据库系统概述

1.1　基本知识点

本章先介绍数据库技术的产生与发展，然后介绍数据库的基本概念和数据库系统的特点。本章的学习重点是数据库的基本概念和基本知识，为后续各章节的学习打下扎实的基础。

（1）数据库技术的产生与发展

人工管理阶段、文件系统阶段、数据库系统阶段和高级数据库技术阶段等各阶段的特点。

（2）数据库系统基本概念

DB、DBMS 和 DBS 的定义。

（3）数据库系统的特点

了解：数据、数据处理技术、数据管理技术的基本概念，数据处理技术发展的三个阶段与数据管理技术发展的三个阶段。

理解：冗余度、一致性、共享性、独立性和数据库保护等一系列有关数据库系统的特点。

掌握：数据库、数据库管理系统、数据库系统的有关概念，它们之间的联系以及区别。

1.2　习题1

一、单项选择题

1. 在数据管理技术的发展过程中，经历了人工管理阶段、文件系统阶段和数据库系统阶段。在这几个阶段中，数据独立性最高的是（　　）阶段。

   A. 数据库系统　　B. 文件系统　　C. 人工管理　　D. 数据项管理

2. 数据库系统与文件系统的主要区别是（　　）。

   A. 数据库系统复杂，而文件系统简单

   B. 文件系统不能解决数据冗余和数据独立性问题，而数据库系统可以解决

   C. 文件系统只能管理程序文件，而数据库系统能够管理各种类型的文件

   D. 文件系统管理的数据量较少，而数据库系统可以管理庞大的数据量

3. 在数据库中存储的是（　　）。
   A. 数据　　B. 数据模型
   C. 数据及数据之间的联系　　D. 信息
4. 数据库的特点之一是数据的共享，严格地讲，这里的数据共享是指（　　）。
   A. 同一个应用中的多个程序共享一个数据集合
   B. 多个用户、同一种语言共享数据
   C. 多个用户共享一个数据文件
   D. 多种应用、多种语言、多个用户相互覆盖地使用数据集合
5. 数据库（DB）、数据库系统（DBS）和数据库管理系统（DBMS）三者之间的关系是（　　）。
   A. DBS 包括 DB 和 DBMS　　B. DBMS 包括 DB 和 DBS
   C. DB 包括 DBS 和 DBMS　　D. DBS 就是 DB，也就是 DBMS
6. 数据库管理系统（DBMS）是（　　）。
   A. 一个完整的数据库应用系统　　B. 一组硬件
   C. 一组系统软件　　D. 既有硬件，也有软件
7. 数据库是在计算机系统中按照一定的数据模型组织、存储和应用的（　　）。
   A. 文件的集合　　B. 数据的集合　　C. 命令的集合　　D. 程序的集合
8. 支持数据库各种操作的软件系统是（　　）。
   A. 命令系统　　B. 数据库管理系统
   C. 数据库系统　　D. 操作系统
9. 由计算机硬件、DBMS、DB、应用程序及用户等组成的一个整体叫（　　）。
   A. 文件系统　　B. 数据库系统
   C. 软件系统　　D. 数据库管理系统
10. 数据库系统中应用程序与数据库的接口是（　　）。
    A. 数据库集合　　B. 数据库管理系统（DBMS）
    C. 操作系统（OS）　　D. 计算机中的存储介质
11. 在 DBS 中，DBMS 和 OS 之间关系是（　　）。
    A. 并发运行　　B. 相互调用
    C. OS 调用 DBMS　　D. DBMS 调用 OS
12. 在数据库方式下，信息处理中占据中心位置的是（　　）。
    A. 磁盘　　B. 程序　　C. 数据　　D. 内存
13. 文件系统与数据库系统对数据处理方式的主要区别体现在（　　）。
    A. 数据集成化　　B. 数据共享　　C. 冗余度　　D. 容量
14. DBMS 通常可以向下述哪个对象申请所需计算机资源（　　）。
    A. 数据库　　B. 操作系统　　C. 计算机硬件　　D. 应用程序
15. 下列哪种数据管理技术难以保存数据（　　）。
    A. 人工管理　　B. 独享式文件管理
    C. 共享式文件管理　　D. 数据库系统管理
16. 数据库系统中，DBA 表示（　　）。

A. 应用程序设计者　　B. 数据库使用者
C. 数据库管理员　　D. 数据库结构

17. 数据冗余存在于（　　）。
A. 文件系统中　　B. 数据库系统中
C. 文件系统与数据库系统中　　D. 以上说法都不对

18. 下列说法不正确的是（　　）。
A. 数据库减少了数据冗余
B. 数据库避免了一切数据重复
C. 数据库中的数据可以共享
D. 如果冗余是系统可控制的，则系统可确保更新时的一致性

19.（　　）是存储在计算机内结构化的数据的集合。
A. 数据库系统　　B. 数据库
C. 数据库管理系统　　D. 数据结构

20. 下述各项中，属于数据库系统的特点是（　　）。
A. 存储量大　　B. 存取速度快　　C. 数据共享　　D. 操作方便

二、填空题

1. 数据管理技术经历了________________、________________和________________三个阶段。

2. 数据库系统一般由____________、____________、____________、____________和____________组成。

3. DBMS 是位于应用程序和________________之间的一层管理软件。

4. 数据的冗余是指________________________。

5. 数据的共享性可主要体现在多个用户、现在的和将来的、不同语言的和__________四个方面。

三、简答题

1. 简述数据库的定义。
2. 简述数据库管理系统的定义。
3. 文件系统中的文件与数据库系统中的文件有何本质上的不同？
4. 数据库系统有哪些特点？
5. 简述数据独立性、数据逻辑独立性与数据物理独立性。

第2章　数 据 模 型

2.1　基本知识点

本章主要讲解概念模型、层次模型、网状模型、关系模型、面向对象模型等数据库系统的数据模型的基本概念和设计方法，为后面的数据库设计打下基础。

（1）数据描述

概念设计、逻辑设计和物理设计等各阶段中数据描述的术语，概念设计中实体间二元联系的描述（1∶1，1∶n，m∶n）。

（2）数据模型

数据模型的定义，两类数据模型，逻辑模型的形式定义，E-R模型，层次模型、网状模型、关系模型和面向对象模型的数据结构以及联系的实现方式。

了解：数据模型的组成，数据模型的发展，初步了解面向对象模型。

掌握：层次模型及网状模型的结构以及特点。

理解：E-R模型的有关内容，关系模型的结构以及特点。

灵活运用：会根据现实世界事物及其联系构造及分析E-R图。

2.2　习题2

一、单项选择题

1. 数据库的概念模型独立于（　　）。

A. 具体的机器和DBMS　　B. E-R图

C. 信息世界　　D. 现实世界

2. 数据模型是（　　）。

A. 文件的集合　　B. 记录的集合

C. 数据的集合　　D. 记录及其联系的集合

3. 层次模型、网状模型和关系模型的划分根据是（　　）。

A. 记录长度　　B. 文件的大小

C. 联系的复杂程度　　D. 数据之间的联系

4. 关系数据模型（　　）。

A. 只能表示实体间的1∶1联系

B. 只能表示实体间的1∶n联系

C. 只能表示实体间的m∶n联系

D. 可以表示实体间的上述三种联系

5. 在数据库技术中，面向对象数据模型是一种（　　）。

A. 概念模型　　B. 结构模型

C. 物理模型　　D. 形象模型

6. 关系模型是（　　）。

A. 用关系表示实体　　B. 用关系表示联系

C. 用关系表示实体及其联系　　D. 用关系表示属性

7. 对现实世界进行第二层抽象的模型是（　　）。

A. 概念数据模型　　B. 用户数据模型

C. 结构数据模型　　D. 物理数据模型

8. 现实世界“特征”术语，对应于数据世界的（　　）。

A. 属性　　B. 联系　　C. 记录　　D. 数据项

9. 数据库中，实体是指（　　）。

A. 客观存在的事物　　B. 客观存在的属性

C. 客观存在的特性　　D. 某一具体事件

10. 有关三个世界中数据的描述术语，“实体”是（　　）。

A. 对现实世界数据信息的描述　　B. 对信息世界数据信息的描述

C. 对计算机世界数据信息的描述　　D. 对三个世界间相互联系的描述

11. 构造 E-R 模型的三个基本要素是（　　）。

A. 实体、属性、属性值　　B. 实体、实体集、属性

C. 实体、实体集、联系　　D. 实体、属性、联系

12. 面向对象数据模型中的对象通常包括（　　）。

A. 类、子类、超类　　B. 继承、封装、传递

C. 变量、消息、方法　　D. 对象标识、属性、联系

13. 当前数据库应用系统的主流数据模型是（　　）。

A. 层次数据模型　　B. 网状数据模型

C. 关系数据模型　　D. 面向对象数据模型

14. 数据模型的三要素是（　　）。

A. 外模式、模式、内模式　　B. 关系模型、层次模型、网状模型

C. 实体、联系、属性　　D. 数据结构、数据操作、完整性约束

15. 关系数据库管理系统与网状系统相比（　　）。

A. 前者运行效率高　　B. 前者的数据模型更为简洁

C. 前者比后者产生得早一些　　D. 前者的数据操作语言是过程性语言

16. 下列给出的数据模型中，是概念数据模型的是（　　）。

A. 层次模型　　B. 网状模型

C. 关系模型　　D. E-R 模型

17. 下列关于数据模型中实体间联系的描述正确的是（　　）。

A. 实体间的联系不能有属性　　B. 仅在两个实体之间有联系

C. 单个实体不能构成 E-R 图　　D. 实体间可以存在多种联系

18. 在数据库系统中，对数据操作的最小单位是（　　）。

A. 字节　　B. 数据项　　C. 记录　　D. 字符

19. 关系模型的数据结构是（　　）。

A. 树　　B. 图　　C. 表　　D. 二维表

20. 用来指定和区分不同实体元素的是（　　）。

A. 实体　　B. 属性　　C. 标识符　　D. 关系

二、填空题

1. 数据模型是由________、________、________三部分组成。
2. 层次数据模型中，只有一个节点无父节点，它被称为________。
3. 层次模型中，根节点以外的节点至多可有________个父节点。
4. 二元实体之间的联系可抽象为三类，它们是________、________和________。
5. 层次模型的数据结构是________结构；网状模型的数据结构是________结构；关系模型的数据结构是________结构。

三、简答题

1. 层次数据模型、网状数据模型以及关系数据模型之间有什么区别？
2. 试叙述结构数据模型的三个组成部分。
3. 在层次、网状、关系、面向对象等数据模型中，数据之间联系是如何实现的？
4. 关系数据模型有哪些优缺点？
5. 试述概念模型的作用。

第 3 章　数据库系统的体系结构

3.1　基本知识点

本章主要介绍数据库系统的三级模式结构、DBS 组成和全局结构、DBMS 工作模式、DBMS 系统结构，并给出几种典型结构的 DBMS。

（1）DB 的体系结构

三级结构，两级映像，两级数据独立性，体系结构各个层次之间的联系。

（2）DBS

DBS 的组成，DBA，DBS 的全局结构，DBS 结构的分类。

（3）DBMS

DBMS 的工作模式、主要功能和模块组成。

（4）几种典型结构的 DBS

客户/服务器（Client/Server）结构、基于 Web 的数据库系统。

了解：DBMS 数据存取层的有关知识。

掌握：数据库系统三级结构有关概念以及与数据独立性的关系，数据库系统的组成。

理解：熟练掌握数据库管理系统的功能及结构，DDL、DML、DCL、Client/Server 结构的有关概念。

3.2　习题 3

一、单项选择题

1. 数据库中，数据的物理独立性是指（　　）。
   A. 数据库与数据库管理系统的相互独立
   B. 用户程序与 DBMS 的相互独立
   C. 用户的应用程序与存储在磁盘上的数据库中的数据是相互独立的
   D. 应用程序与数据库中数据的逻辑结构相互独立
2. 对于数据库系统，负责定义数据库内容，决定存储结构和存取策略及安全授权等工作的是（　　）。
   A. 应用程序开发人员　　B. 终端用户
   C. 数据库管理员　　D. 数据库管理系统的软件设计人员
3. 数据库管理系统中用于定义和描述数据库逻辑结构的语言称为（　　）。
   A. 数据描述语言　B. 数据库子语言　C. 数据操纵语言　D. 数据结构语言
4. 数据库管理系统能实现对数据库中数据的查询、插入、修改和删除，这类功能称为（　　）。
   A. 数据定义功能　B. 数据管理功能　C. 数据操纵功能　D. 数据控制功能

5. 子模式是（　　）。
   A. 模式的副本　B. 模式的逻辑子集　C. 多个模式的集合　D. 以上三者
6. 一般地，一个数据库系统的外模式（　　）。
   A. 只能有一个　B. 最多只能有一个　C. 至少两个　D. 可以有多个
7. 在数据库的三级模式结构中，描述数据库中全体数据的全局逻辑结构和特性的是（　　）。
   A. 外模式　B. 内模式　C. 存储模式　D. 模式
8. 数据库的三级模式之间存在的映像关系正确的是（　　）。
   A. 外模式/内模式　B. 外模式/模式　C. 外模式/外模式　D. 模式/模式
9. 数据库三级视图，反映了三种不同角度看待数据库的观点，用户眼中的数据库称为（　　）。
   A. 存储视图　B. 概念视图　C. 内部视图　D. 外部视图
10. 在数据库系统中“模式”是指（　　）。
    A. 数据库的物理存储结构描述
    B. 数据库的逻辑结构描述
    C. 数据库用户的局部逻辑结构描述
    D. 内模式、概念模式、外部模式的总称
11. 在数据操纵语言（DML）的基本功能中，不包括的是（　　）。
    A. 插入新数据　B. 描述数据库结构
    C. 更新数据库中的数据　D. 删除数据库中的数据
12. 在数据库结构中，保证数据库独立性的关键因素是（　　）。
    A. 数据库的逻辑结构　B. 数据库的逻辑结构、物理结构
    C. 数据库的三级结构　D. 数据库的三级结构和两级映射
13. 在数据库系统中，“数据独立性”和“数据联系”这两个概念之间的联系是（　　）。
    A. 没有必然的联系　B. 同时成立或不成立
    C. 前者蕴涵后者　D. 后者蕴涵前者
14. 数据库三级模式中，用逻辑数据模型对用户所用到的那部分数据的描述是（　　）。
    A. 外模式　B. 概念模式　C. 内模式　D. 用户模式
15. 在数据库系统中，模式/内模式映像用于解决数据的（　　）。
    A. 物理独立性　B. 结构独立性　C. 逻辑独立性　D. 分布独立性
16. 在数据库系统中，外模式/模式映像用于解决数据的（　　）。
    A. 物理独立性　B. 结构独立性　C. 逻辑独立性　D. 分布独立性
17. 在数据库中，描述数据库的各级数据结构，称为（　　）。
    A. 数据库模式　B. 数据模型　C. 数据库管理系统　D. 数据字典
18. 数据库三级模式体系结构主要的目标是确保数据库的（　　）。
    A. 数据结构规范化　B. 存储模式　C. 数据独立性　D. 最小冗余
19. 数据的存储结构与数据逻辑结构之间的独立性称为数据的（　　）。
    A. 物理独立性　B. 结构独立性　C. 逻辑独立性　D. 分布独立性
20. 数据的逻辑结构与用户视图之间的独立性称为数据的（　　）。

A. 物理独立性　　B. 结构独立性　　C. 逻辑独立性　　D. 分布独立性

二、填空题

1. 数据库管理系统的主要功能有________、________、________以及________等四个方面。

2. 数据库语言包括________、________两大部分，前者负责描述和定义数据库的各种特性，后者说明对数据进行的各种操作。

3. 数据独立性又可分为________和________。

4. 数据库体系结构按照________、________和________三级结构进行组织。

5. 数据库模式体系结构中提供了两个映像功能，即________和________映像。

三、简答题

1. 数据库系统如何实现数据独立性？数据独立性可带来什么好处？

2. 简述数据库管理系统的功能。

3. 简述 DBA 的职责。

4. 使用 DBS 的用户有哪几类？

5. 从模块结构看，DBMS 由哪些部分组成？

第 4 章　关系数据库方法

4.1　基本知识点

本章主要介绍关系数据库的基本概念，关系运算和关系表达式的优化问题，其中关系运算和关系表达式的优化问题是本课程的重点内容之一。关系运算是关系数据模型的理论基础。

（1）基本概念

关系形式定义，关键码（主键和外键），三类完整性规则，关系模式、关系子模式和存储模式。

（2）关系代数

五个基本操作及其组合操作。

（3）关系演算

元组关系演算和域关系演算的原子公式、公式的定义。

（4）关系代数表达式的优化

关系代数表达式的等价及等价转换规则，启化式优化算法。

了解：关系数据语言的有关知识，关系系统的查询优化有关知识。

掌握：关系数据库的基本概念。

理解：关系代数的各种运算以及关系演算。

灵活运用：根据 E-R 模型构造关系数据库模式；综合运用关系代数和关系演算以描述复杂数据查询。

4.2　习题 4

一、单项选择题

1. 关系模式的任何属性（　　）。

A. 不可再分　　B. 可再分
C. 命名在该关系模式中可以不唯一　　D. 以上都不是

2. 关系数据库中的码是指（　　）。

A. 能唯一决定关系的字段　　B. 不可改动的专用保留字
C. 关键的很重要的字段　　D. 能唯一标识元组的属性或属性集合

3. 关系模式的完整性规则，一个关系中的“主码”（　　）。

A. 不能有两个　　B. 不能成为另一个关系的外码
C. 不允许为空　　D. 可以取值

4. 关系数据库中能唯一识别元组的那个属性称为（　　）。

A. 唯一性的属性　　B. 不可改动的保留字段

C. 关系元组的唯一性　　D. 关键字段

5. 在关系 R（R#，RN，S#）和 S（S#，SN，SD）中，R 的主码是 R#，S 的主码是 S#，则 S#在 R 中称为（　　）。

A. 外码　　B. 候选码　　C. 主码　　D. 超码

6. 关系模型中，一个码是（　　）。

A. 可由多个任意属性组成

B. 至多由一个属性组成

C. 可由一个或多个其值能唯一标识该关系模式中任何元组的属性组成

D. 以上都不是

7. 同一个关系模型的任意两个元组值（　　）。

A. 不能全同　　B. 可全同　　C. 必须全同　　D. 以上都不是

8. 自然连接是构成新关系的有效方法。一般情况下，当对关系 R 和 S 使用自然连接时，要求 R 和 S 含有一个或多个共有的（　　）。

A. 元组　　B. 行　　C. 记录　　D. 属性

9. 取出关系中的某些列，并消去重复元组的关系代数运算称为（　　）。

A. 取列运算　　B. 投影运算　　C. 连接运算　　D. 选择运算

10. 下面的两个关系中，职工号和设备号分别为职工关系和设备关系的关键字：

职工（<u>职工号</u>，职工名，部门号，职务，工资）

设备（<u>设备号</u>，职工号，设备名，数量）

两个关系的属性中，存在一个外关键字为（　　）。

A. 职工关系的“职工号”　　B. 职工关系的“设备号”

C. 设备关系的“职工号”　　D. 设备关系的“设备号”

11. 下列哪些运算是关系代数的基本运算（　　）。

A. 交、并、差　　B. 投影、选择、除、联结

C. 联结、自然联结、笛卡尔乘积　　D. 投影、选择、笛卡尔乘积、差运算

12. 下面关于关系性质的叙述中，不正确的是（　　）。

A. 关系中元组的次序不重要　　B. 关系中列的次序不重要

C. 关系中元组不可以重复　　D. 关系不可以为空关系

13. 候选码中的属性可以有（　　）。

A. 0 个　　B. 1 个　　C. 1 个或多个　　D. 多个

14. 候选码中的属性称为（　　）。

A. 非主属性　　B. 主属性　　C. 复合属性　　D. 关键属性

15. 关系数据模型（　　）。

A. 只能表示实体间的 1∶1 联系　　B. 只能表示实体间的 1∶n 联系

C. 只能表示实体间的 m∶n 联系　　D. 可以表示实体间的上述三种联系

16. 下列关系代数操作中，哪些运算要求两个运算对象其属性结构完全相同（　　）。

A. 并、交、差　　B. 笛卡尔乘积、连接

C. 自然连接、除法　　D. 投影、选择

17. 根据参照完整性规则，若属性 F 是关系 S 的主属性，同时又是关系 R 的外关键字，

则关系 R 中 F 的值（　　）。

A. 必须取空值　　B. 必须取非空值

C. 可以取空值　　D. 以上说法都不对

18. 下列哪个是单目运算（　　）。

A. 差　　B. 并　　C. 投影　　D. 除法

19. 设关系 R 是 M 元关系，关系 S 是 N 元关系，则 R×S 为（　　）元关系。

A. M　　B. N　　C. M×N　　D. M+N

20. 设关系 R 有 r 个元组，关系 S 有 s 个元组，则 R×S 有（　　）元个元组。

A. r　　B. r×s　　C. s　　D. r+s

二、填空题

1. 关系操作的特点是________操作。

2. 关系模型的完整性规则包括________、________和________。

3. 连接运算是由________和________操作组合而成的。

4. 自然连接运算是由________、________和________操作组合而成的。

5. 交运算是扩充运算，可以用________推导出。

6. 关系数据库中可命名的最小数据单位是________。

7. 关系代数运算中，基本的运算是________、________、________、________、和________。

8. 关系数据库中基于数学的两类运算是________和________。

9. 已知系（系编号，系名称，系主任，电话，地点）和学生（学号，姓名，性别，入学日期，专业，系编号）两个关系，系关系的主码是系编号，学生关系的主码是学号，外码是________。

10. 关系代数中，从关系中取出所需属性组成新关系的操作称为________。

三、简答题

1. 为什么关系中的元组没有先后顺序?

2. 为什么关系中不允许有重复元组?

3. 关系与普通表格、文件有什么区别?

4. 笛卡尔积、等值连接、自然连接三者之间有什么区别?

5. 关系代数的自然连接操作和半连接操作之间有些什么联系?

四、应用题

1. 设有如图所示的关系 R 和 S，计算：

(1) $R1 = R - S$

(2) $R2 = R \cup S$

(3) $R3 = R \cap S$

(4) $R4 = R \times S$

R

A	B	C
1	2	3
2	1	5
3	2	4

S

A	B	C
2	1	5
3	1	4

2. 设有如图所示的关系 R 和 S，计算：

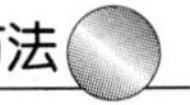

(1) $R1 = R - S$

(2) $R2 = R \cup S$

(3) $R3 = R \cap S$

(4) $R4 = \Pi_{A,B}(\sigma_{B='b1'}(R))$

R

A	B	C
A1	B1	C1
A2	B2	C1
A2	B2	C2

S

A	B	C
A2	B2	C1
A2	B2	C2
A3	B3	C3

3. 设有如图所示的关系 R、S 和 T，计算：

(1) $R1 = R - S$

(2) $R2 = R \bowtie T$

(3) $R3 = \Pi_{A}(R)$

(4) $R4 = \sigma_{A=C}(R \times T)$

R

A	B
1	2
2	5
3	3

S

A	B
4	1
1	2
4	3

T

B	C
2	2
3	3
2	4

4. 设有如图所示的关系 R 和 S，计算：

(1) $R1 = R \cup S$

(2) $R2 = R \cap S$

(3) $R3 = R \times S$

(4) $R4 = \Pi_{3,2}(S)$

R

A	B	C
c	f	g
b	e	g
g	b	c
d	d	c

S

A	B	C
c	d	e
g	b	c

5. 设有三个关系：

S（S#，SNAME，AGE，SEX）

C（C#，CNAME，TEACHER）

SC（S#，C#，GRADE）

试用关系代数表达式表示下列查询语句：

(1) 检索“陈军”老师所授课程的课程号（C#）和课程名（CNAME）。

(2) 检索年龄小于 20 的男学生学号（S#）和姓名（SNAME ）。

(3) 检索至少选修“陈军”老师所授全部课程的学生姓名（SNAME）

(4) 检索“李强”同学不学课程的课程号（C#）。

(5) 检索至少选修两门课程的学生学号（S#）。

(6) 检索全部学生都选修的课程的课程号（C#）和课程名（CNAME）。

(7) 检索选修课程包含“陈军”老师所授课程之一的学生学号（S#）。

(8) 检索选修课程号为 C1 和 C5 的学生学号（S#）。

(9) 检索选修全部课程的学生姓名（SNAME）。

(10) 检索选修课程包含学号为 S2 的学生所修课程的学生学号（S#）。

(11) 检索选修课程名为“C 语言”的学生学号（S#）和姓名（SNAME）。

6. 已知一个关系数据库的模式如下：

S（SNO，SNAME，SCITY）

P（PNO，PNAME，COLOR，WEIGHT）

J（JNO，JNAME，JCITY）

SPJ（SNO，PNO，JNO，QTY）

其中：S 表示供应商，它的各属性依次为供应商号、供应商名和供应商所在城市；P 表示零件，它的各属性依次为零件号、零件名、零件颜色和零件重量；J 表示工程，它的各属性依次为工程号、工程名和工程所在城市；SPJ 表示供货关系，它的各属性依次为供应商号、零件号、工程号和供货数量。

用关系代数表达式表示下面的查询要求：

（1）为工程 J10 供应零件的供应商代码 SNO。

（2）为工程 J9 供应零件 P9 的供应商代码 SNO。

（3）为工程 J8 供应黄色零件的供应商代码 SNO。

（4）没有使用南京供应商生产的黄色零件的工程项目代码 JNO。

第 5 章 关系数据库的结构化查询语言 SQL

5.1 基本知识点

本章介绍关系数据库标准语言 SQL。主要内容包括：数据定义、数据操纵、数据控制和数据约束等。

（1）SQL 数据库的体系结构，SQL 的组成。

（2）SQL 的数据定义：SQL 模式、基本表和索引的创建和撤销。

（3）SQL 的数据更新：插入、删除和修改语句。

（4）SQL 的数据查询

SELECT 语句的句法，SELECT 语句的几种形式及各种限定，基本表的连接操作。

（5）视图的创建和撤销，对视图更新操作的限制。

（6）嵌入式 SQL

了解：SQL 语言的基本概念，基本表的定义、修改和删除，嵌入式 SQL 的有关概念。

掌握：数据更新及视图的基本操作。

灵活运用：数据查询、聚集的 SQL 语句表示。

重要内容分析：SELECT 语句是 SQL 的核心内容，对于该语句应掌握下列内容。

（1）SELECT 语句的来历

在关系代数中最常用的式子是下列表达式：

$\Pi A_1, \cdots, A_n(\sigma_F(R_1 \times \cdots \times R_m))$

针对上述表达式，SQL 为此设计了 SELECT-FROM-WHERE 句型：

```
SELECT  A1, …, An
FROM  R1, …, Rm
WHERE  F;
```

（2）SELECT 语句的语义有三种情况，下面以学生表 S（SNO，SNAME，AGE，SEX）为例说明。

第一种情况：SELECT 语句中未使用分组子句，也未使用聚合操作，那么 SELECT 子句的语义是对查询的结果执行投影操作。譬如：

```
SELECT SNO, SNAME
FROM S
WHERE SEX = 'M';
```

第二种情况：SELECT 语句中未使用分组子句，但在 SELECT 子句中使用了聚合操作，此时 SELECT 子句的语义是对查询结果执行聚合操作。譬如：

```
SELECT COUNT (*), AVG (AGE)
FROM S
WHERE SEX = 'M';
```

该语句是求男同学的人数和平均年龄。

第三种情况：SELECT 语句使用了分组子句和聚合操作，此时 SELECT 子句的语义是对查询结果的每一分组去做聚合操作。譬如：

```
SELECT AGE, COUNT (*)
FROM S
WHERE SEX = 'M'
GROUP BY AGE;
```

该语句是求男同学每一年龄的人数。

（3）SELECT 语句中使用分组子句的先决条件是要有聚合操作。

但执行聚合操作不一定要用分组子句。譬如求男（M）同学的人数，此时聚合值只有一个，因此不必分组。

但同一个聚合操作的值有多个时，必须使用分组子句。譬如求每一年龄的学生人数。此时聚合值有多个，与年龄有关，因此必须分组。

5.2 习题 5

一、单项选择题

1. SQL 语言是（　　）。

   A. 高级语言　　B. 结构化查询语言　　C. 编程语言　　D. 宿主语言

2. SQL 中用于删除基本表的命令是（　　）。

   A. DELETE　　B. UPDATE　　C. ZAP　　D. DROP

3. 采用 SQL 查询语言对关系进行查询操作，若要求查询结果中不能出现重复元组，可在 SELECT 子句后增加保留字（　　）。

   A. DISTINCT　　B. UNIQUE　　C. NOT NULL　　D. SINGLE

4. 下面关于 SQL 语言的叙述中，错误的一条是（　　）。

   A. SQL 语言既可作为联机交互环境中的查询语言又可嵌入宿主语言中

   B. 使用 SQL 语言用户只能定义索引而不能引用索引

   C. SQL 语言没有数据控制功能

   D. 用户可以使用 SQL 语言定义和检索视图

5. SQL 语言引入了视图的概念，下述说法正确的是（　　）。

   A. 视图是由若干数据表组成的，独立存储在数据库中

   B. 视图的存在提高了并发程序

   C. 视图与基本表的最大区别在于它是逻辑定义的虚表

   D. 视图简化用户观点，但不提高查询效率

6. 在学生关系中，用 SQL 语句列出所有计算机系的学生姓名，应该对学生关系进行（　　）操作。

   A. 选择　　B. 投影　　C. 连接　　D. 选择和投影

7. SQL 语句的一次查询结果是（　　）。

   A. 数据项　　B. 记录　　C. 元组　　D. 表

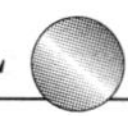

8. NULL 是指（　　）。
   A. 0　　B. 空格　　C. 无任何值　　D. 空字符串
9. 下列哪条语句不属于 SQL 语言数据操纵功能（　　）。
   A. SELECT　　B. DELETE
   C. INSERT　　D. CREATE TABLE
10. SQL 语言中用于修改表结构的命令是（　　）。
   A. CREATE　　B. ALTER　　C. UPDATE　　D. DROP
11. SQL 语言中用于数据检索的命令是（　　）。
   A. SELECT　　B. DELETE　　C. INSERT　　D. UPDATE
12. 在 SQL 语言中，对输出结果进行排序的语句是（　　）。
   A. GROUP BY　　B. ORDER BY　　C. WHERE　　D. HAVING
13. 在 SQL 语言中，需要对分组情况应满足的条件进行判断时，应使用（　　）。
   A. GROUP BY　　B. ORDER BY　　C. WHERE　　D. HAVING
14. 在 SELECT 语句中使用 GROUP BY CNO 时，CNO 必须（　　）。
   A. 在 WHERE 中出现　　B. 在 FROM 出现
   C. 在 SELECT 中出现　　D. 在 HAVING 中出现
15. 使用 CREATE VIEW 语句创建的是（　　）。
   A. 数据库　　B. 视图　　C. 索引　　D. 表
16. 在 WHERE 语句的条件表达式中，与零个或多个字符进行匹配的通配符是（　　）。
   A. *　　B. %　　C. ?　　D. _
17. 在 SQL 语言中，给用户授权的命令是（　　）。
   A. GRANT　　B. SET　　C. REVOKE　　D. FROM
18. 在 SELECT 语句中使用 *，表示（　　）。
   A. 选择任何属性　　B. 选择所有属性
   C. 选择所有元组　　D. 选择主键
19. 在 SQL 语句中，谓词“EXISTS”的含义是（　　）。
   A. 全称量词　　B. 存在量词　　C. 自然连接　　D. 等值连接
20. 在 SELECT 语句中，通常与 HAVING 子语句同时使用的是（　　）。
   A. ORDER BY　　B. WHERE　　C. GROUP BY　　D. 均不需要

二、填空题

1. SQL 的含义是________________。
2. 从程序设计语言的特点考虑，C 语言属于____________语言，而 SQL 属于____________语言。
3. 在 SQL 中视图是由______________或______________产生的虚表，不能存放____________，只存储视图的____________。
4. 在 SQL 对应的三级模式中，关系模式对应____________，关系子模式对应____________，存储模式对应____________。
5. SQL 具有的主要功能有____________、____________、____________。

三、简答题

1. 在宿主语言的程序中使用 SQL 语句有哪些规定？
2. SQL 中的视图机制有哪些优点？
3. SQL 的集合处理方式与宿主语言单记录处理方式之间如何协调？
4. 嵌入式 SQL 语句何时不必涉及到游标？何时必须涉及到游标？
5. SQL 有哪些特点？它支持三级模式结构吗？

四、程序设计题

1. 设有三个关系：

C（CNO，CNAME，PCNO）

SC（SNO，CNO，SCORE）

S（SNO，SNAME，AGE，SEX）

其中：C 为课程表关系，对应的属性分别是课程号、课程名和预选课程号；SC 为学生选课表关系，对应的属性分别是学号、课程号和成绩；S 为学生表关系，它的各属性依次为学号、姓名、年龄和性别。用 SQL 语言写出：

（1）对关系 SC 中课程号等于 C1 的选择运算。

（2）对关系 C 的课程号、课程名的投影运算。

（3）对 C 和 SC 两个关系的自然连接运算。

（4）求每一课程的间接选修课。

（5）将学号为“S1”的学生年龄改为 20。

（6）建立一反映各学生总成绩的视图 S_ZCJ，视图包括学号、姓名、总成绩三列。

2. 设有如下 4 个关系模式：

书店（书店号，书店名，地址）

图书（书号，书名，定价）

图书馆（馆号，馆名，城市，电话）

图书发行（馆号，书号，书店号，数量）

设各关系模式中的数据满足下列问题。请解答：

（1）用 SQL 语句定义图书关系模式。

（2）用 SQL 语句检索已发行的图书中最贵和最便宜的书名和定价。

（3）用 SQL 语句插入一本图书信息：（“B1001”，“数据库原理及应用”，32）。

（4）写出下列 SQL 语句所表达的中文意思。

```
SELECT 馆名
FROM 图书馆
WHERE 馆号 IN
        (SELECT 馆号
        FROM 图书发行
        WHERE 书号 IN
                (SELECT 书号
                FROM 图书
                WHERE 书名 = '数据库原理及应用');
```

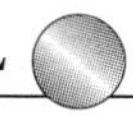

3. 设有学生表 S（SNO，SN）（其中：SNO 为学号，SN 为姓名）、课程表 C（CNO，CN，TEACHER）（其中：CNO 为课程号，CN 为课程名，TEACHER 为任课教师）和学生选修课程表 SC（SNO，CNO，G）（其中：SNO 为学号，CNO 为课程号，G 为成绩），试用 SQL 语句完成以下操作：

（1）检索胡恒老师所授课程的课程号和课程名。

（2）检索李立同学不选修的课程的课程名。

（3）求胡恒老师所授课程的每门课程的平均成绩。

（4）在表 C 中统计开设课程的教师人数。

（5）建立一个视图 V_SSC（SNO，SN，CNO，CN，G），并按 CNO 升序排序。

（6）从视图 V_SSC 上查询平均成绩在 90 分以上的学生姓名，课程名和成绩。

4. 设有如下 4 个关系模式：

S（SN，SNAME，CITY）

P（PN，PNAME，COLOR，WEIGHT）

J（JN，JNAME，CITY）

SPJ（SN，PN，JN，QTY）

其中：S 表示供应商，SN 为供应商编码，SNAME 为供应商名字，CITY 为供应商所在城市；P 表示零件，PN 为零件编码，PNAME 为零件名字，COLOR 为零件颜色，WEIGHT 为零件重量；J 表示工程，JN 为工程编码，JNAME 为工程名字，CITY 为工程所在城市；SPJ 表示供应关系，QTY 表示提供的零件数量。

写出实现以下各题功能的 SQL 语句：

（1）取出所有工程的全部细节。

（2）取出所在城市为上海的所有工程的全部细节。

（3）取出重量最轻的零件编码。

（4）取出为工程 J1 提供零件 P1 的供应商编码。

（5）取出由供应商 S1 提供零件的工程名称。

（6）取出供应商 S1 提供的零件的颜色。

（7）取出为工程 J1 和 J2 提供零件的供应商编码。

（8）取出为工程 J1 提供红色零件的供应商编码。

（9）取出为所在城市为南京的工程提供零件的供应商编码。

（10）取出为所在城市为上海或北京的工程提供红色零件的供应商编码。

（11）取出供应商与工程所在城市相同的供应商提供的零件编码。

（12）取出上海的供应商提供给上海任一工程的零件的编码。

（13）取出南京供应商不提供任何零件的工程编码。

（14）取出这样一些供应商编码，他们能够提供至少一种提供红色零件的供应商所提供的零件。

（15）取出所有这样的一些 < S. CITY，J. CITY > 二元组，使得 S. CITY 的供应商为 J. CITY 的工程提供零件。

（16）找出北京的任何工程都不购买的零件的零件号。

（17）按工程号递增的顺序列出每个工程购买的零件总量。

（18）取出至少由一个和工程不在同一城市的供应商提供零件的工程编码。

5. 关于教学数据库的关系模式如下：

S（S#，SNAME，AGE，SEX）

C（C#，CNAME，TEACHER）

SC（S#，C#，GRADE）

其中：S 表示学生，它的各属性依次为学号、姓名、年龄和性别；C 表示课程，它的各属性依次为课程号、课程名和任课教师。SC 表示成绩，它的各属性依次为学号、课程号和分数。

试用 SQL 语句完成下列查询：

（1）检索王立老师所授课程的课程号和课程名。

（2）检索学号为 10001 学生所学课程的课程名与任课教师。

（3）检索至少选修王立老师所授课程中一门课程的女学生姓名。

（4）检索张伟同学不学的课程的课程号。

（5）检索全部学生都选修的课程的课程号与课程名。

（6）检索选修课程包含王立老师所授课程的学生学号。

（7）在表 C 中统计开设课程的教师人数。

（8）求 LIU 老师所授课程的每门课程的平均成绩。

（9）求选修 C4 课程的女学生的平均年龄。

（10）统计每个学生选修课程的门数（超过 5 门的学生才统计）。要求输出学生学号和选修门数，查询结果按门数降序排列，若门数相同，按学号升序排列。

（11）在表 SC 中检索成绩为空值的学生学号和课程号。

（12）求年龄大于女同学平均年龄的男学生姓名和年龄。

第 6 章　关系模式的规范化理论

6.1　基本知识点

本章主要讨论如何设计关系模式问题。关系模式设计得好与坏，直接影响到数据冗余度、数据一致性等问题。本章主要讲解关系模式规范化理论，用更加形式化的关系数据理论来描述和研究关系模型。

（1）关系模式设计中存在的问题

关系模式的冗余和异常问题。

（2）函数依赖

FD 的定义、逻辑蕴涵、闭包、推理规则、与关键码的联系；平凡的 FD；属性集的闭包；FD 集的等价；最小依赖集。

（3）关系模式的分解

无损分解的定义、性质、测试；保持依赖集的分解。

（4）关系模式的范式

1NF、2NF、3NF、BCNF；分解成 3NF、BCNF 模式集的算法；MVD、4NF、5NF 的定义。

了解：规范化的目的，函数依赖集的等价和覆盖。

掌握：函数依赖的概念及有关理论，多值依赖与第四范式。

理解：关系模式的分解方法。

灵活运用：可根据要求将关系模式分解为符合某种要求的范式，或分析、判断给定的关系模式所满足的范式级别。

6.2　习题 6

一、单项选择题

1. 设计性能较优的关系模式称为规范化，规范化主要的理论依据是（　　）。

   A. 关系规范化理论　　B. 关系运算理论

   C. 关系代数理论　　D. 数理逻辑

2. 规范化理论是关系数据库进行逻辑设计的理论依据。根据这个理论，关系数据库中的关系必须满足：其每一属性都是（　　）。

   A. 互不相关的　　B. 不可分解的

   C. 长度可变的　　D. 互相关联的

3. 关系数据库规范化是为解决关系数据库中（　　）问题而引入的。

   A. 提高查询速度　　B. 保证数据的安全性和完整性

   C. 减少数据操作的复杂性　　D. 插入异常、删除异常和数据冗余

4. 规范化过程主要为克服数据库逻辑结构中的插入异常、删除异常以及（　　）的缺陷。

A. 数据的不一致性　　B. 结构不合理　　C. 冗余度大　　D. 数据丢失

5. 假设关系模式 R（A，B）属于 3NF，下列说法中（　　）是正确的。

A. 它一定消除了插入和删除异常　　B. 仍存在一定的插入和删除异常

C. 一定属于 BCNF　　D. A 和 C 都是

6. 当 B 属性函数依赖于 A 属性时，属性 A 与 B 的联系是（　　）。

A. 1 对多　　B. 多对 1　　C. 多对多　　D. 以上都不是

7. 数据库一般使用（　　）以上的关系。

A. 1NF　　B. 3NF　　C. BCNF　　D. 4NF

8. 关系模式中各级范式之间的关系为（　　）。

A. 3NF⊂2NF⊂1NF　　B. 3NF⊂1NF⊂2NF

C. 1NF⊂2NF⊂3NF　　D. 2NF⊂1NF⊂3NF

9. 关系模式中，满足 2NF 的模式（　　）。

A. 可能是 1NF　　B. 必定是 1NF　　C. 必定是 3NF　　D. 必定是 BCNF

10. 关系模式 R 中的属性全部是主属性，则 R 的最高范式必定是（　　）。

A. 2NF　　B. 3NF　　C. BCNF　　D. 4NF

11. 消除了部分函数依赖的 1NF 的关系模式必定是（　　）。

A. 1NF　　B. 2NF　　C. 3NF　　D. 4NF

12. 关系模式的候选码可以有（　　）

A. 0 个　　B. 1 个　　C. 1 个或多个　　D. 多个

13. 关系模式的主码可以有（　　）。

A. 0 个　　B. 1 个　　C. 1 个或多个　　D. 多个

14. 候选码中的属性可以有（　　）。

A. 0 个　　B. 1 个　　C. 1 个或多个　　D. 多个

15. 设有关系 W（工号，姓名，工种，定额），将其规范化到第三范式正确的答案是（　　）。

A. W1（工号，姓名）　W2（工种，定额）

B. W1（工号，工种，定额）　W2（工号，姓名）

C. W1（工号，姓名，工种）　W2（工种，定额）

D. 以上都不对

16. 在关系模式 R（A，B，C，D）中，有函数依赖集 F = {B→C，C→D，D→A}，则 R 能达到（　　）。

A. 1NF　　B. 2NF

C. 3NF　　D. 以上三者都不行

17. $X \to A_i$（$i = 1, 2, \cdots, k$）成立是 $X \to A_1A_2\cdots A_k$ 成立的（　　）。

A. 充分条件　　B. 必要条件

C. 充要条件　　D. 既不充分也不必要

18. 若关系 R 的候选码都是由单属性构成的，则 R 的最高范式必定是（　　）。

A. 1NF　　B. 2NF　　C. 3NF　　D. 无法确定

19. 设关系模式 R（ABC）上成立的函数依赖集 F 为{B→C，C→A}，ρ =（AB，AC）为 R 的一个分解，那么分解 ρ（　　）。

A. 保持函数依赖

B. 丢失了 B→C

C. 丢失了 C→A

D. 是否保持函数依赖由 R 的当前值确定

20. 关系模型中 3NF 是指（　　）。

A. 满足 2NF 且不存在组合属性　　B. 满足 2NF 且不存在部分依赖现象

C. 满足 2NF 且不存在非主属性　　D. 满足 2NF 且不存在传递依赖现象

二、填空题

1. 在关系数据库的规范化理论中，在执行“分解”时，必须遵守规范化原则是____________和____________。

2. 关系模式的操作异常问题往往是由____________引起的。

3. 函数依赖完备的推理规则集包括____________、____________和____________。

4. 如果 Y⊆X⊆U，则 X→Y 成立，这条推理规则称为__________；如果 X→Y 和 WY→Z 成立，则 WX→Z 成立，这条推理规则称为__________。

5. 关系演算可分为__________和__________两部分。

三、简答题

1. 为什么要进行关系模式的分解？分解的依据是什么？

2. 关系模式的分解有什么优缺点？

3. 最小函数依赖集的条件是什么？

4. 关系规范化的目的是什么？

5. 关系规范化的实质是什么？

四、证明题

1. 证明 {X→Z} ⊨ WX→Z。

2. 证明 {X→Y，WY→Z} ⊨ XW→Z。

3. 设有关系模式 R（A，B，C，D），F ={A→BC，D→A}，ρ ={R1（A，B，C），R2（A，D)} 是否无损连接分解。

4. 设有关系模式 R（SNO，CNO，SCORE，TNO，DNAME），函数依赖集 F ={(SNO，CNO）→SCORE，CNO→TNO，TNO→DNAME}，试分解 R 为 BCNF。

第 7 章　数据库设计

7.1　基本知识点

数据库设计（Database Design，DBD）是指对于给定的软、硬件环境，针对现实问题，设计一个较优的数据模型，建立 DB 结构和 DB 应用系统。本章主要讨论 DBD 的方法和步骤，详细介绍 DBD 的全过程。本章的重点是概念设计中的 E-R 模型设计方法和逻辑设计中 E-R 模型向关系模型转换的规则。

（1）数据库系统生存期及其 7 个阶段的任务和工作。

（2）需求描述与分析，需求分析的步骤。

（3）E-R 模型的基本元素，属性的分类，联系的元数。采用 E-R 方法的概念设计步骤。

（4）E-R 模型到关系模型的转换规则。采用 E-R 方法的逻辑设计步骤。

（5）介绍 Microsoft Visio 数据流图绘制工具，以及 Power Designer 建模工具绘制 E-R 图。

了解：数据库的设计方法和设计步骤，需求分析的实现方法。数据库运行与维护的概念，以及常用数据库设计工具。

掌握：数据库概念结构设计的要求及方法。

理解：数据库逻辑结构设计、物理结构设计、数据库设计评价的有关知识及方法。

灵活运用：会根据局部 E-R 模型合并产生全局 E-R 模型，分析存在冲突的类型，并消除有关冲突，常用的 E-R 辅助设计工具。

7.2　习题 7

一、单项选择题

1. 数据库设计中的数据流图和数据字典描述是哪个阶段的工作（　　）。

   A. 需求分析　　B. 概念设计　　C. 逻辑设计　　D. 物理设计

2. 逻辑设计的主要任务是（　　）。

   A. 进行数据库的具体定义，并建立必要的索引文件

   B. 利用自顶向下的方式进行数据库的逻辑模式设计

   C. 逻辑设计要完成数据的描述，数据存储格式的设定

   D. 将概念设计得到的 E-R 图转换成 DBMS 支持的数据模型

3. 如果两个实体集之间的联系是 m：n，转换为关系时（　　）。

   A. 联系本身不必单独转换为一个关系

   B. 联系本身必须单独转换为一个关系

   C. 联系本身也可以不单独转换为一个关系

   D. 将两个实体集合并为一个实体集

4. 下列冲突不属于局部 E-R 图合并成全局 E-R 图时可能出现的冲突（　　）。

A. 结构冲突　　B. 属性冲突　　C. 命名冲突　　D. 语法冲突

5. 有A和B两个实体集，它们之间存在着两个不同的m∶n联系，根据转换规则，将它们转换成关系模式集时，关系模式的个数是（　　）。

A. 1　　B. 2　　C. 3　　D. 4

6. 数据库设计人员之间与用户之间沟通信息的桥梁是（　　）。

A. 程序流程图　　B. E-R图　　C. 功能模块图　　D. 数据结构图

7. 从E-R模型向关系模型转换，一个m∶n的联系转换成关系模式时，该关系模式的码是（　　）。

A. m端实体的码　　B. m端实体码和n端实体码组合

C. n端实体的码　　D. 重新选取其他属性

8. 如果两个实体集之间的联系是1∶n，转换为关系时（　　）。

A. 将n端实体转换的关系中加入1端实体转换关系的码

B. 将n端实体转换的关系的码加入到1端的关系中

C. 将两个实体转换成一个关系

D. 在两个实体转换的关系中，分别加入另一个关系的码

9. 数据库物理设计与具体的DBMS（　　）。

A. 无关　　B. 密切相关　　C. 部分相关　　D. 不确定

10. 下列不属于数据库实施阶段的工作（　　）。

A. 建立数据库　　B. 加载数据　　C. 扩充功能　　D. 系统调试

二、填空题

1. 合并局部E-R模型时主要考虑解决三类冲突，即＿＿＿＿＿＿、＿＿＿＿＿＿和＿＿＿＿＿＿。

2. 建立E-R模型是数据库设计＿＿＿＿＿＿阶段的任务。

3. 数据库设计的步骤依次是＿＿＿＿＿＿、＿＿＿＿＿＿、＿＿＿＿＿＿、＿＿＿＿＿＿、＿＿＿＿＿＿和＿＿＿＿＿＿等。

4. 数据库设计包括＿＿＿＿＿＿的设计和＿＿＿＿＿＿的设计。

5. 数据字典通常包括＿＿＿＿＿＿、＿＿＿＿＿＿、＿＿＿＿＿＿、＿＿＿＿＿＿和＿＿＿＿＿＿等。

三、简答题

1. 数据库实现阶段主要做哪几件事情？

2. 数据库系统投入运行后，有哪些维护工作？

3. 在将局部E-R模型合并为全局E-R模型过程中，往往需要消除冲突。请问什么是冲突？有哪三类冲突？

4. 试述数据库设计主要步骤。

5. 试述数据库概念设计的重要性和设计步骤。

四、应用题

1. 设有如下实体：

学生：学号、姓名、性别、年龄

课程：编号、课程名

教师：教师号、姓名、性别、职称

单位：单位名称、电话

上述实体中存在如下联系：

① 一个学生可选修多门课程，一门课程可被多个学生选修。

② 一个教师可讲授多门课程，一门课程可由多个教师讲授。

③ 一个单位可有多个教师，一个教师只能属于一个单位。

试完成如下工作：

（1）设计学生选课和教师任课的全局 E-R 图。

（2）将该全局 E-R 图转换为等价的关系模式表示的数据库逻辑结构。

2. 一个图书借阅管理数据库要求提供下述服务：

（1）可随时查询书库中现有书籍的品种、数量与存放位置。所有各类书籍均可由书号唯一标识。

（2）可随时查询书籍借还情况，包括借书人单位、姓名、借书证号、借书日期和还书日期。

我们约定：任何人可借多种书，任何一种书可为多个人所借，借书证号具有唯一性。

（3）当需要时，可通过数据库中保存的出版社的电报编号、电话、邮编及地址等信息向相应出版社增购有关书籍。我们约定，一个出版社可出版多种书籍，同一本书仅为一个出版社出版，出版社名具有唯一性。

根据以上情况和假设，试作如下设计：

（1）构造满足需本的 E-R 图。

（2）转换为等价的关系模式结构。

3. 设某商业集团数据库中有三个实体集。一是“商店”实体集，属性有商店编号、商店名、地址等；二是“商品”实体集，属性有商品号、商品名、规格、单价等；三是“职工”实体集，属性有职工编号、姓名、性别、业绩等。

商店与商品间存在“销售”联系，每个商店可销售多种商品，每种商品也可放在多个商店销售，每个商店销售一种商品，有月销售量；商店与职工间存在着“聘用”联系，每个商店有许多职工，每个职工只能在一个商店工作，商店聘用职工有聘期和月薪。

（1）试画出 E-R 图，并在图上注明属性、联系的类型。

（2）将 E-R 图转换成关系模型，并注明主键和外键。

4. 设某商业集团数据库中有三个实体集。一是“公司”实体集，属性有公司编号、公司名、地址等；二是“仓库”实体集，属性有仓库编号、仓库名、地址等；三是“职工”实体集，属性有职工编号、姓名、性别等。

公司与仓库间存在“隶属”联系，每个公司管辖若干仓库，每个仓库只能属于一个公司管辖；仓库与职工间存在“聘用”联系，每个仓库可聘用多个职工，每个职工只能在一个仓库工作，仓库聘用职工有聘期和工资。

（1）试画出 E-R 图，并在图上注明属性、联系的类型。

（2）将 E-R 图转换成关系模型，并注明主键和外键。

5. 设某商业集团数据库有三个实体集。一是“商品”实体集，属性有商品号、商品名、规格、单价等；二是“商店”实体集，属性有商店号、商店名、地址等；三是“供应商”

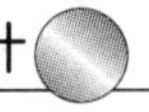

实体集，属性有供应商编号、供应商名、地址等。

供应商与商品之间存在“供应”联系，每个供应商可供应多种商品，每种商品可向多个供应商订购，每个供应商供应每种商品有个月供应量；商店与商品间存在“销售”联系，每个商店可销售多种商品，每种商品可在多个商店销售，每个商店销售每种商品有个月计划数。

（1）试画出 E-R 图，并在图上注明属性、联系的类型。

（2）将 E-R 图转换成关系模型，并注明主键和外键。

6. 设某商业集团数据库中有三个实体集。一是“仓库”实体集，属性有仓库号、仓库名和地址等；二是“商店”实体集，属性有商店号、商店名、地址等；三是“商品”实体集，属性有商品号、商品名、单价。

设仓库与商品之间存在“库存”联系，每个仓库可存储若干种商品，每种商品存储在若干仓库中，每个仓库每存储一种商品有个日期及存储量；商店与商品之间存在着“销售”联系，每个商店可销售若干种商品，每种商品可在若干商店里销售，每个商店销售一种商品有月份和月销售量两个属性；仓库、商店、商品之间存在着“供应”联系，有月份和月供应量两个属性。

（1）试画出 E-R 图，并在图上注明属性、联系类型、实体标识符。

（2）将 E-R 图转换成关系模型，并说明主键和外键。

7. 设某汽车运输公司数据库中有三个实体集。一是“车队”实体集，属性有车队号、车队名等；二是“车辆”实体集，属性有牌照号、厂家、出厂日期等；三是“司机”实体集，属性有司机编号、姓名、电话等。设车队与司机之间存在“聘用”联系，每个车队可聘用若干司机，但每个司机只能应聘于一个车队，车队聘用司机有个聘期；车队与车辆之间存在“拥有”联系，每个车队可拥有若干车辆，但每辆车只能属于一个车队；司机与车辆之间存在着“使用”联系，司机使用车辆有使用日期和公里数两个属性，每个司机可使用多辆汽车，每辆汽车可被多个司机使用。

（1）试画出 E-R 图，并在图上注明属性、联系类型、实体标识符。

（2）将 E-R 图转换成关系模型，并说明主键和外键。

8. 设大学里教学数据库中有三个实体集。一是“课程”实体集，属性有课程号、课程名称；二是“教师”实体集，属性有教师工号、姓名、职称；三是“学生”实体集，属性有学号、姓名、性别、年龄。

设教师与课程之间有“主讲”联系，每位教师可主讲若干门课程，但每门课程只有一位主讲教师，教师主讲课程将选用某本教材；教师与学生之间有“指导”联系，每位教师可指导若干学生，但每个学生只有一位指导教师；学生与课程之间有“选课”联系，每个学生可选修若干课程，每门课程可由若干学生选修，学生选修课程有个成绩。

（1）试画出 E-R 图，并在图上注明属性、联系类型、实体标识符。

（2）将 E-R 图转换成关系模型，并说明主键和外键。

第 8 章　数据库保护

8.1　基本知识点

本章主要介绍数据库完整性控制、安全性控制、数据库恢复和并发控制等数据库管理和保护措施，以保证整个系统的正常运行，防止数据库中数据意外丢失和不一致数据的产生。

（1）事务的定义，事务的 ACID 性质。

（2）数据库完整性的定义，完整性子系统的功能，完整性规则的组成。SQL 中的三大类完整性约束，SQL3 中的触发器技术。

（3）数据库安全性的定义，SQL 中的安全性机制。

（4）数据库恢复的定义、基本原则和实现方法，故障的类型，检查点技术。

（5）并发控制：X 锁、S 锁，死锁，并发调度的可串行化，两段封锁法。

了解：事务的基本概念，数据库完整性、安全性的有关概念，死锁的预防、死锁检测和处理的基本概念。

掌握：数据库的安全性控制以及对存取控制的授权和收回的方法，数据库故障的类型以及数据库恢复技术和策略，数据库并发控制的有关概念和基于封锁的并发控制技术。

8.2　习题 8

一、单项选择题

1. 下列哪个不是数据库系统必须提供的数据控制功能（　　）。

   A. 安全性　　B. 可移植性　　C. 完整性　　D. 并发控制

2. 保护数据库，防止未经授权或不合法的使用造成的数据泄漏、非法更改或破坏。这是指数据的（　　）。

   A. 安全性　　B. 完整性　　C. 并发控制　　D. 恢复

3. 数据库的（　　）是指数据的正确性和相容性。

   A. 安全性　　B. 完整性　　C. 并发控制　　D. 恢复

4. 数据完整性保护中的约束条件主要是指（　　）。

   A. 用户操作权限的约束　　B. 用户口令校对

   C. 值的约束和结构的约束　　D. 并发控制的约束

5. 使某个事务永远处于等待状态，而得不到执行的现象称为（　　）。

   A. 死锁　　B. 活锁　　C. 串行调度　　D. 不可串行调度

6. 下列 SQL 语句中，能够实现“收回用户 USER1 对学生表（STUDENT）中学号（SNO）修改权”这一功能的是（　　）。

   A. REVOKE UPDATE（SNO）ON TABLE FROM USER1

   B. REVOKE UPDATE（SNO）ON TABLE FROM PUBLIC

C. REVOKE UPDATE（SNO）ON STUDENT FROM USER1

D. REVOKE UPDATE（SNO）ON STUD FROM PUBLIC

7. 将查询SC表的权限授予用户USER1，并允许该用户将此权限授予其他用户。此功能的SQL语句是（　　）。

A. GRANT SELECT TO SC ON USER1 WITH PUBLIC

B. GRANT SELECT ON SC TO USER1 WITH PUBLIC

C. GRANT SELECT TO SC ON USERl WITH GRANT OPTION

D. GRANT SELECT ON SC TO USER1 WITH GRANT OPTION

8. 在第一个事务以S封锁方式读数据A时，第二个事务对数据A的读方式会遭到失败的是（　　）。

A. 实现X封锁的读　　B. 实现S封锁的读

C. 不加封锁的读　　D. 实现共享型封锁的读

9. 用于实现数据存取安全性的SQL语句是（　　）。

A. CREATE TABLE　　B. COMMIT

C. GRANT 和 REVOKE　　D. ROLLBACK

10. 在数据库系统中，对存取权限的定义称为（　　）。

A. 命令　　B. 授权　　C. 定义　　D. 审计

11. 数据库管理系统通常提供授权功能来控制不同用户访问数据的权限，这主要是为了实现数据库的（　　）。

A. 可靠性　　B. 一致性　　C. 完整性　　D. 安全性

12. 事务的原子性是指（　　）。

A. 事务中包括的所有操作要么都做，要么都不做

B. 事务一旦提交，对数据库的改变是永久的

C. 一个事务内部的操作及使用的数据对并发的其他事务是隔离的

D. 事务必须使数据库从一个一致性状态变到另一个一致性状态

13. 事务的一致性是指（　　）。

A. 事务中包括的所有操作要么都做，要么都不做

B. 事务一旦提交，对数据库的改变是永久的

C. 一个事务内部的操作及使用的数据对并发的其他事务是隔离的

D. 事务必须使数据库从一个一致性状态变到另一个一致性状态

14. 事务的隔离性是指（　　）。

A. 事务中包括的所有操作要么都做，要么都不做

B. 事务一旦提交，对数据库的改变是永久的

C. 一个事务内部的操作及使用的数据对并发的其他事务是隔离的

D. 事务必须使数据库从一个一致性状态变到另一个一致性状态

15. 事务的持久性是指（　　）。

A. 事务中包括的所有操作要么都做，要么都不做

B. 事务一旦提交，对数据库的改变是永久的

C. 一个事务内部的操作及使用的数据对并发的其他事务是隔离的

D. 事务必须使数据库从一个一致性状态变到另一个一致性状态

16. 多用户数据库系统的目标之一是使它的每个用户好像正在使用一个单用户数据库，为此数据库系统必须进行（ ）。

A. 安全性控制 B. 完整性控制 C. 并发控制 D. 可靠性控制

17. 若事务 T 对数据 R 已加 X 锁，则其他事务对数据 R（ ）。

A. 可以加 S 锁不能加 X 锁 B. 不能加 S 锁可以加 X 锁

C. 可以加 S 锁也可以加 X 锁 D. 不能加任何锁

18. 关于“死锁”，下列说法中正确的是（ ）。

A. 死锁是操作系统中的问题，数据库操作中不存在

B. 在数据库操作中防止死锁的方法是禁止两个用户同时操作数据库

C. 当两个用户竞争相同资源时不会发生死锁

D. 只有出现并发操作时，才有可能出现死锁

19. 数据库系统并发控制的主要方法是采用（ ）机制。

A. 拒绝 B. 改为串行 C. 封锁 D. 不加任何控制

20. 数据库运行过程中发生的故障通常有三类，即（ ）。

A. 软件故障、硬件故障、介质故障 B. 程序故障、操作故障、运行故障

C. 数据故障、程序故障、系统故障 D. 事务故障、系统故障、介质故障

二、填空题

1. 数据库保护包含数据的__________、__________、__________和__________。

2. __________是 DBMS 的基本单位，它是用户定义的一组逻辑一致的操作序列。

3. 有两种基本类型的锁，它们是__________和__________。

4. 并发控制是对用户的__________加以控制和协调。

5. 如果多个事务依次执行，则称事务是__________执行。

6. 数据库的完整性是指数据的__________。

7. 有两个或两个以上的事务处于等待状态，每个事务都在等待其中另一个事务解除封锁，它才能继续下去，结果任何一个事务都无法执行，这种现象称__________。

8. 在数据库系统中对存取权限的定义称为__________。

9. 在 SQL 语言中，为了数据库的安全性，设置对数据的存取进行控制的语句，对用户授权用__________语句，收回所授的权限用__________语句。

10. 数据库恢复常采用__________和__________两种方式。

三、简答题

1. X 封锁与 S 封锁有什么区别?

2. 试叙述事务的四个性质，并解释每一个性质由 DBMS 的哪个子系统实现？每一个性质对 DBS 有什么益处?

3. 数据库恢复的基本原则是什么？具体实现方法是什么?

4. 什么是“脏数据”？如何避免读取“脏数据”?

5. 数据库的完整性规则由哪几部分组成?

第 9 章　Microsoft SQL Server 2000

9.1　基本知识点

本章首先介绍当前流行的关系数据库系统 Microsoft SQL Server 的基本知识，接着以 Microsoft SQL Server 2000 为背景，介绍数据库系统设计的方法和 SQL Server 的高级应用技术。

(1) 数据库的创建、修改与删除

利用企业管理器、SQL 查询分析器等方法来创建和删除数据库。

(2) 表和主键的创建

利用企业管理器来创建数据表及其主键，用 SQL 查询分析器的命令方式来创建表。

(3) 数据库的备份和恢复

利用企业管理器进行数据库的备份和恢复。

(4) 高级应用技术

存储过程建立和使用，触发器的创建和使用，系统权限的设置。

了解：SQL Server 简介、触发器的基本概念，安全管理的基本概念，存储过程的基本概念。

掌握：设置数据选项的有关内容，有关触发器的基本操作；安全访问控制、登录标识管理、角色管理、数据库用户管理、权限设置等操作；存储过程和使用游标等基本方法。

理解：数据库设计的基础知识，用户管理及权限设置。

灵活运用：创建与管理数据库，修改、删除、压缩、备份和恢复数据库；触发器和存储过程的定义与使用。

9.2　习题 9

一、单项选择题

1. 下列不是 SQL Server 数据库对象的是（　　）。

　A. 表　　B. 查询　　C. 视图　　D. 模块

2. 下列不属于表中数据维护操作的是（　　）。

　A. 设计表结构　　B. 插入数据　　C. 修改数据　　D. 删除数据

3. 下列有关主键和外键之间关系的描述中正确的是（　　）。

　A. 一个表中最多只能有一个主键，多个外键

　B. 一个表中最多只能有一个外键，一个主键

　C. 一个表中可以有多个主键，多个外键

　D. 一个表中最多只能有一个外键，多个主键

4. 可以对视图中的数据进行（　　）。

　A. 插入　　B. 查询　　C. 更新　　D. 以上都可以

5. 删除视图的 SQL 语句是（　　）。

A. DROP VIEW　　B. ALTER VIEW　　C. DROP　　D. CREATE VIEW

6. 下列不是 SQL 的数据操作语句（　　）。

A. INSERT　　B. DELETE　　C. UPDATE　　D. CHANGE

7. 从表中删除记录的 SQL 语句是（　　）。

A. INSERT　　B. DELETE　　C. UPDATE　　D. DROP

8. 向表中插入记录的 SQL 语句是（　　）。

A. INSERT　　B. DELETE　　C. UPDATE　　D. DROP

9. 在 SQL 语句中，至少包括的子句包括（　　）。

A. SELECT，INTO　　B. 仅 SELECT

C. SELECT，FROM　　D. SELECT，GROUP

10. SELECT 语句中把重复行屏蔽掉应使用关键字（　　）。

A. GROUP　　B. DISTINCT　　C. UNION　　D. ALL

二、填空题

1. SQL Server 是由一系列相互协调的组件构成的，主要有__________、__________和__________。

2. 查看已有数据库的信息，可利用__________和__________。

3. 在数据表中，__________是描述数据属性的。

4. 在 SQL Server 2000 中，有 3 类触发器分别用于______________、______________和______________。

5. SQL Server 支持__________和__________两种登录验证模式。

三、简答题

1. 简述 SQL Server 2000 的特点。

2. 简述 SQL Server 2000 服务器的主要组件。

3. 创建数据库有哪几种方法?

4. 简述使用存储过程的好处。

5. 简述触发器的作用。

第 10 章　ASP. NET 和 ADO. NET 数据库开发技术

10.1　基本知识点

本章主要介绍 ASP. NET 和 ADO. NET 基础知识，ASP. NET 连接数据库方法，ADO. NET 读取和操作数据库数据等基于 . NET 数据库开发技术。并以 VS. NET 2005 作为开发平台，结合实例介绍 DataSet、GridNew、DataList 等常用数据服务控件。

（1）ASP. NET 基础知识和 ADO. NET 介绍。

（2）. NET 数据库开发方法：连接数据库，读取和操作数据库，数据集。

（3）常用数据服务控件：DataReader 类、DataGrid 和 GridView 控件、DataList 控件。

了解：VS. NET 开发工具、ASP. NET 开发环境；ASP. NET 和 ADO. NET 等基本知识。

掌握：数据库连接与数据读取操作程序编写，DataReader 类、DataGrid、GridView 和 DataList 等常用控件。

10.2　习题 10

简答题

1. . NET Framework 中提供了哪些数据提供程序？
2. 简述使用 ADO. NET 访问数据库的一般步骤。
3. 举例说明如何连接 SQL Server 2000 数据库？
4. 简述数据的直接访问模式和数据集模式。
5. ASP. NET 的应用程序一般包含哪几个组成部分？

第 11 章　分布式数据库系统

11.1　基本知识点

本章主要介绍分布式数据库系统的基本概念、模式结构、数据分布、查询处理等问题。

（1）分布式数据库系统概述

DDBS 的定义、特点、优点、缺点和分类。

（2）分布式数据库系统体系结构

分布式数据库系统体系结构，分布透明性的三个层次，DDBS 的组成，DDBMS 的功能和组成。

（3）数据分布（DDBMS）

数据分布的目的，数据分布概念，数据分布的方式，数据分片方式与原则，数据分片操作。

（4）查询优化

分布式查询处理的查询代价，基于半连接的优化策略，基于连接的优化策略。

了解：分布式数据库系统的基本概念，分布式数据库管理系统 DDBMS 的定义、功能和组成，分布式数据库系统的规则和类型。

掌握：分布式数据库系统的特点，分布式数据库系统的体系结构。

11.2　习题 11

简答题

1. “数据独立性”在文件系统阶段、数据库阶段和分布式数据库阶段中各表现为什么形式？

2. DDB 中数据分片必须遵守哪三个条件？这三个条件的目的各是什么？

3. 试解释 DDBS 的“分布透明性”概念。“分布透明性”分成哪几个层次？分布透明性在数据独立性中可以归入哪个范围？

4. 与集中式 DBS、分散式 DBS 相比，分布式 DBS 有哪些优点？

5. 在客户/服务器式 DBS 中，数据库应用的功能是如何划分的？

6. 集中式 DBS 中和 DDBS 中影响查询的主要因素各是什么？

7. DDBS 有哪些基本特点？还可以导出哪些特点？

8. DDB 中，数据分片有哪些策略？定义分片时必须遵守哪些规则？

9. DDB 中，数据分配有哪些策略？

10. 设关系 R（A，B，C）在场地 1，关系 S（C，D，E）在场地 2，现欲在场地 2 得到 $R \bowtie S$ 的操作结果。

（1）用连接的方法，如何执行上述操作。

（2）用半连接的方法，如何执行上述操作。

第 12 章　数据仓库与数据挖掘

12.1　基本知识点

本章主要介绍数据仓库和数据挖掘的基本概念、数据仓库设计方法与实现过程、数据挖掘的主要技术和过程。

（1）数据仓库

数据仓库定义，数据仓库的结构，数据仓库设计与实现，数据仓库设计步骤。

（2）数据挖掘

数据挖掘定义，数据挖掘主要技术，数据挖掘的过程。

12.2　习题 12

简答题

1. 简述数据仓库的基本特征。
2. 操作型数据和分析型数据之间的主要区别是什么？
3. 简述联机分析处理 OLAP 技术。
4. 简述数据仓库系统设计遵循的原则，以及数据仓库设计的主要步骤。
5. 简述数据挖掘与其他分析型工具的不同之处。

第 13 章　XML 开发技术

13.1　基本知识点

本章主要介绍 XML 的一些基本知识，以及 XML 文档的存储、查询等，将 XML 看做数据源、数据库的角度出发，阐述 XML 数据管理方面的应用事例。

（1）从 SGML、HTML 到 XML 的发展，XML 文档、DTD（文档类型定义）、XML 模式，XML 数据库的存取方法。

（2）XML 查询语言 XPath 和 XQuery 的基本功能、基本概念，简单查询的表达，各种类型查询的表达，复杂查询的表达。

（3）XML 应用：基于 XML 的数据交换与异构数据集成，XML 索引与查询处理，XML 文档聚类。

13.2　习题 13

简答题

1. 简述 HTML 和 XML。
2. 试描述 XML 文本的组成部分。
3. 比较 XML 数据库的几种形式。
4. 试比较基于模板的驱动和模型驱动两种方式的优缺点。
5. 简述 XML 的主要特点。

第2部分　数据库原理及应用实验指导

实验1　了解SQL Server环境

一、实验目的

1. 通过安装和使用Microsoft SQL Server 2000数据库管理系统，熟悉DBMS的安装。

2. 熟悉Microsoft SQL Server 2000软件环境，搭建实验平台。

二、实验内容和要求

1. 根据安装文件的说明来安装Microsoft SQL Server 2000。在安装的过程中考虑选择相应的选项。

2. 启动和停止SQL Server 2000数据库服务器。

3. 注册Microsoft SQL Server 2000数据库服务器。

4. 启动SQL Server 2000企业管理器（Enterprise Manager）、查询分析器（Query Analyzer）等主要管理工具。

三、实验步骤和结果

1. 安装Microsoft SQL Server 2000

（1）将Microsoft SQL Server 2000安装光盘放入光驱后自动播放，或者运行光盘中的AUTORUN. EXE程序，从出现的安装版本主界面中选择相应的SQL Server 2000版本后，进入“组件选择”界面如图1.1所示。

图1.1　“组件选择”界面

（2）在“组件选择”界面中，选择“安装 SQL Server 2000 组件”选项，进入 SQL Server 2000“组件安装”界面，如图 1.2 所示。

图 1.2　“组件安装”界面

（3）在“组件安装”界面中，选择“安装数据库服务器”选项，进入 SQL Server 2000 的安装向导，如图 1.3 所示。单击“下一步”，出现“计算机名”对话框，如图 1.4 所示。

图 1.3　SQL Server 2000 的安装向导

（4）在“计算机名”对话框中，“本地计算机”是默认选项，本地计算机的名称就显示在上面，单击“下一步”，出现“安装选择”对话框，如图 1.5 所示。

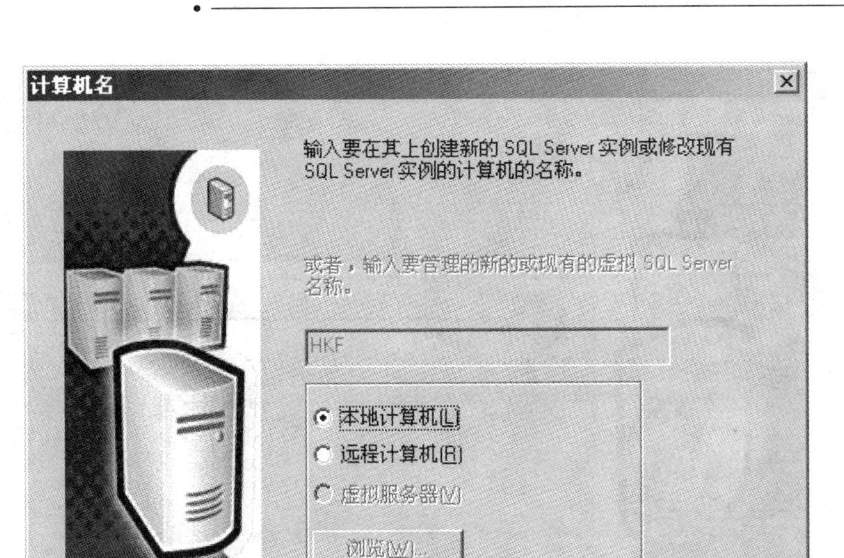

图1.4　“计算机名”对话框

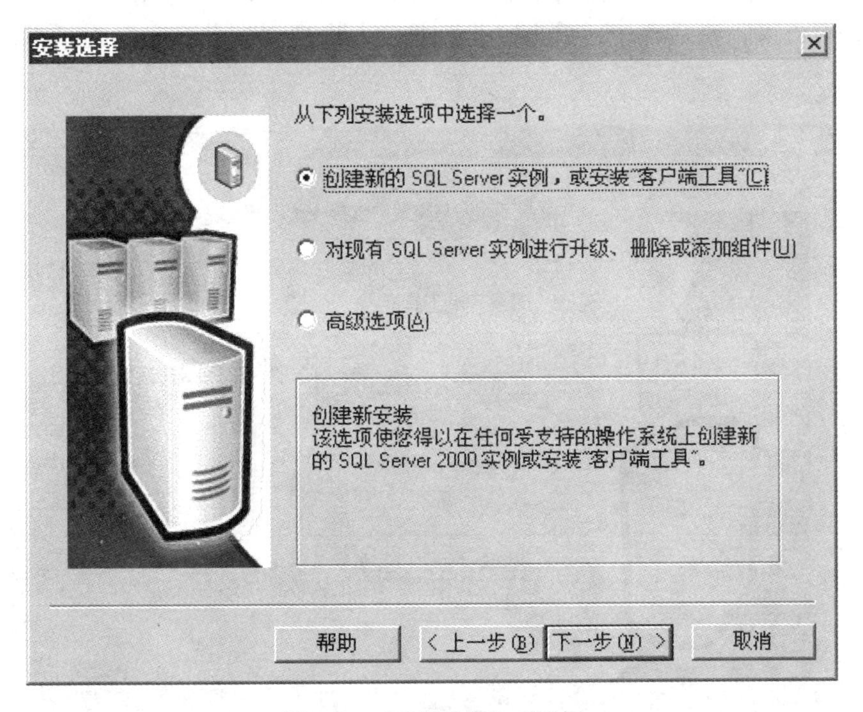

图1.5　“安装选择”对话框

（5）在“安装选择”对话框中，选择“创建新的SQL Server实例，或安装‘客户端工具’（C）”选项，单击“下一步”，出现“用户信息”对话框，如图1.6所示。

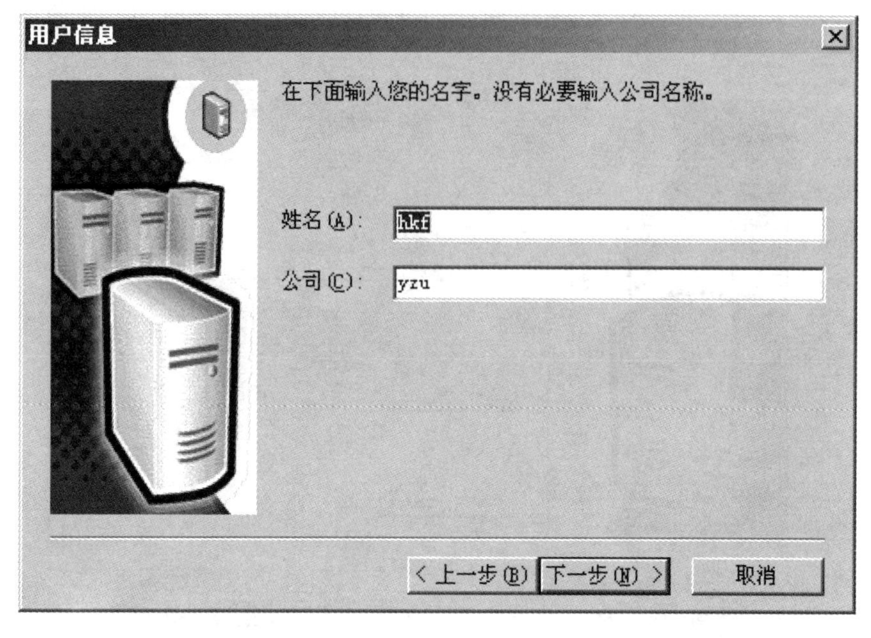

图 1.6 “用户信息”对话框

(6) 在“用户信息”对话框中，输入“姓名”和“公司”，单击“下一步”，在出现的“软件许可协议”对话框中，单击“是”按钮，出现“安装定义”对话框，如图 1.7 所示。

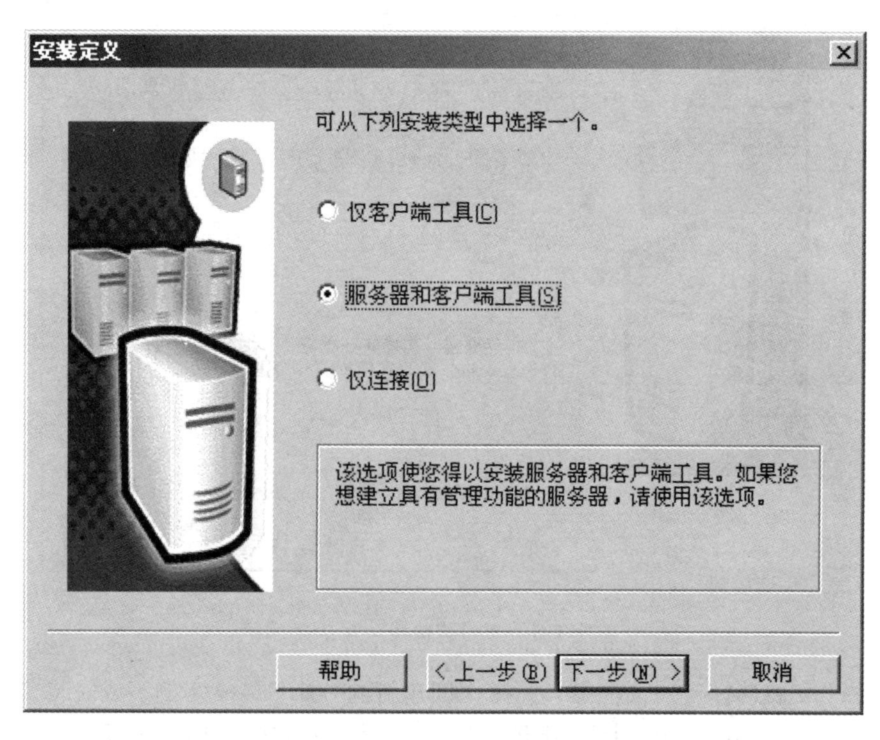

图 1.7 “安装定义”对话框

（7）在“安装定义”对话框中，选择“服务器和客户端工具”选项，单击“下一步”，出现“实例名”对话框，如图1.8所示。

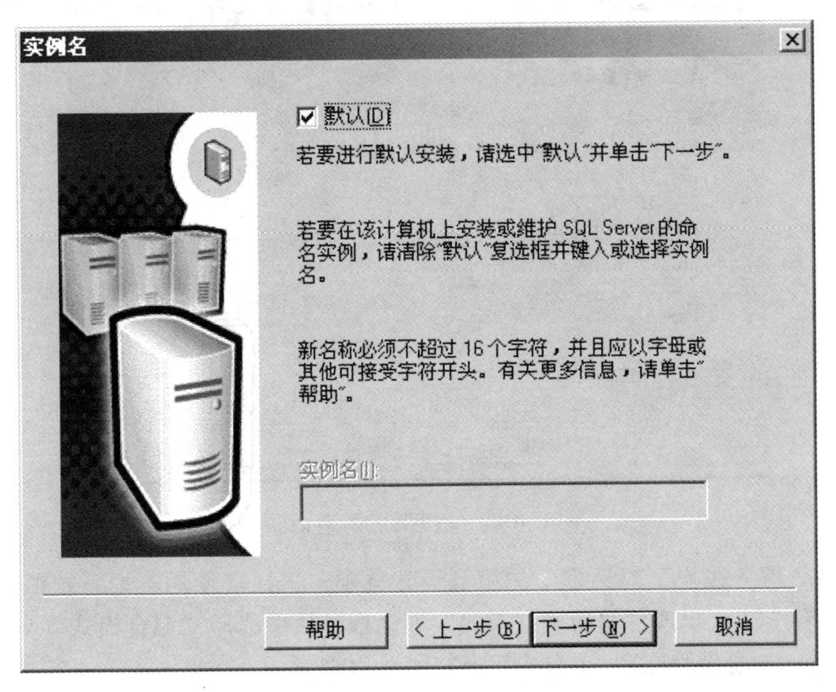

图1.8　“实例名”对话框

（8）在“实例名”对话框中，在系统提供了“默认”复选框情况下，单击“下一步”，出现“安装类型”对话框，如图1.9所示。

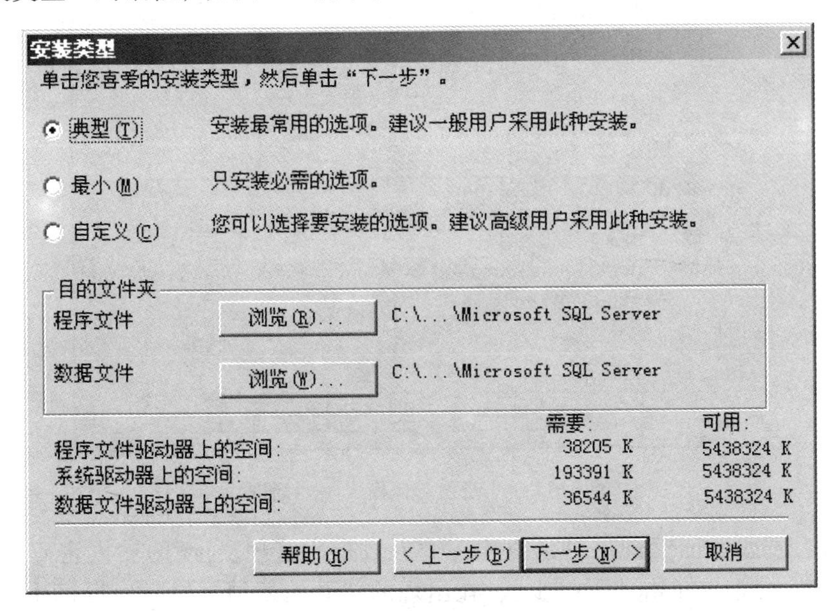

图1.9　“安装类型”对话框

（9）在“安装类型”对话框中，选择“典型”单选按钮，单击“下一步”，出现“服务账户”对话框，如图 1.10 所示。

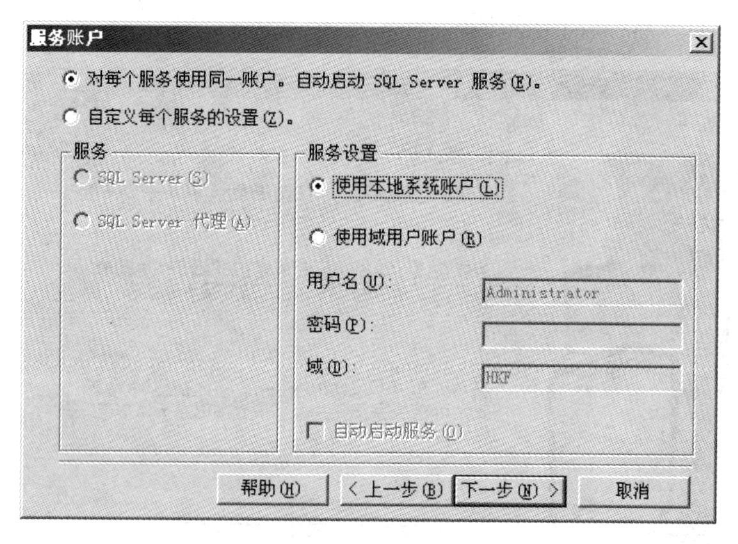

图 1.10　“服务账户”对话框

（10）在“服务账户”对话框中的服务设置选项，选择“使用本地系统账户”单选按钮，单击“下一步”，出现“身份验证模式”对话框，从中选择“混合模式（Windows 身份验证和 SQL Server 身份验证)”单选按钮，如图 1.11 所示。

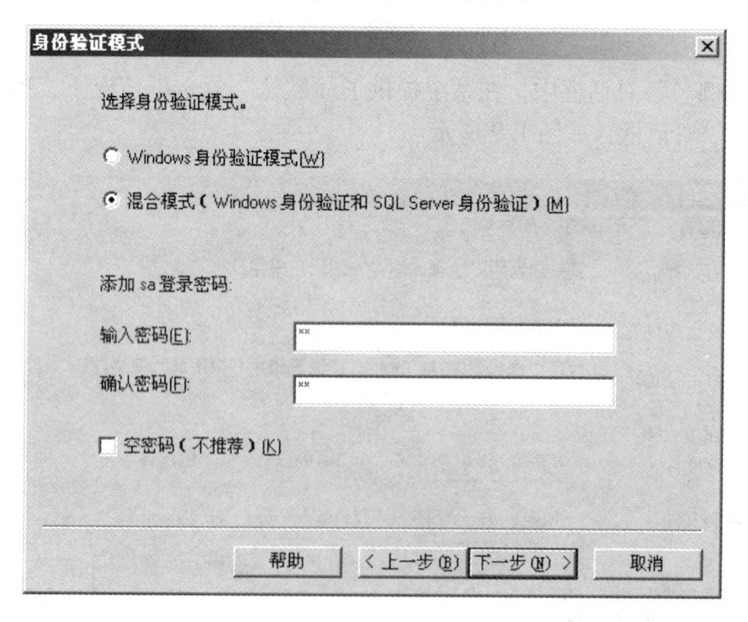

图 1.11　“身份验证模式”对话框

（11）在“身份验证模式”对话框中，输入数据库管理员 sa 的输入密码和确认密码（这两个密码要一致），单击“下一步”，在出现的“开始复制文件”对话框中，单击“下一步”，出现“选择许可模式”对话框，如图 1.12 所示。

（12）在“选择许可模式”对话框中，选择“每客户”单选按钮，在“设备”组合框中输入客户端访问许可数，单击“继续”按钮，即可进行程序安装和文件的复制。

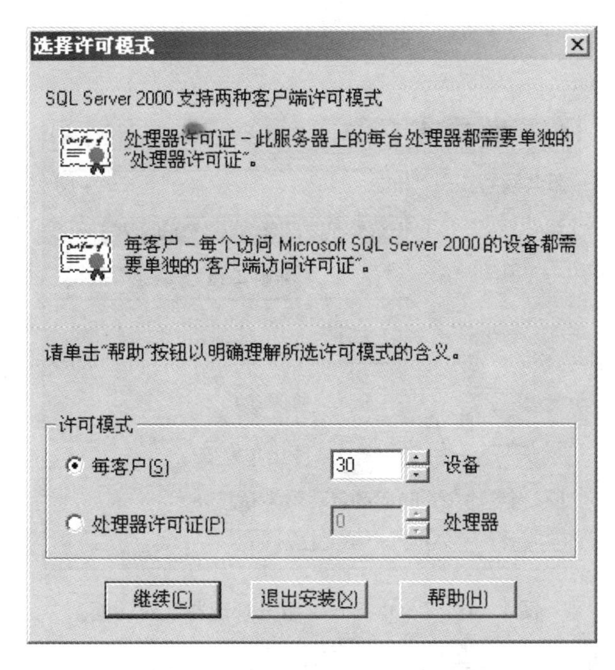

图 1.12　"选择许可模式"对话框

2. 利用服务管理器（Service Manager）启动和停止 SQL Server 2000 数据库服务器

（1）在 Windows 开始菜单中单击"所有程序"菜单，从中选择"Microsoft SQL Server"子菜单中"服务管理器"菜单项，如图 1.13 所示。

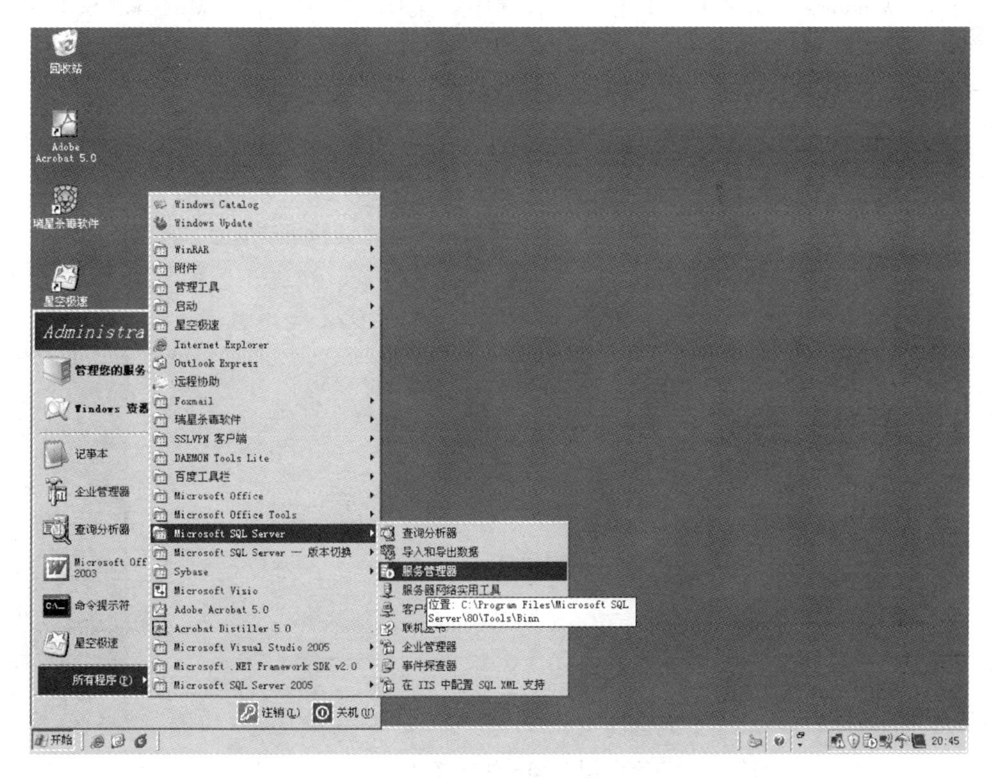

图 1.13　Microsoft SQL Server 菜单

(2) 单击“服务管理器”后，出现“SQL Server 服务管理器”对话框，如图 1.14 所示。

图 1.14 “SQL Server 服务管理器”对话框

单击“开始/继续”按钮，启动 SQL Server 数据库服务器。此时，“开始/继续”按钮变成灰色，为不可用。SQL Server 数据库服务器启动状态下，单击“停止”按钮可以停止 SQL Server 数据库服务器。

3. 注册 Microsoft SQL Server 2000 数据库服务器

(1) 在 Windows 开始菜单中单击“所有程序”菜单，从中选择“Microsoft SQL Server”子菜单中“企业管理器 (Enterprise Manager)”，在出现的“SQL Server Enterprise Manager”主界面中，右击“SQL Server 组”，弹出快捷键菜单，如图 1.15 所示。

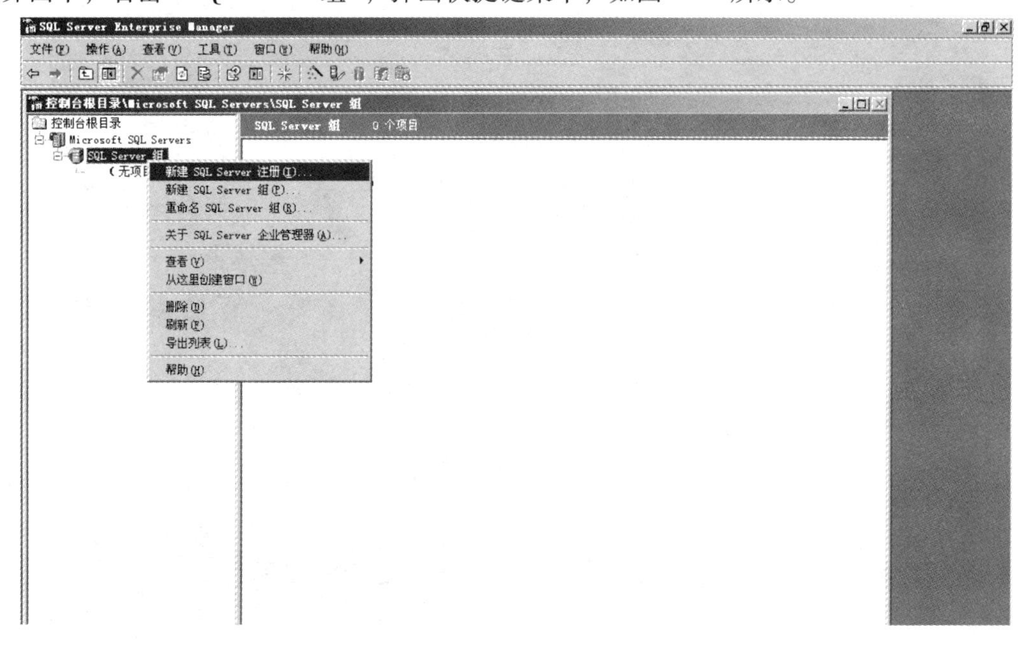

图 1.15 快捷菜单

（2）在快捷键菜单中，单击“新建SQL Server注册”菜单项，在出现的“注册SQL Server向导”对话框中，单击“下一步”，出现“选择一个SQL Server”对话框，从左边的“可用的服务器”选择一个可用的服务器（local），单击“添加”按钮，将（local）添加到右边的“添加的服务器”中，如图1.16所示。

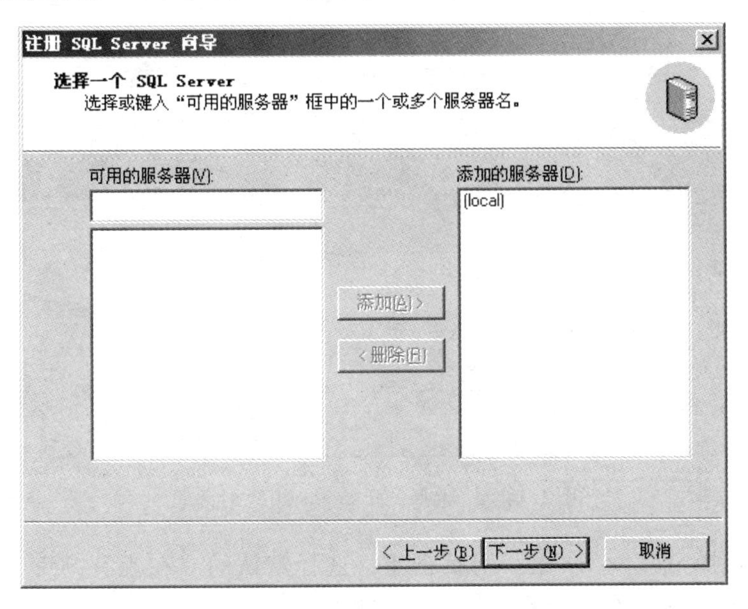

图1.16　“选择一个SQL Server”对话框

（3）再单击“下一步”按钮，出现“选择身份验证模式”对话框，如图1.17所示。

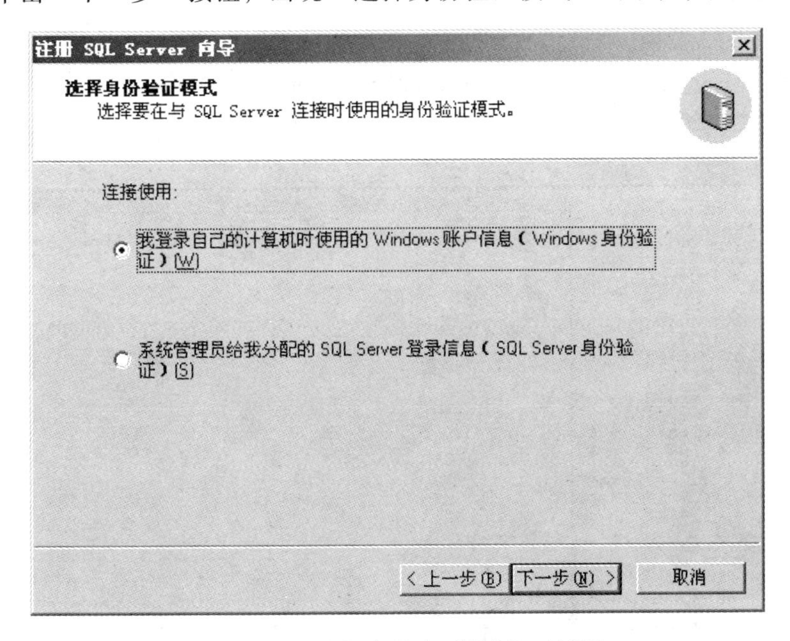

图1.17　“选择身份验证模式”对话框

（4）在“选择身份验证模式”对话框中，选择“我登录自己的计算机时使用的Windows账户信息（Windows身份验证）”单选按钮，单击“下一步”，出现“选择SQL Server

组”对话框，如图 1.18 所示。

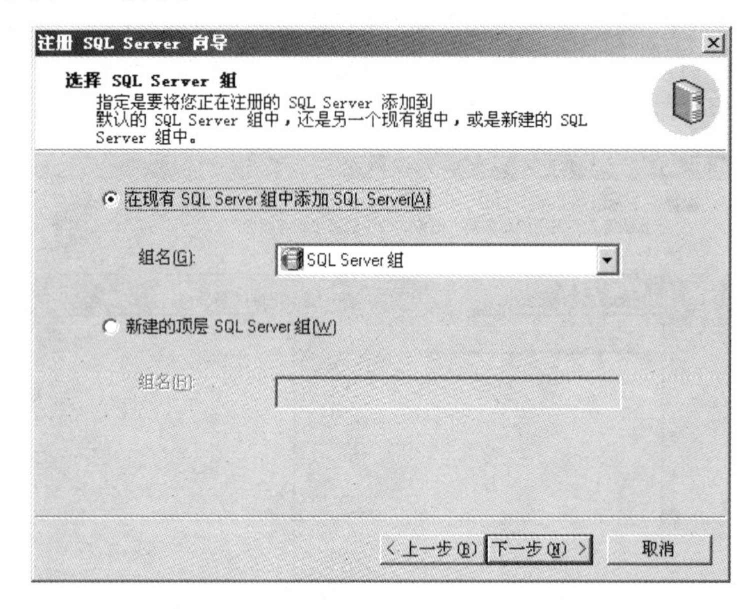

图 1.18　“选择 SQL Server 组”对话框

（5）在“选择 SQL Server 组”对话框中，选择默认的“在现有 SQL Server 组中添加 SQL Server”单选按钮，单击“下一步”，在出现的“完成注册 SQL Server 向导”对话框中，单击“完成”按钮，完成 SQL Server 2000 数据库服务器注册。

4. 启动企业管理器

在 Windows 开始菜单中点击“所有程序”菜单，从中选择“Microsoft SQL Server”子菜单中“企业管理器”，进入“SQL Server 企业管理器”（Enterprise Manager）界面如图 1.19 所示。

图 1.19　“SQL Server 企业管理器”界面

用户可以在“SQL Server企业管理器”界面环境下建立数据库、表、数据、视图、存储过程、规则、默认值和用户自定义的数据类型等功能。

5. 启动查询分析器

(1) 在Windows开始菜单中点击“所有程序”菜单，从中选择“Microsoft SQL Server”子菜单中“查询分析器”（Query Analyzer），出现“连接到SQL Server”对话框，如图1.20所示。

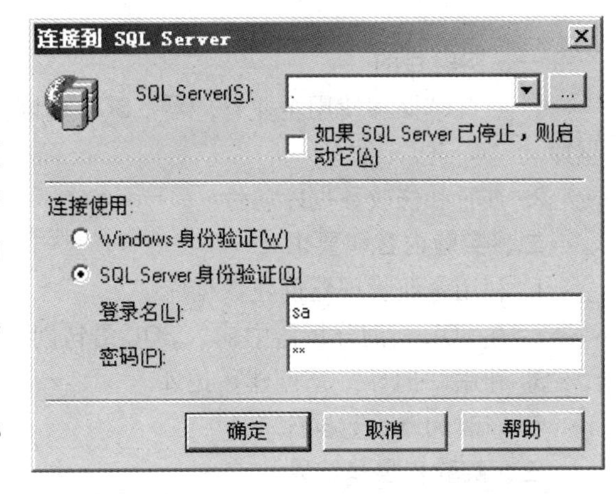

图1.20　“连接到SQL Server”对话框

(2) 在“连接到SQL Server”对话框中，选择“SQL Server身份验证”单选按钮，输入用户登录名和密码后，单击“确定”按钮，进入“SQL Server查询分析器”界面，如图1.21所示。在查询分析器界面的数据库组合框中选择pubs库；在命令窗口中输入SQL语句：SELECT * FROM jobs后，单击“执行查询”（Execute Query）按钮，查询结果便显示在输出窗口中。

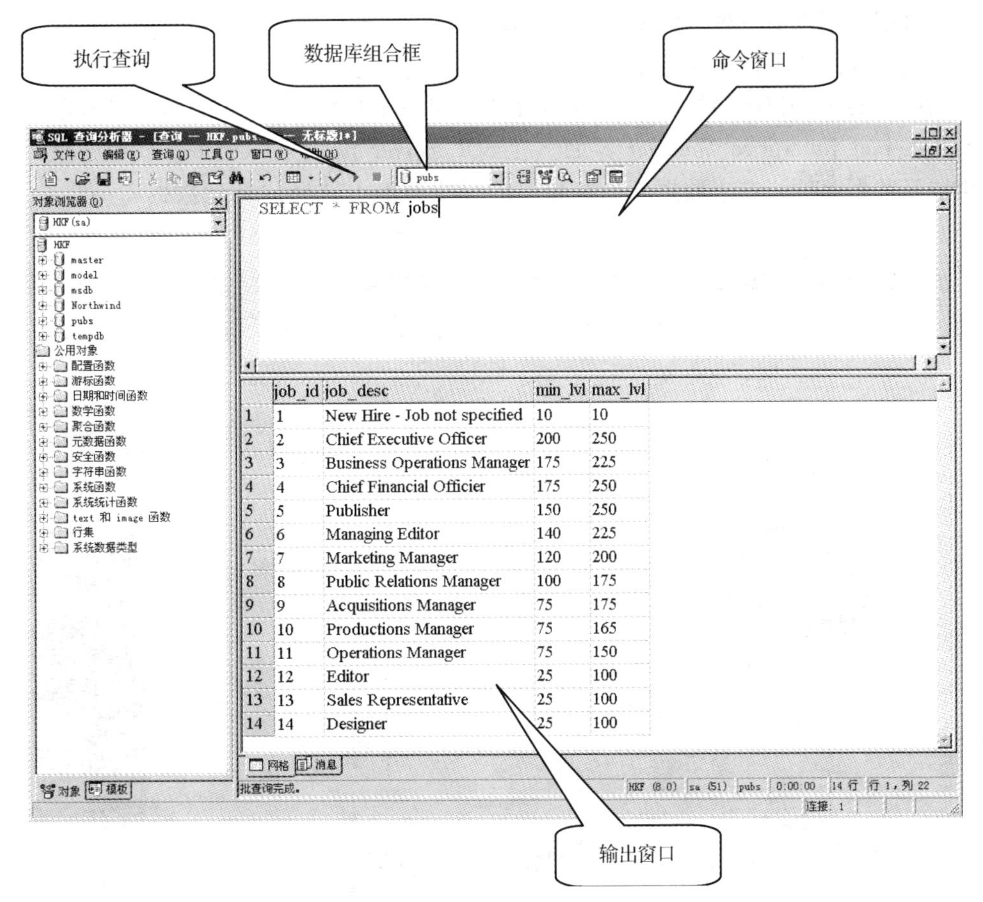

	job_id	job_desc	min_lvl	max_lvl
1	1	New Hire - Job not specified	10	10
2	2	Chief Executive Officer	200	250
3	3	Business Operations Manager	175	225
4	4	Chief Financial Officier	175	250
5	5	Publisher	150	250
6	6	Managing Editor	140	225
7	7	Marketing Manager	120	200
8	8	Public Relations Manager	100	175
9	9	Acquisitions Manager	75	175
10	10	Productions Manager	75	165
11	11	Operations Manager	75	150
12	12	Editor	25	100
13	13	Sales Representative	25	100
14	14	Designer	25	100

图1.21　“SQL Server查询分析器”界面

实验 2　数据库的创建与管理

一、实验目的

1. 熟练掌握和使用企业管理器、SQL 查询分析器 SQL 语句及“向导”来创建、删除数据库。

2. 查看和修改数据库属性。

二、实验内容和要求

1. 利用企业管理器创建数据库。

2. 在 SQL 查询分析器中输入 SQL 语句创建数据库。

3. 利用“向导”来创建数据库。

4. 修改和删除数据库。

三、实验步骤和结果

1. 创建 SQL Server 数据库

通常可以采用以下三种方法来创建数据库。

（1）方法 1：利用企业管理器创建数据库

1）在 Windows 开始菜单中执行“所有程序 | Microsoft SQL Server | 企业管理器”命令，进入 SQL Server Enterprise Manager 界面。在 SQL Server Enterprise Manager 展开 SQL Server 组，再展开数据库项，右击数据库，在弹出的快捷菜单中选择“新建数据库…”命令，如图 2.1 所示。

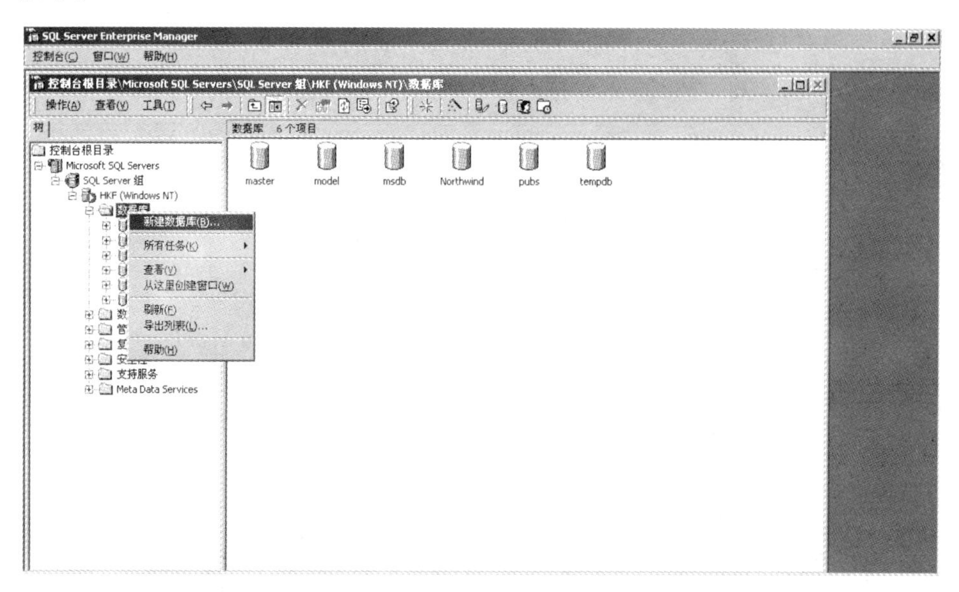

图 2.1　“数据库”操作快捷菜单

2）在弹出的“数据库属性”对话框的“常规”选项卡中，输入数据库的名称

"studb"，对所建的数据库进行设置，如图 2.2 所示。

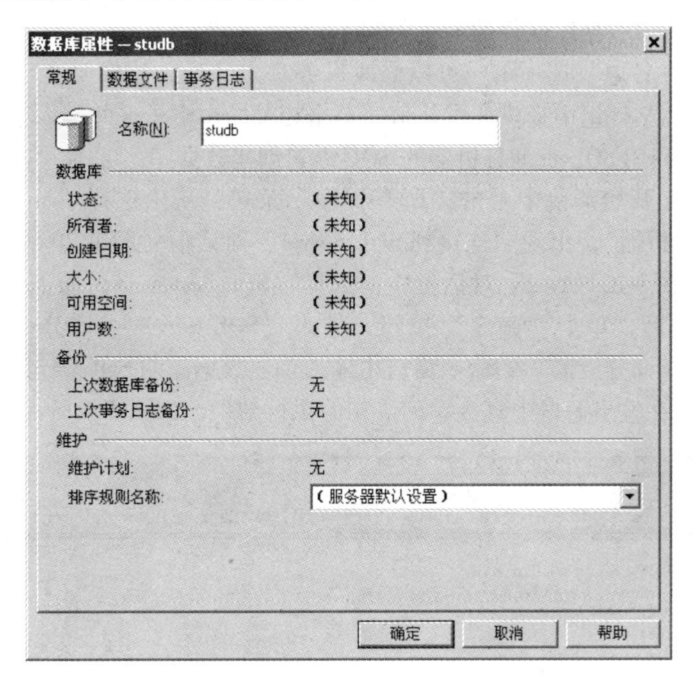

图 2.2　"数据库属性"对话框

3）如果想改变新的数据文件，单击"数据文件"选项卡，如图 2.3 所示。如果要改变在文件名、位置、初始大小（MB）和文件组中提供的默认值，单击相关的小格子，并键入新值。

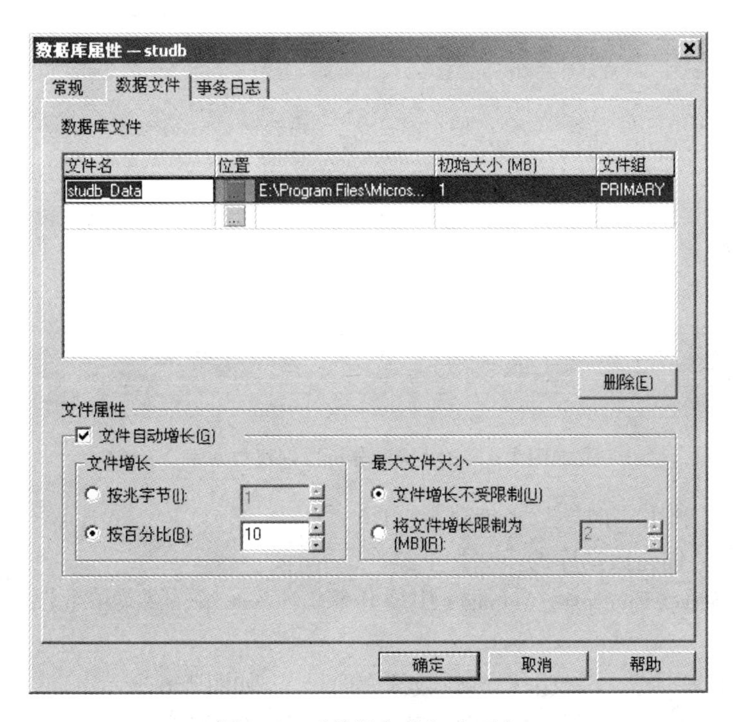

图 2.3　"数据文件"选项卡

4）可以从上面所示的选项中选择、指定数据库文件的增长方式等。

5）同样可以指定数据库文件的大小限制。

6）单击“事务日志”选项卡，可以修改事务日志文件。如果要改变在文件名、位置、初始大小（MB）和文件组中提供的默认值，单击相关的小格子，并键入新值。

（2）方法2：利用SQL查询分析器的SQL语句创建数据库

1）在Windows开始菜单中单击“所有程序”菜单，从中选择“Microsoft SQL Server”子菜单中“查询分析器”，出现“连接到SQL Server”对话框（图1.20）。

2）在“连接到SQL Server”对话框中，选择“SQL Server身份验证”单选按钮，输入用户登录名和密码后，单击“确定”按钮，进入“SQL Server查询分析器”对话框（图1.21）。在“SQL查询分析器”的命令窗口中输入创建数据库的SQL语句后，单击“执行查询”按钮，就可以在输出窗口中直接看到语句的执行结果，如图2.4所示。

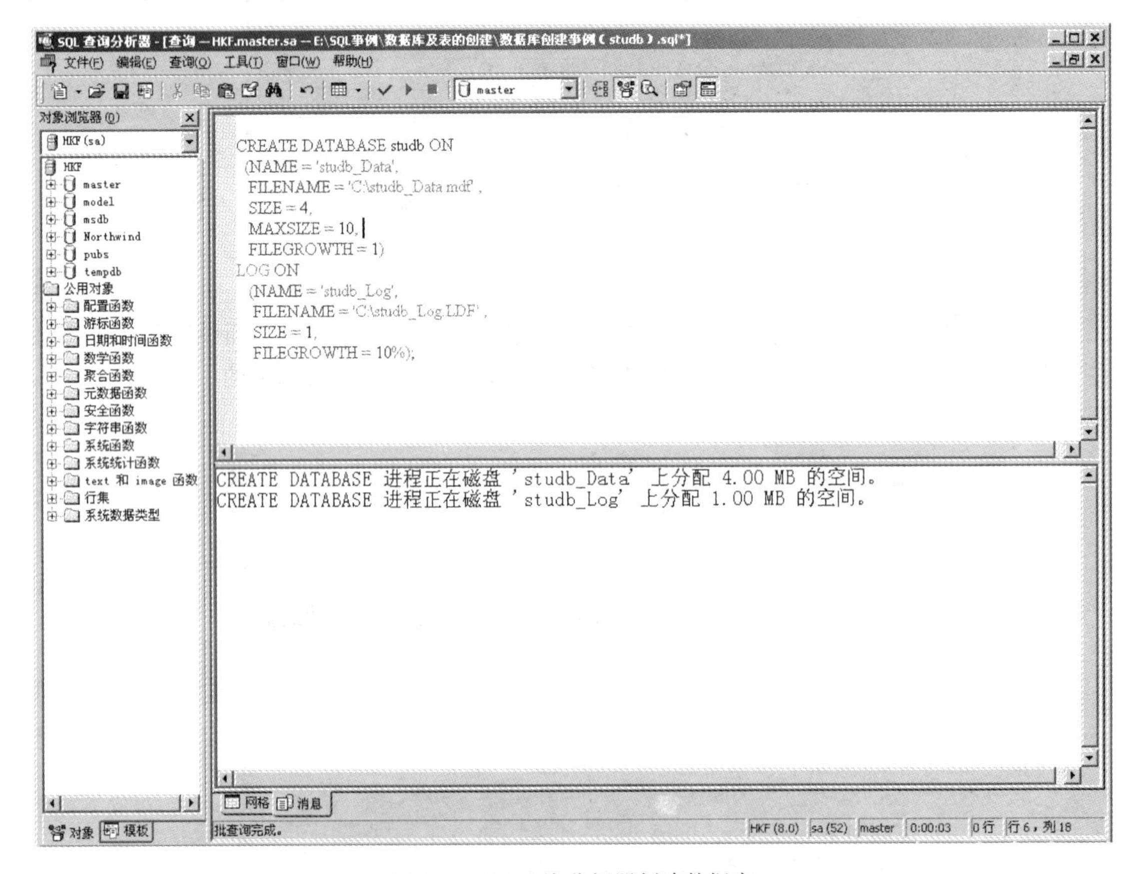

图2.4 SQL查询分析器创建数据库

（3）方法3：利用“向导”来创建数据库

利用“向导”创建数据库的步骤如下：

1）在SQL Server Enterprise Manager中展开SQL Server组，在菜单上选择“工具|向导”，如图2.5所示。

2）单击“数据库”，再双击“创建数据库向导”，如图2.6所示。

3）按照图上的向导，一步步地选择下去，即可创建数据库。

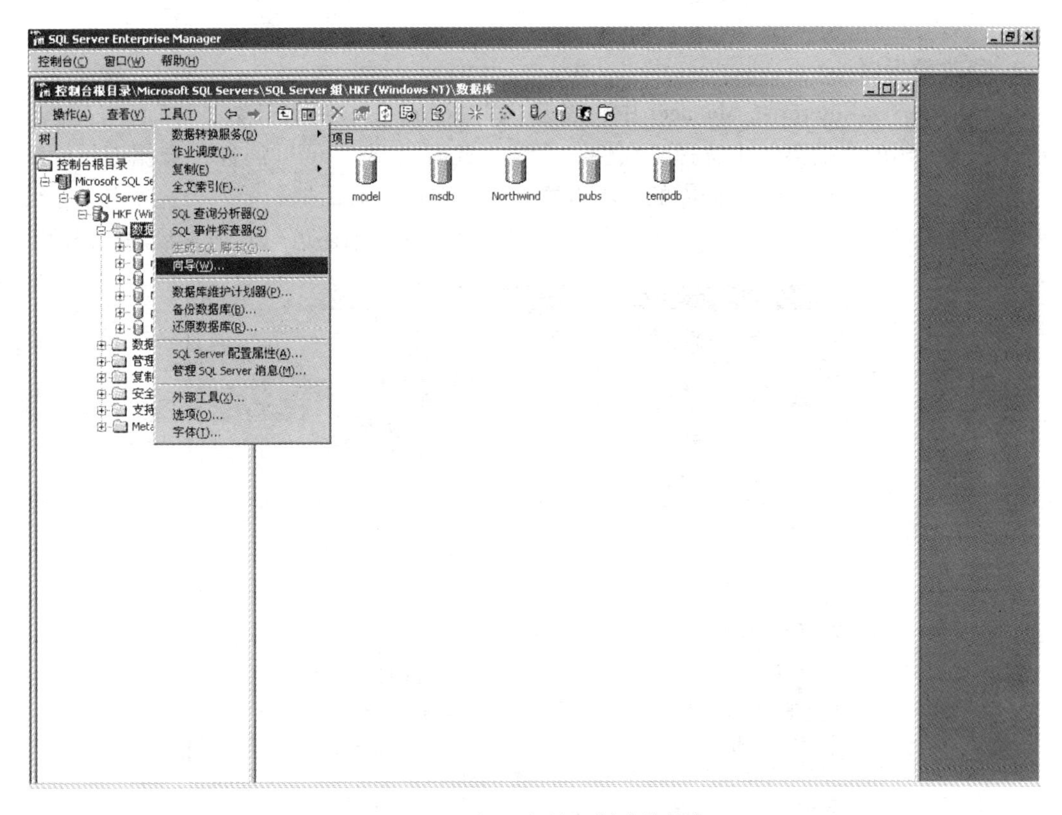

图 2.5 选择“向导”创建数据库

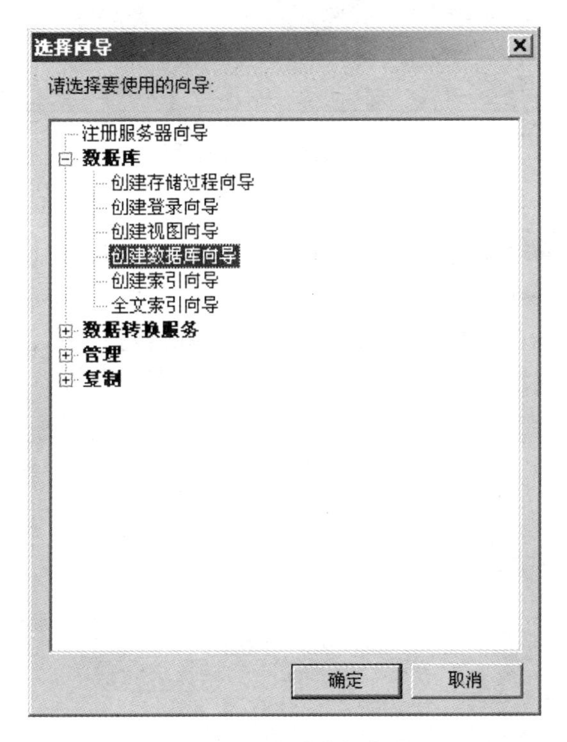

图 2.6 选择创建数据库向导

2. 修改数据库

在 SQL Server Enterprise Manager 中，展开 SQL Server 组，再展开数据库项，右击 studb 数据库，在弹出的快捷菜单中选择“属性”命令，此时出现“studb 属性”数据库属性对话框，在该对话框中可以查看数据库的各项设置参数。在这个对话框的前四个选项卡中，可对建库时所做的设置进行修改，在“选项”选项卡（图 2.7）中还可对其他参数进行修改。

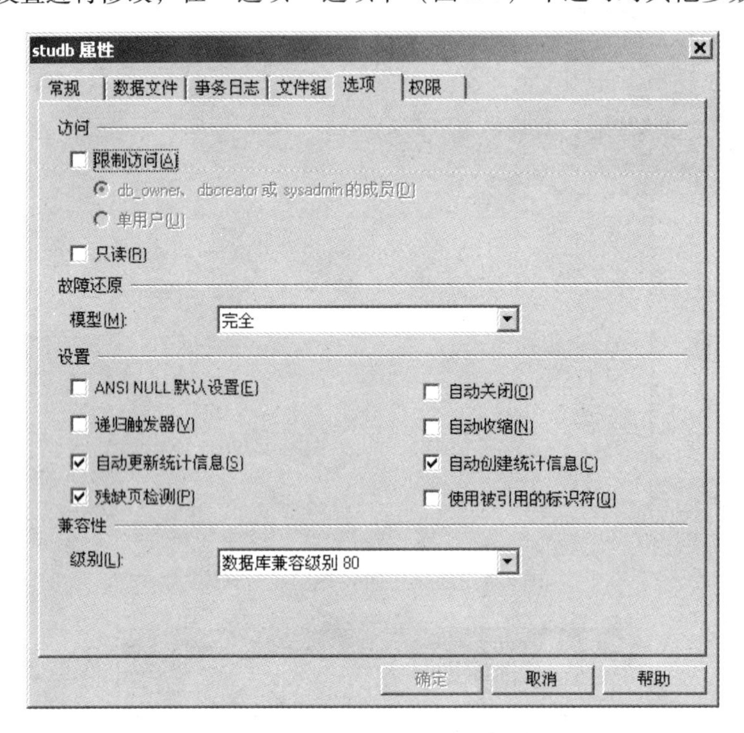

图 2.7　数据库属性对话框

3. 删除数据库

在 Windows 开始菜单中执行“所有程序 | Microsoft SQL Server | 企业管理器”命令，进入“SQL Server Enterprise Manager 企业管理器”界面，在 SQL Server Enterprise Manager 界面中展开 SQL Server 组，再展开数据库项，选择要删除的数据库名，右击鼠标选择“删除”命令，并在弹出的确认对话框中选择“是”即可。

实验 3　数据表的创建与管理

一、实验目的

1. 熟练掌握和使用企业管理器、SQL 查询分析器 SQL 语句来创建、删除数据表。

2. 使用企业管理器、SQL 查询分析器 SQL 语句在现有数据表中增加新的属性、删除原有的属性、补充定义主键和外键、以及撤销主键和外键，来对数据表结构进行修改。

二、实验内容和要求

1. 利用企业管理器创建和删除数据表，修改数据表结构。

2. 在 SQL 查询分析器中输入 SQL 语句创建和删除数据表。

3. 在 SQL 查询分析器中输入 SQL 语句在现有数据表中增加新的属性、删除原有的属性。

4. 在 SQL 查询分析器中输入 SQL 语句在现有数据表中补充定义和撤销主键。

5. 在 SQL 查询分析器中输入 SQL 语句在现有数据表中补充定义和撤销外键。

三、实验步骤和结果

1. 数据表的创建

(1) 方法 1：利用企业管理器创建数据表

1) 在 Windows 开始菜单中执行“所有程序｜Microsoft SQL Server｜企业管理器”命令，进入“SQL Server Enterprise Manager 企业管理器”界面，在 SQL Server Enterprise Manager 界面中展开 SQL Server 组，再展开数据库项，选择要建表的数据库 studb，在“表”选项上右击鼠标，从弹出的快捷菜单中，点击“新建表…”命令，如图 3.1 所示。

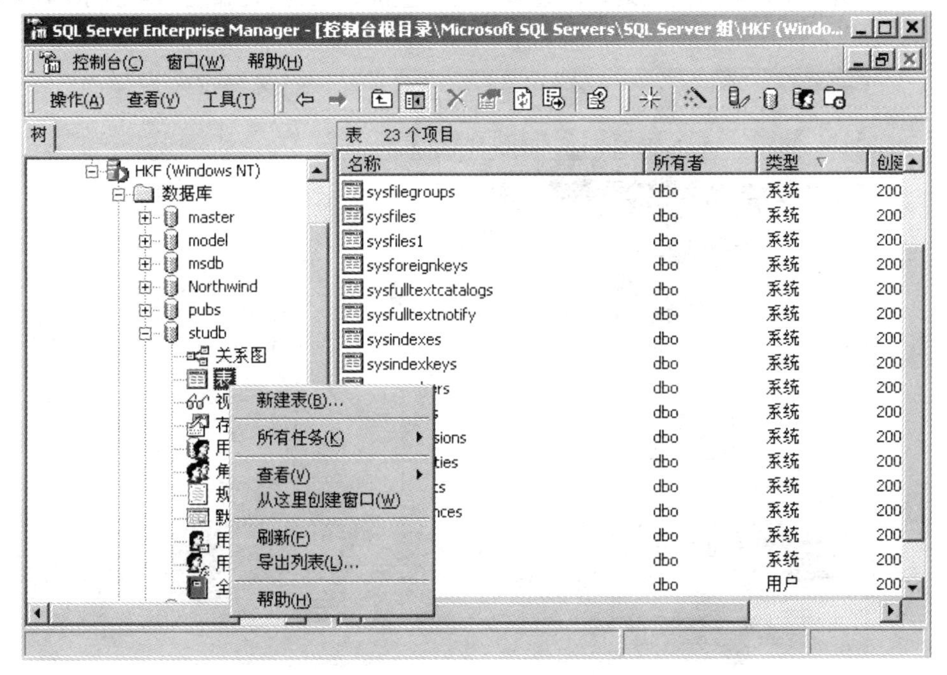

图 3.1　“表”操作快捷菜单

2）在“新建表”界面中出现设计表字段的窗口，如图3.2所示。在各列中填写相应字段的列名、数据类型和长度后，在工具条上按保存按钮，在“选择表名称”对话框中输入新的数据表名称。

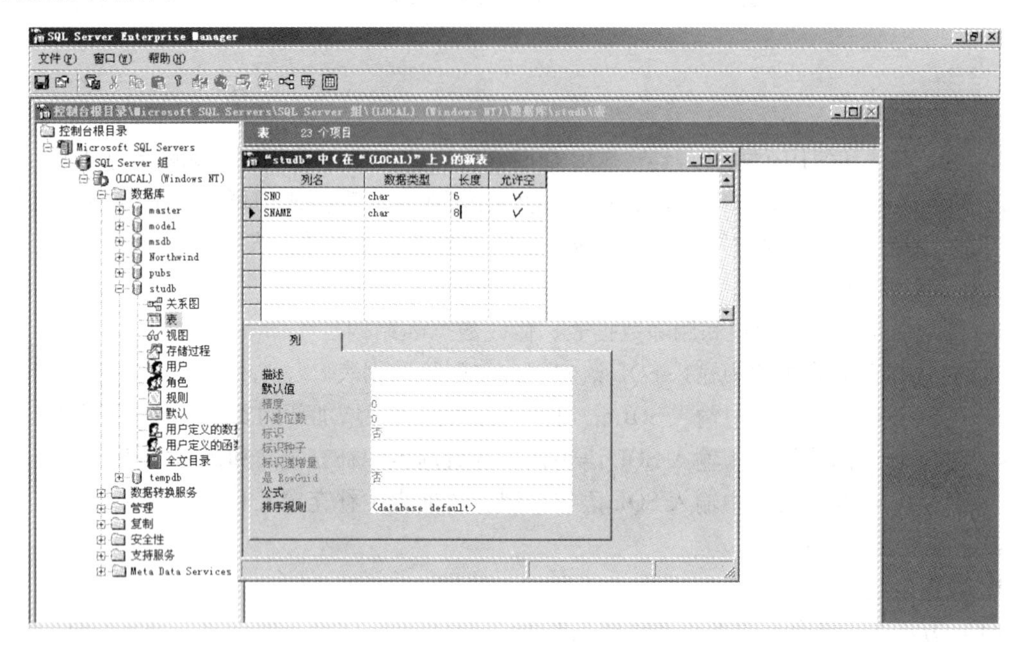

图3.2 “新建表”界面

3）在创建表的同时可以创建该表的主键，方法如下：

在图3.2的新建数据表结构中，选择要设为主键的列SNO。在要建的主键列中单击右键，会弹出如图3.3所示的快捷菜单，选择“设置主键”，就出现如图3.4所示的设置主键后的界面。

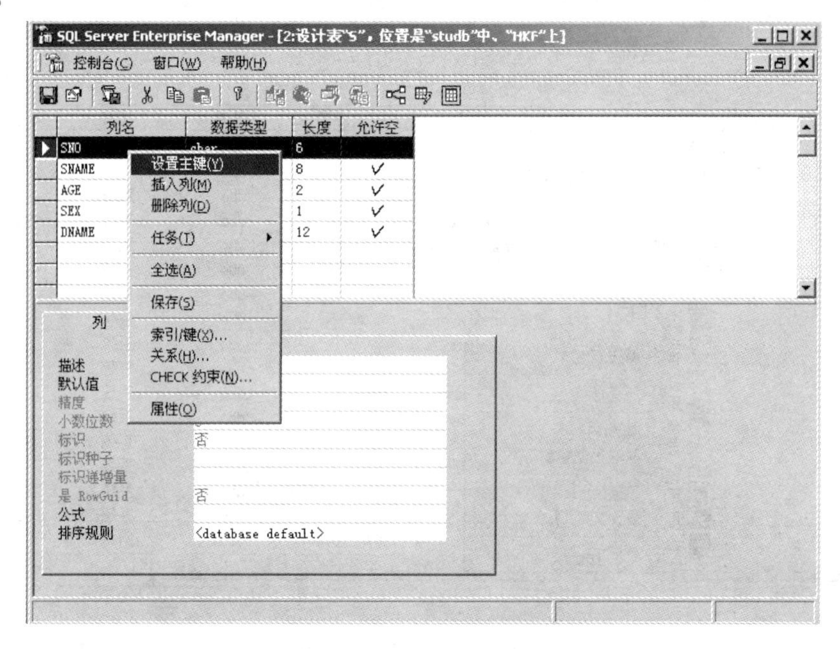

图3.3 设置主键

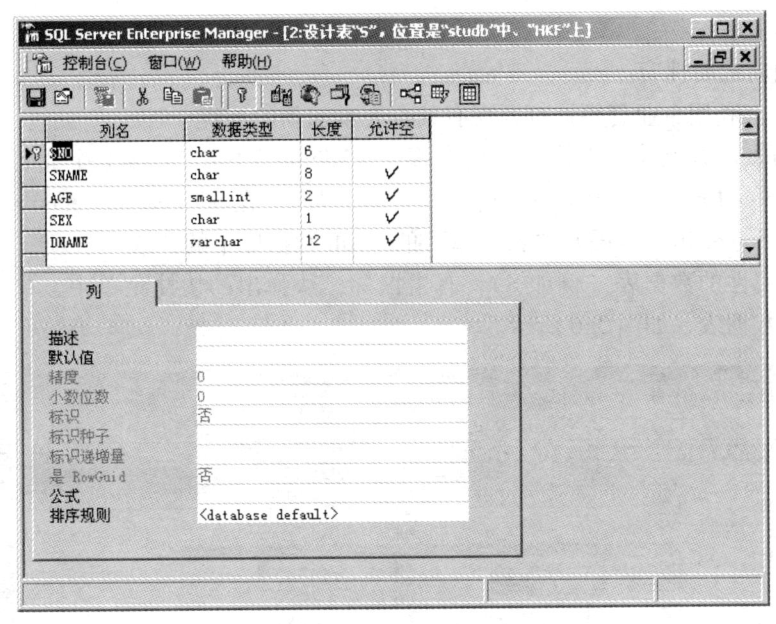

图 3.4　设置主键后的界面

（2）方法 2：利用 SQL 查询分析器的 SQL 语句创建数据表

在 Windows 开始菜单中执行“所有程序 | Microsoft SQL Server | 查询分析器”命令，输入用户登录名和密码后连接到 SQL Server，进入“SQL Server 查询分析器”界面，在数据库组合框中选择 studb，在“SQL 查询分析器”界面命令窗口中输入创建学生表 S、课程表 C 和成绩表 SC 的 SQL 语句后，单击“执行查询”按钮，就可以在输出窗口中直接看到语句的执行结果，如图 3.5 所示。

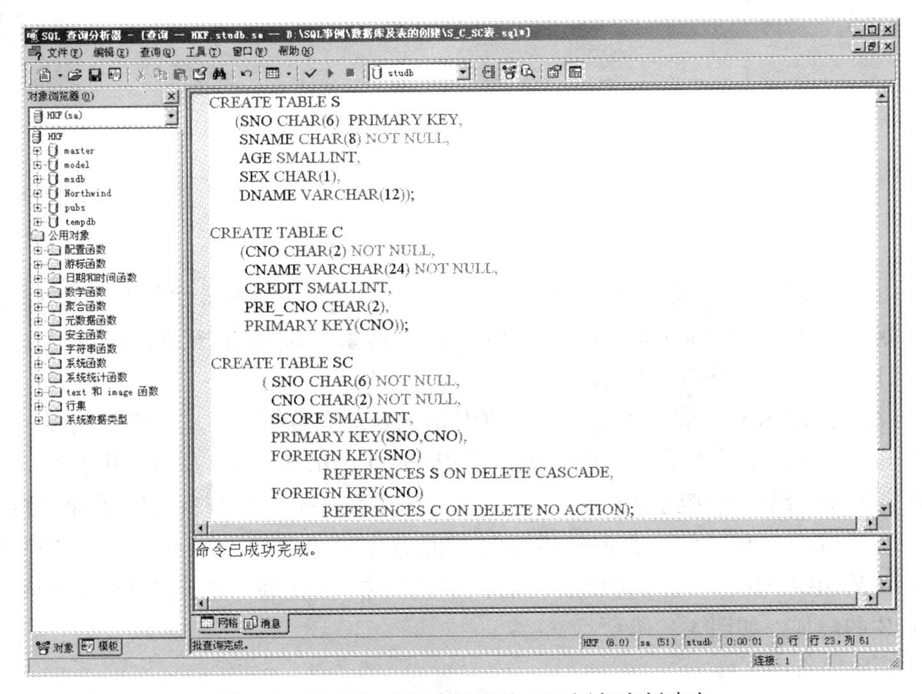

图 3.5　用 SQL 查询分析器的 SQL 语句来创建表

2. 修改数据表结构

（1）增加新的属性

1）方法1：利用企业管理器打开现有数据表增加新的属性

① 在 Windows 开始菜单中执行“所有程序｜Microsoft SQL Server｜企业管理器”命令，进入“SQL Server Enterprise Manager 企业管理器”界面，在 SQL Server Enterprise Manager 界面中展开 SQL Server 组，再展开“数据库”的 studb 数据库中的“表”选项，在右侧窗格内选择要增加新属性的数据表（例如 S），右击鼠标，从弹出的快捷菜单中，单击“设计表”命令打开现有数据表，如图 3.6 所示。

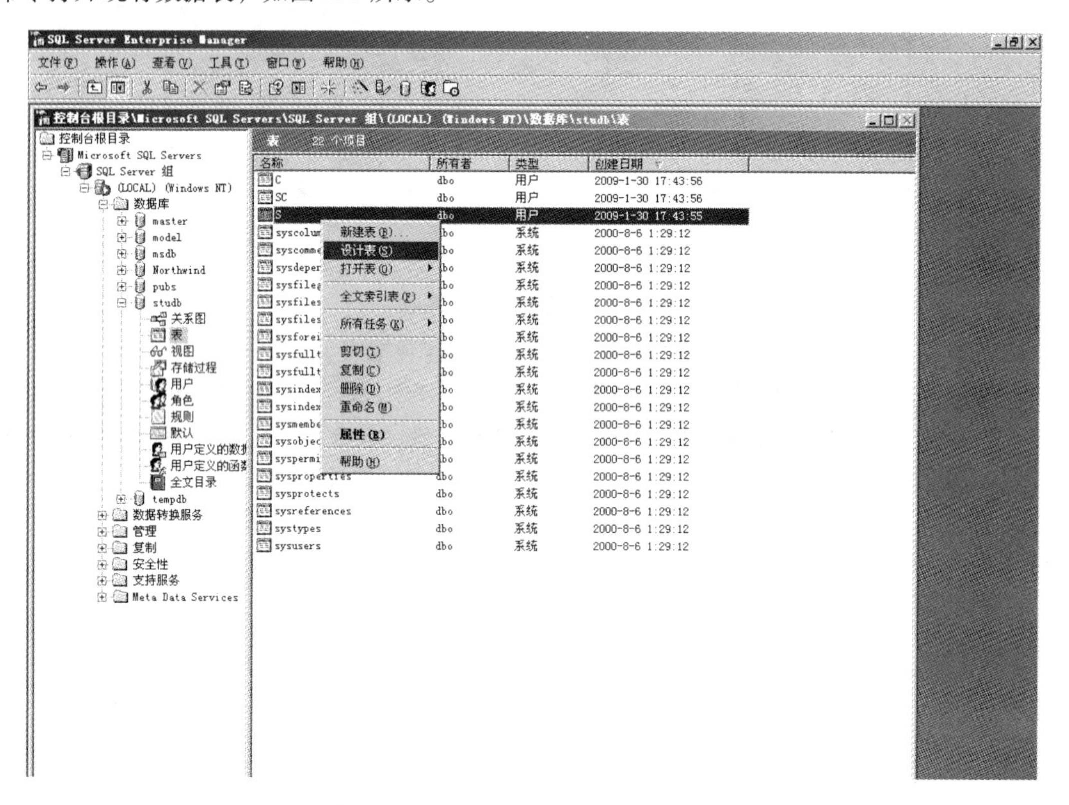

图 3.6 选择“设计表”打开现有数据表

② 在出现的现有数据表“设计表”界面中，输入要增加新属性的列名（如 BIRTHDATE）、数据类型（如 datetime）和长度后，在工具条上按保存按钮，即可完成新属性 BIRTHDATE 的增加，如图 3.7 所示。

2）方法2：在 SQL 查询分析器中输入 SQL 语句在现有数据表中增加新的属性

在 Windows 开始菜单中执行“所有程序｜Microsoft SQL Server｜查询分析器”命令，输入用户登录名和密码后连接到 SQL Server，进入“SQL Server 查询分析器”界面，在数据库组合框中选择 studb，在“SQL 查询分析器”界面命令窗口中输入“ALTER TABLE S ADD HOSTADDR VARCHAR（32）”SQL 语句后，单击“执行查询”按钮，即可完成新属性 HOSTADDR 的增加，如图 3.8 所示。

（2）删除原有的属性

1）方法1：利用企业管理器打开现有数据表删除原有的属性

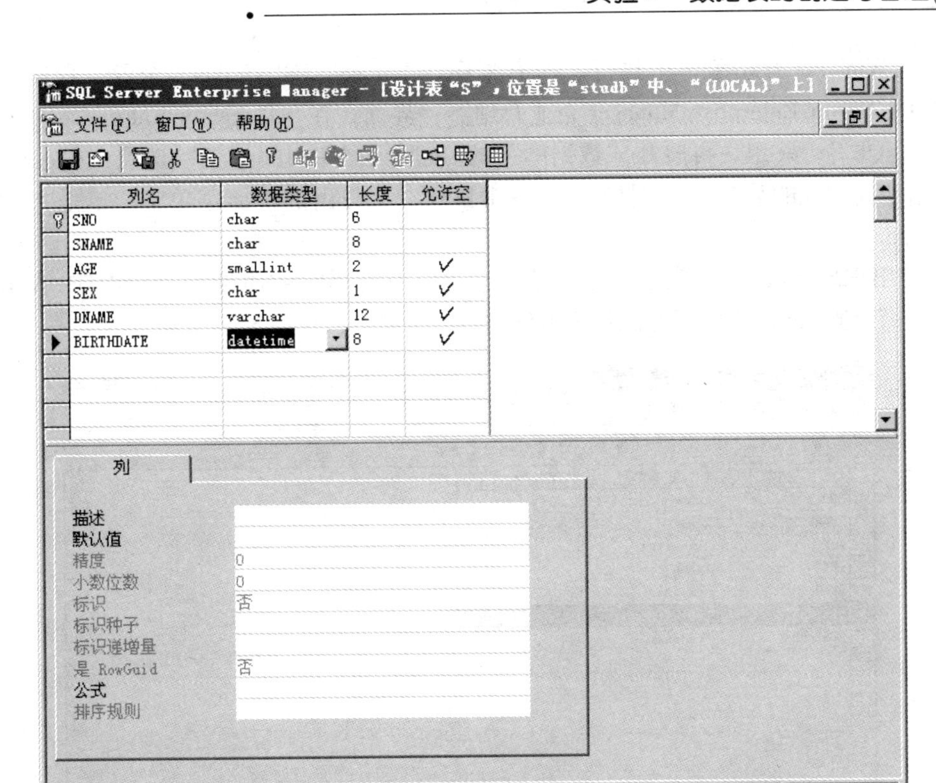

图 3.7 "设计表"界面

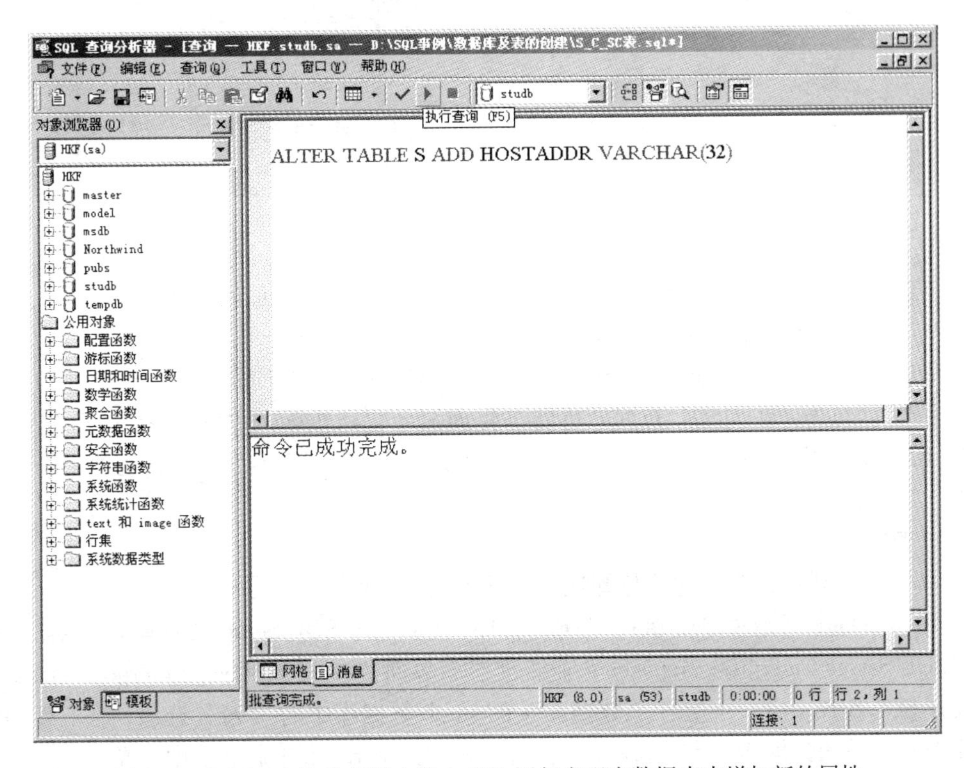

图 3.8 在 SQL 查询分析器中输入 SQL 语句在现有数据表中增加新的属性

① 在 Windows 开始菜单中执行“所有程序 | Microsoft SQL Server | 企业管理器”命令，进入“SQL Server Enterprise Manager 企业管理器”界面，在 SQL Server Enterprise Manager 界面中展开 SQL Server 组，再展开“数据库”的 studb 数据库中的“表”选项，在右侧窗格内选择要增加新属性的数据表（例如 S），右击鼠标，从弹出的快捷菜单中，单击“设计表”命令（图 3.6）。

② 在出现现有数据表“设计表”界面中，选中要删除的属性（如 BIRTHDATE）后，按“Delete”键，即可完成原有属性 BIRTHDATE 的删除，如图 3.9 所示。

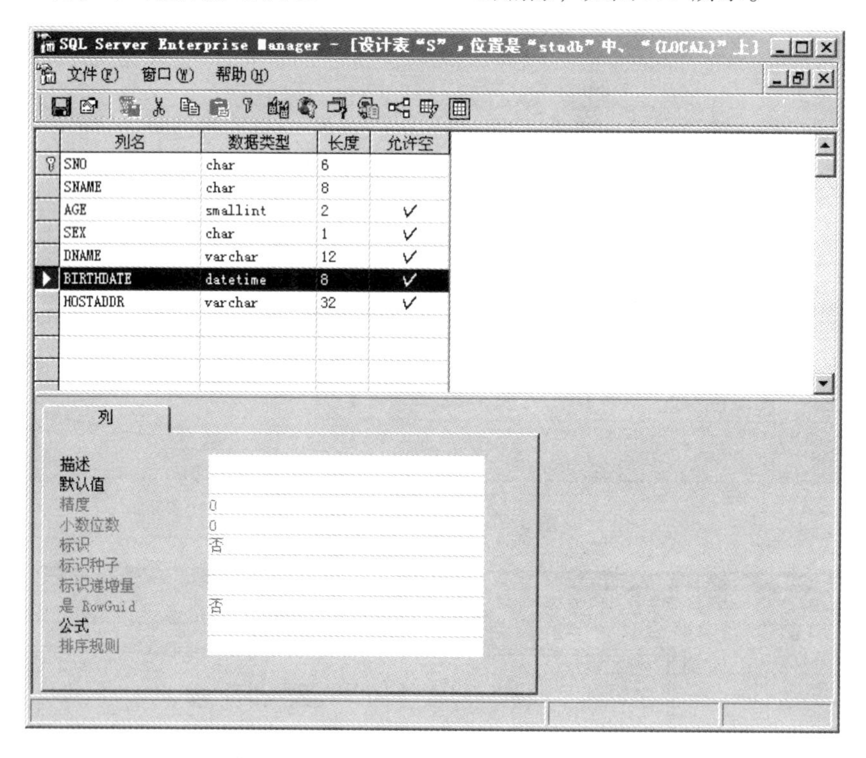

图 3.9　在企业管理器中删除原有的属性

2）方法 2：在 SQL 查询分析器中输入 SQL 语句删除现有数据表中原有的属性

在 Windows 开始菜单中执行“所有程序 | Microsoft SQL Server | 查询分析器”命令，输入用户登录名和密码后连接到 SQL Server，进入“SQL Server 查询分析器”界面，在数据库组合框中选择 studb，在“SQL 查询分析器”界面命令窗口中输入“ALTER TABLE S DROP column HOSTADDR”SQL 语句后，单击“执行查询”按钮，即可完成原有属性 HOSTADDR 的删除，如图 3.10 所示。

（3）撤销主键

1）方法 1：利用企业管理器打开现有数据表撤销主键

① 在 Windows 开始菜单中执行“所有程序 | Microsoft SQL Server | 企业管理器”命令，进入“SQL Server Enterprise Manager 企业管理器”界面，在 SQL Server Enterprise Manager 界面中展开 SQL Server 组，再展开“数据库”的 studb 数据库中的“表”选项，在右侧窗格内选择要撤销主键的数据表（例如 SC），右击鼠标，从弹出的快捷菜单中，单击“设计表”命令（参见图 3.6）。

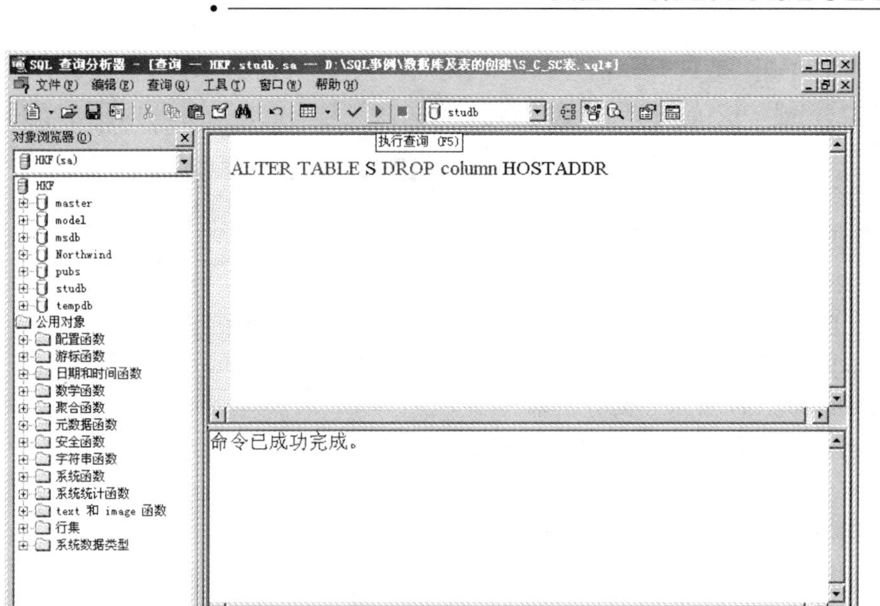

图3.10 在SQL查询分析器中输入SQL语句在现有数据表中删除原有的属性

② 在出现现有数据表“设计表”界面中，选中要撤销主键的属性（如SNO，CNO）后，单击“设计表”界面上侧的“设置主键”按钮，即可完成主键的撤销，如图3.11所示。

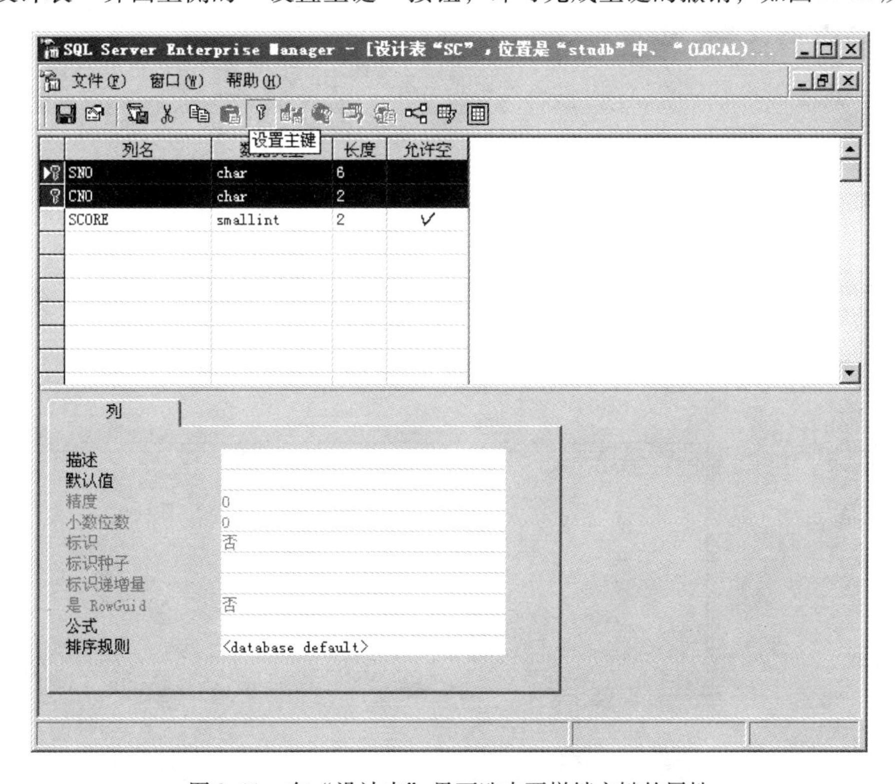

图3.11 在“设计表”界面选中要撤销主键的属性

也可以在出现图 3. 11 所示的现有数据表“设计表”界面中，单击“设计表”界面上侧的“管理索引/键”按钮，出现“管理索引/键属性”对话框，如图 3. 12 所示。从“管理索引/键属性”对话框中的“选定的索引”组合框中选择要撤销的主键索引，再单击“删除”按钮，即可完成主键的撤销。

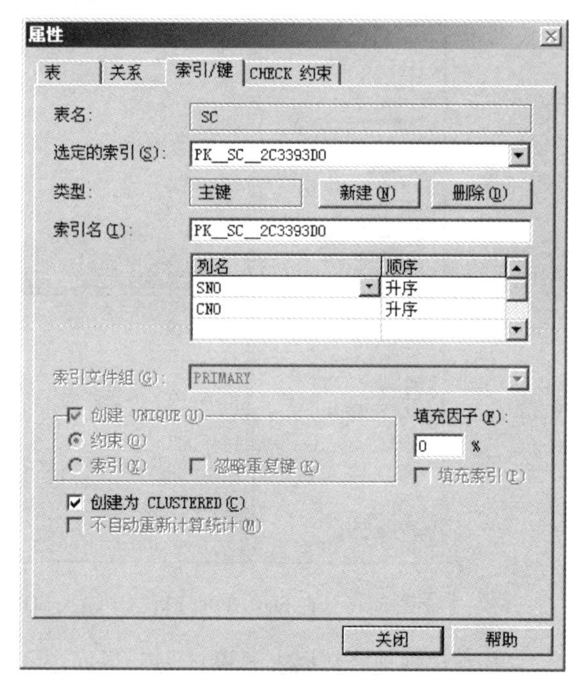

图 3. 12 “管理索引/键属性”对话框

2）方法 2：在 SQL 查询分析器中输入 SQL 语句在现有数据表中撤销主键

在 Windows 开始菜单中执行“所有程序 | Microsoft SQL Server | 查询分析器”命令，输入用户登录名和密码后连接到 SQL Server，进入“SQL Server 查询分析器”界面，在数据库组合框中选择 studb，在“SQL 查询分析器”界面命令窗口中输入“ALTER TABLE SC DROP CONSTRAINT constraint_name”（其中 constraint_name 是要撤销主键索引名，图 3. 12 中是 PK__SC__2C3393D0）SQL 语句后，单击“执行查询”按钮，即可完成主键的撤销，如图 3. 13 所示。

图 3. 13 在 SQL 查询分析器中输入 SQL 语句在现有数据表中撤销主键

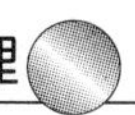

(4) 补充定义主键

1) 方法1：利用企业管理器打开现有数据表补充定义主键

① 在Windows开始菜单中执行“所有程序 | Microsoft SQL Server | 企业管理器”命令，进入“SQL Server Enterprise Manager企业管理器”界面，在SQL Server Enterprise Manager界面中展开SQL Server组，再展开“数据库”的studb数据库中的“表”选项，在右侧窗格内选择要补充定义主键的数据表（例如SC），右击鼠标，从弹出的快捷菜单中，单击“设计表”命令（图3.6）。

② 在出现现有数据表“设计表”界面中，选中要补充定义主键的属性（如SNO，CNO）后，单击“设计表”界面上侧的“设置主键”按钮，即可完成主键的补充定义，如图3.14所示。

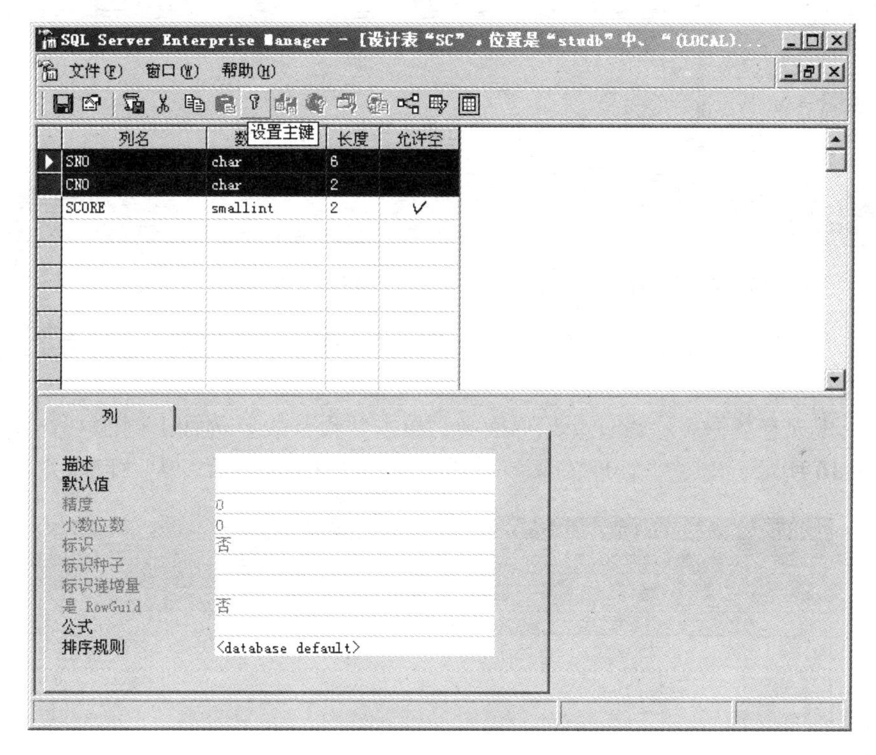

图3.14　在“设计表”界面中补充定义主键

2) 方法2：在SQL查询分析器中输入SQL语句在现有数据表中补充定义主键

在Windows开始菜单中执行“所有程序 | Microsoft SQL Server | 查询分析器”命令，输入用户登录名和密码后连接到SQL Server，进入“SQL Server查询分析器”界面，在数据库组合框中选择studb，在“SQL查询分析器”界面命令窗口中输入“ALTER TABLE SC ADD CONSTRAINT PK_SC PRIMARY KEY (SNO，CNO)”SQL语句后，单击“执行查询”按钮，即可完成SC表的主键补充定义，如图3.15所示。

(5) 撤销外键

1) 方法1：利用企业管理器打开现有数据表撤销外键

① 在Windows开始菜单中执行“所有程序 | Microsoft SQL Server | 企业管理器”命令，进入“SQL Server Enterprise Manager企业管理器”界面，在SQL Server Enterprise Manager界面中展开SQL Server组，再展开“数据库”的studb数据库中的“表”选项，在右侧窗格内

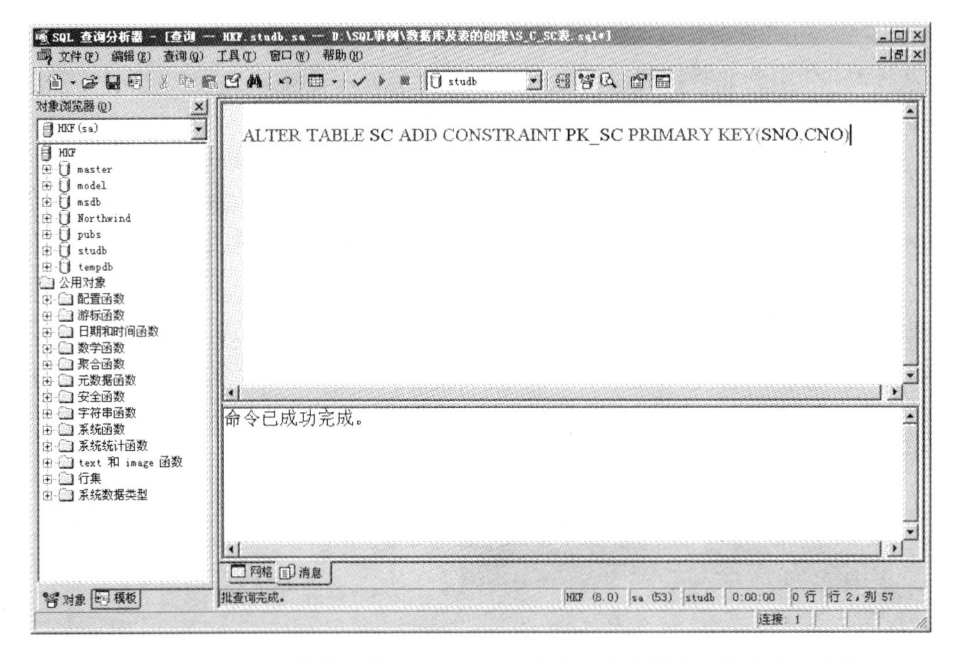

图 3.15　在 SQL 查询分析器中输入 SQL 语句在现有数据表中补充定义主键

选择要撤销外键的数据表（例如 SC），右击鼠标，从弹出的快捷菜单中，单击“设计表”命令（参见图 3.6）。

② 在出现现有数据表“设计表”界面中，单击“设计表”界面上侧的“管理关系”按钮，如图 3.16 所示。出现“管理关系”对话框，如图 3.17 所示。从“管理关系”对话框

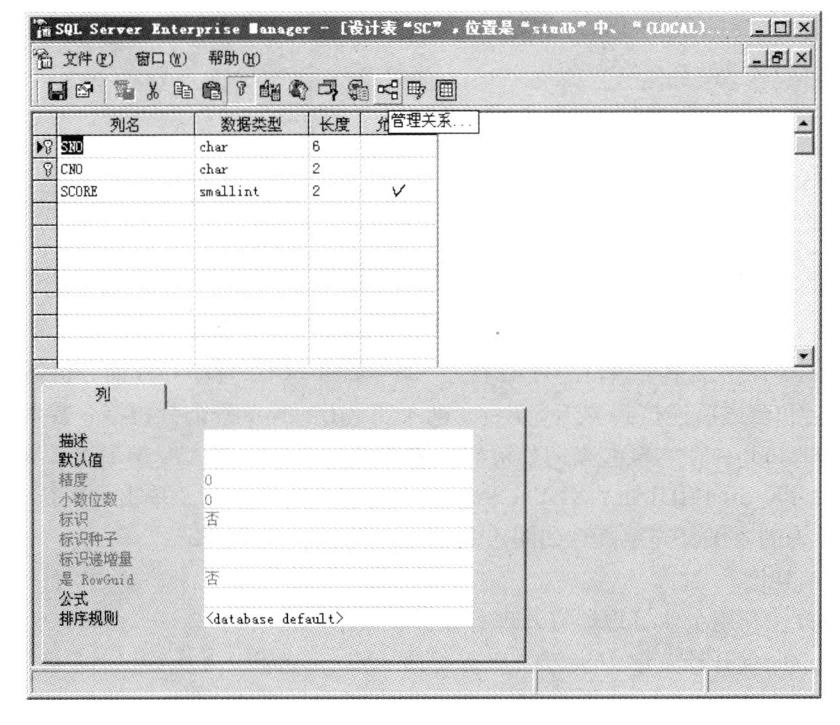

图 3.16　在“设计表”界面中单击“管理关系”按钮

中的“选定的关系”组合框中选择要撤销的外键索引（例如∞ FK __SC __SNO __2D27B809），再单击“删除”按钮，即可完成在 SNO 属性上定义的外键的撤销。

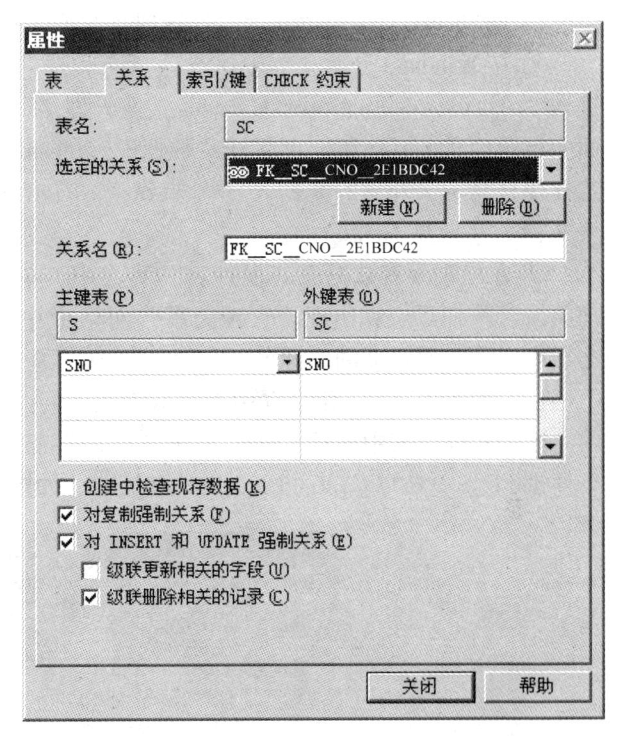

图 3.17　“管理关系”对话框

2）方法 2：在 SQL 查询分析器中输入 SQL 语句在现有数据表中撤销外键

在 Windows 开始菜单中执行“所有程序｜Microsoft SQL Server｜查询分析器”命令，输入用户登录名和密码后连接到 SQL Server，进入“SQL Server 查询分析器”界面，在数据库组合框中选择 studb，在“SQL 查询分析器”界面命令窗口中输入“ALTER TABLE SC DROP CONSTRAINT constraint_name ”（其中 constraint_name 是要撤销主键索引名，例如在图 3.17 可以查看到 FK __SC __CNO __2E1BDC42）SQL 语句后，单击“执行查询”按钮，即可完成在 CNO 属性上定义的外键的撤销，如图 3.18 所示。

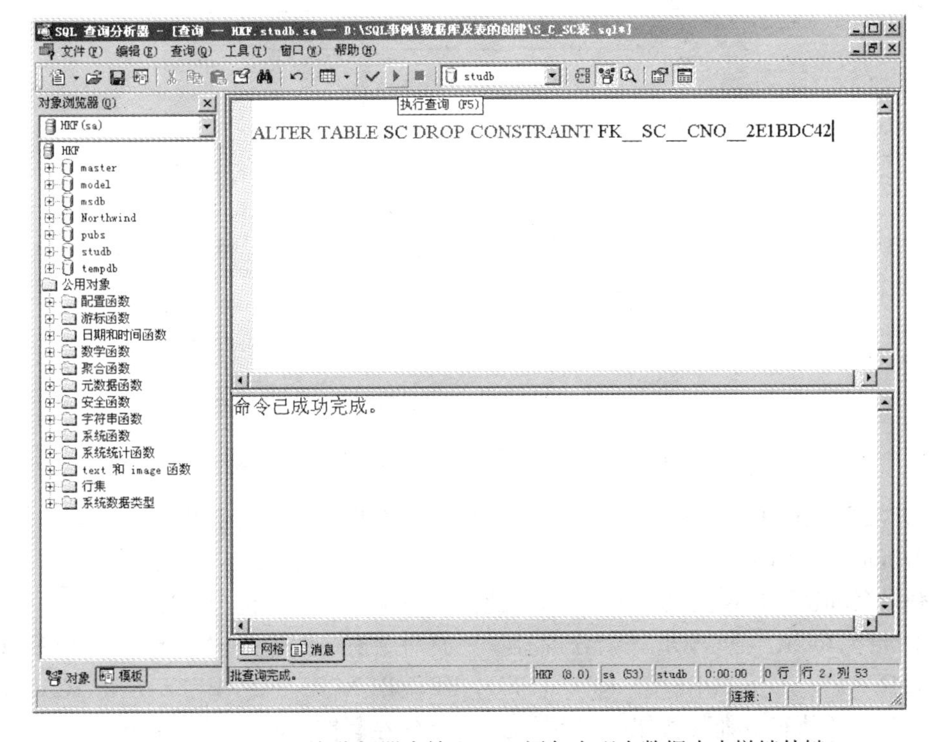

图 3.18　在 SQL 查询分析器中输入 SQL 语句在现有数据表中撤销外键

（6）补充定义外键

1）方法1：利用企业管理器打开现有数据表补充定义外键

① 在 Windows 开始菜单中执行“所有程序｜Microsoft SQL Server｜企业管理器”命令，进入“SQL Server Enterprise Manager 企业管理器”界面，在 SQL Server Enterprise Manager 界面中展开 SQL Server 组，再展开“数据库”的 studb 数据库中的“表”选项，在右侧窗格内选择要补充定义外键的数据表（例如 SC），右击鼠标，从弹出的快捷菜单中，单击“设计表”命令（参见图 3.6）。

② 在出现现有数据表“设计表”界面中，单击图 3.16 的“设计表”界面上侧的“管理关系”按钮后。在出现“管理关系”对话框中的，单击“新建”按钮后，在“关系名”文本框中输入要定义的外键名（例如 FK_SC_C），在“主键表”下方组合框中选择数据表 C，在“外键表”下方组合框中选择数据表 SC，再从下方的列表框中分别选取要定义外键的主键表和外键表中属性 CNO，单击“关闭”按钮，即可完成 SC 表的在属性 CNO 定义一个外键 FK_SC_C 与 C 表的 CNO 属性相关联。如图 3.19 所示。

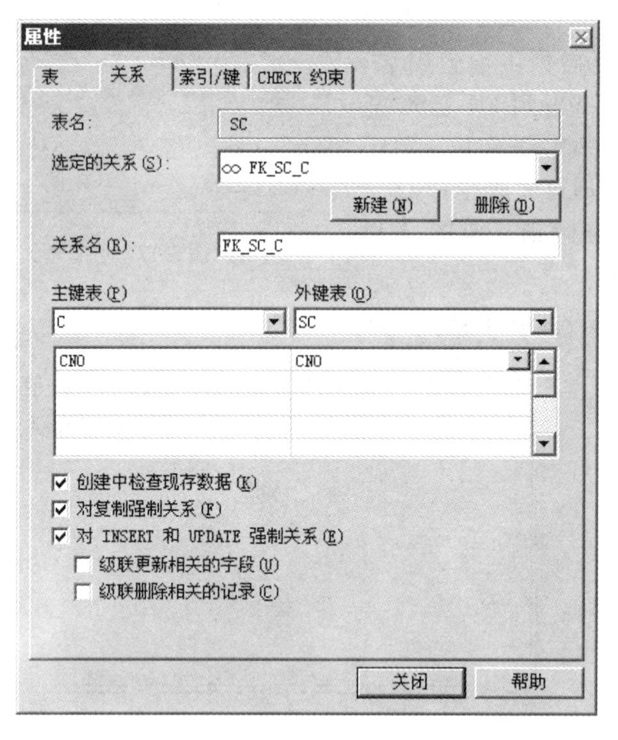

图 3.19　在“管理关系”对话框中定义外键

2）方法2：在 SQL 查询分析器中输入 SQL 语句在现有数据表中补充定义外键

在 Windows 开始菜单中执行“所有程序｜Microsoft SQL Server｜查询分析器”命令，输入用户登录名和密码后连接到 SQL Server，进入“SQL Server 查询分析器”界面，在数据库组合框中选择 studb，在“SQL 查询分析器”界面命令窗口中输入“ALTER TABLE SC ADD CONSTRAINT FK_SC_S FOREIGN KEY（SNO）REFERENCES S ON DELETE CASCADE”SQL 语句后，单击“执行查询”按钮，即可完成 SC 表的在属性 SNO 定义一个外键 FK_SC_S 与 S 表的 SNO 属性相关联，如图 3.20 所示。

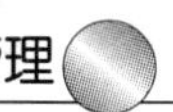

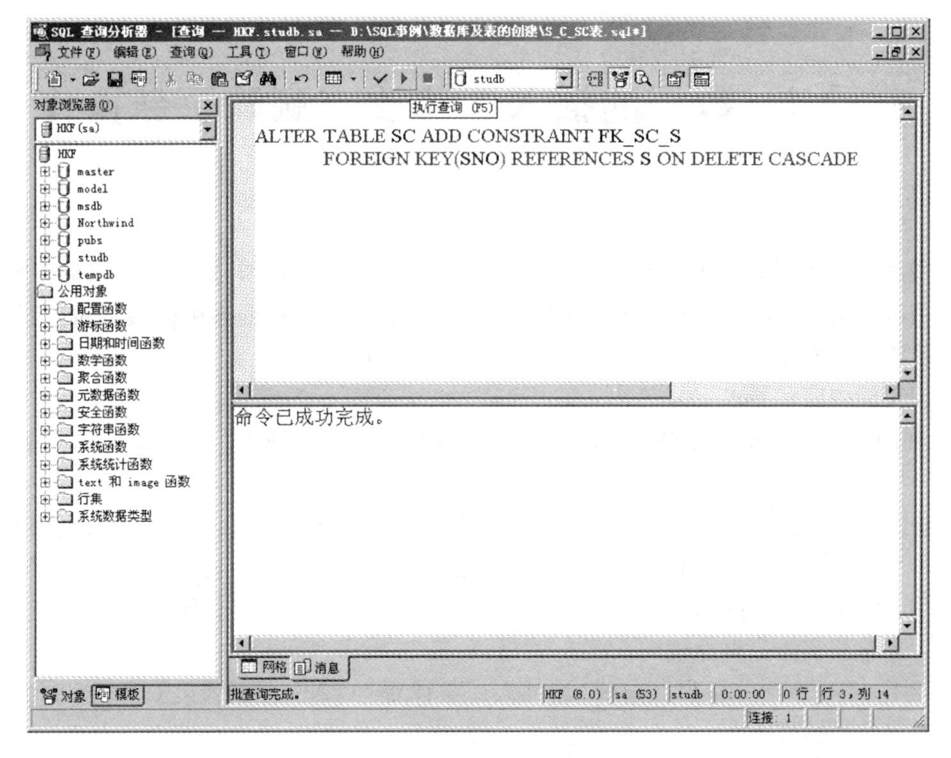

图 3.20　在 SQL 查询分析器中输入 SQL 语句在现有数据表中补充定义外键

3. 删除数据表

在 Windows 开始菜单中执行“所有程序 | Microsoft SQL Server | 企业管理器”命令，进入“SQL Server Enterprise Manager 企业管理器”界面，在 SQL Server Enterprise Manager 界面中展开 SQL Server 组，再展开“数据库”的 studb 数据库中的“表”选项，在右侧窗格内选择要删除的数据表，右击鼠标选择“删除”命令，并在弹出的确认对话框中选择“是”即可。

也可以在 Windows 开始菜单中执行“所有程序 | Microsoft SQL Server | 查询分析器”命令，输入用户登录名和密码后连接到 SQL Server，进入“SQL Server 查询分析器”界面，在数据库组合框中选择 studb，在“SQL 查询分析器”界面命令窗口中输入“DROP TABLE SC”SQL 语句后，单击“执行查询”按钮，即可完成 SC 表的删除。

实验 4　数据的插入、修改、删除更新操作

一、实验目的

1. 熟练掌握和使用企业管理器对数据表进行数据插入、修改、删除等数据更新操作。

2. 熟练使用 INSERT、DELETE、UPDATE 等 SQL 语句对数据表中的数据进行插入、删除、修改等更新操作，并加深对数据完整性及其约束的理解。

二、实验内容和要求

1. 利用企业管理器对实验 3 所创建的数据表 S 进行数据插入、修改、删除等数据更新操作。

2. 利用 SQL 查询分析器中执行 DELETE、INSERT 等 SQL 语句，对实验 3 所创建的数据表 S、C、SC 中的数据进行删除、插入等更新操作。

3. 利用 SQL 查询分析器，向 S 表插入一条学号 SNO 为空值的记录或插入一条已经存在的记录，来检验实体完整性规则。

4. 利用 SQL 查询分析器，向 SC 表插入一条课程号 CNO 在课程表 C 中在没有的记录，来检验参照完整性规则。

5. 利用 SQL 查询分析器，对 S 表删除一条学号 SNO 在成绩表 SC 中有的记录，来检验参照完整性规则。

三、实验步骤和结果

1. 数据的插入

(1) 方法 1：在企业管理器中直接输入数据

在 Windows 开始菜单中执行“所有程序 | Microsoft SQL Server | 企业管理器”命令，进入“SQL Server Enterprise Manager 企业管理器”界面，在 SQL Server Enterprise Manager 界面中展开 SQL Server 组，再展开“数据库”的 studb 数据库中的“表”选项，在右侧窗格内选择要插入数据的数据表（例如 S），右击鼠标，从弹出的快捷菜单中单击“打开表 | 返回所有行”命令，出现数据输入界面，在此界面上可以输入相应的数据，如图 4.1 所示，单击“运行”按钮或关闭此窗口，数据都被自动保存。

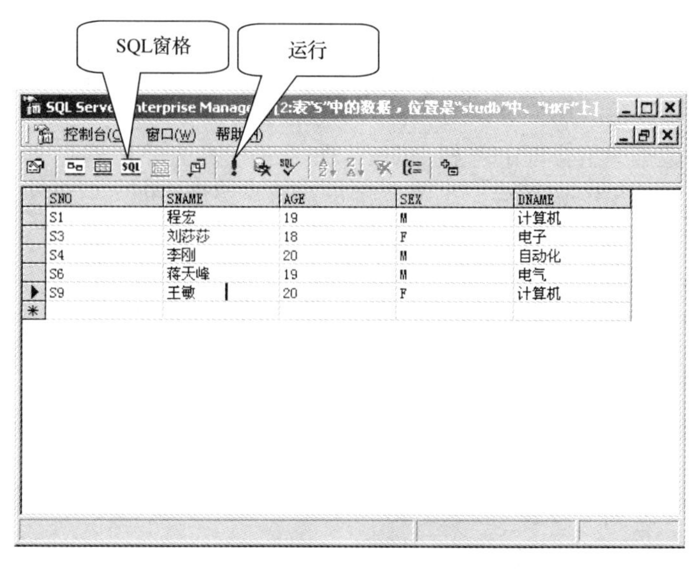

图 4.1　数据输入界面

(2) 方法 2：在 SQL 窗格中用 SQL 语句插入数据

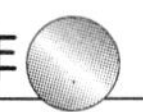

在图4.1所示界面中点击"SQL窗格"按钮，出现图4.2所示界面，在此界面的窗口中输入相应的SQL语句后，单击"运行"按钮，在出现的对话框中选择"确定"按钮，即可完成数据的插入。

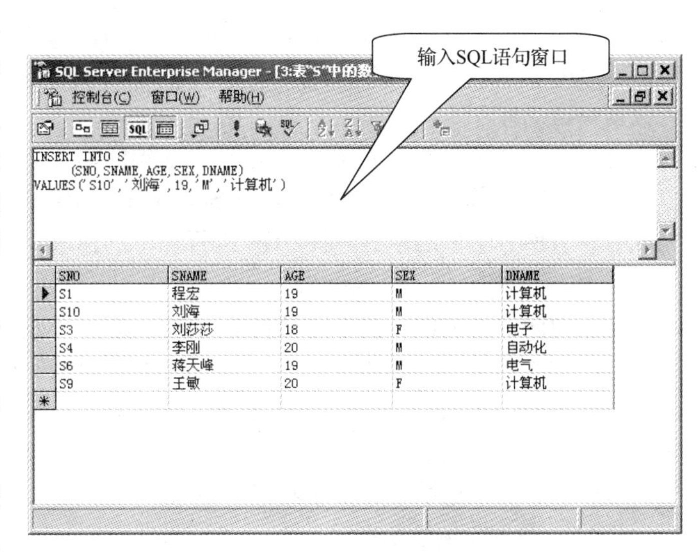

图4.2　执行SQL语句插入数据

(3) 方法3：在SQL查询分析器中用SQL语句插入数据

在Windows开始菜单中执行"所有程序 | Microsoft SQL Server | 查询分析器"命令，输入用户登录名和密码后连接到SQL Server，进入"SQL Server查询分析器"界面，在数据库组合框中选择studb，在"SQL查询分析器"界面命令窗口中输入SQL语句"INSERT INTO S (SNO, SNAME) VALUES ('S10', '李四')"后，单击"执行查询"按钮，即可向S表插入记录('S11','李四')。向C表和SC表插入数据如图4.3所示。

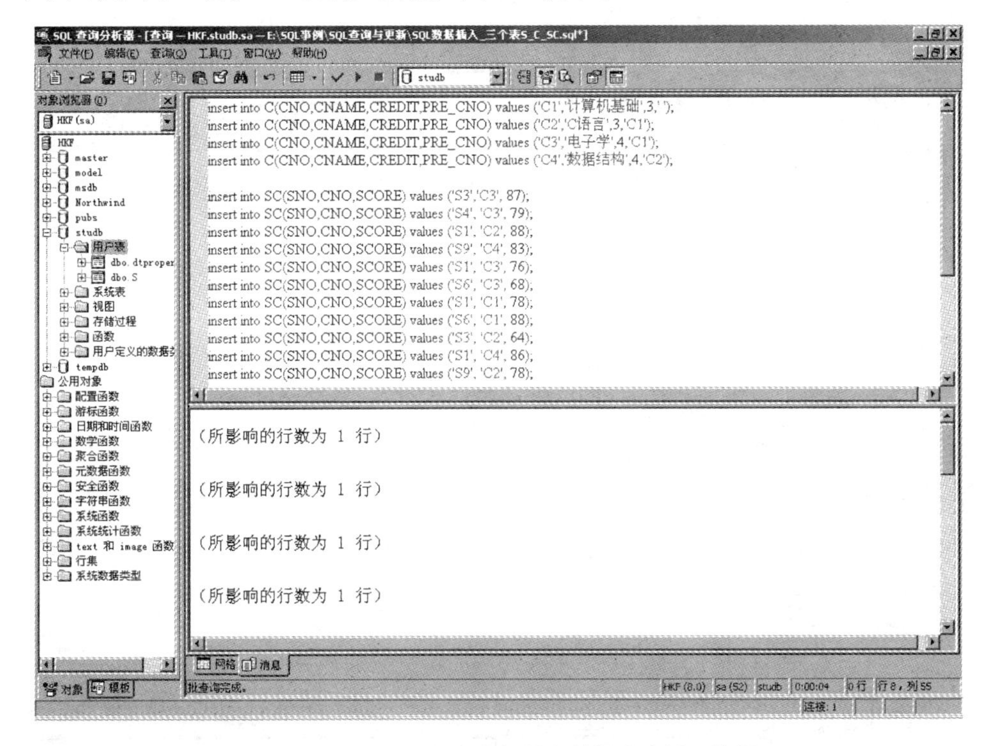

图4.3　利用SQL查询分析器向数据表中插入数据

2. 数据的修改

在SQL Server Enterprise Manager中修改数据，如同插入数据一样进入数据输入界面，在此界面中对数据进行修改后，单击“运行”按钮或关闭此窗口，数据都被自动保存。也可单击“SQL 窗格”按钮，输入相应的修改数据的 SQL 语句后，单击“运行”按钮，修改后的数据被自动保存。

也可进入 SQL 查询分析器，启动 SQL 语句的输入环境，在 SQL 查询分析器中的命令窗口中输入 SQL 的修改语句“UPDATE S SET AGE = AGE + 1”，单击“执行查询”按钮，即可完成对 S 表所有学生的年龄属性 AGE 进行加 1 的修改操作。

3. 数据的删除

用上面同样的方法，打开要删除数据的表后，单击“SQL 窗格”按钮，输入相应的删除数据的 SQL 语句后，单击“运行”按钮，删除数据的表被自动保存。

同样进入 SQL 查询分析器，启动 SQL 语句的输入环境，在 SQL 查询分析器中的命令窗口中输入 SQL 的删除语句“DELETE FROM S WHERE SNO = 'S10'”，单击“执行查询”按钮，即可从 S 表中把学号为 S10 的记录删除。

4. 检验数据完整性规则

(1) 向 S 表插入一条学号 SNO 值在 S 表中已经存在的记录

在 Windows 开始菜单中执行“所有程序 | Microsoft SQL Server | 查询分析器”命令，输入用户登录名和密码后连接到 SQL Server，进入“SQL Server 查询分析器”界面，在数据库组合框中选择 studb，在“SQL 查询分析器”界面命令窗口中输入 SQL 语句“INSERT INTO S (SNO, SNAME, AGE, SEX, DNAME) VALUES ('S1', 'Candy', 19, 'F', '计算机')”，单击“执行查询”按钮，如图 4.4 所示。

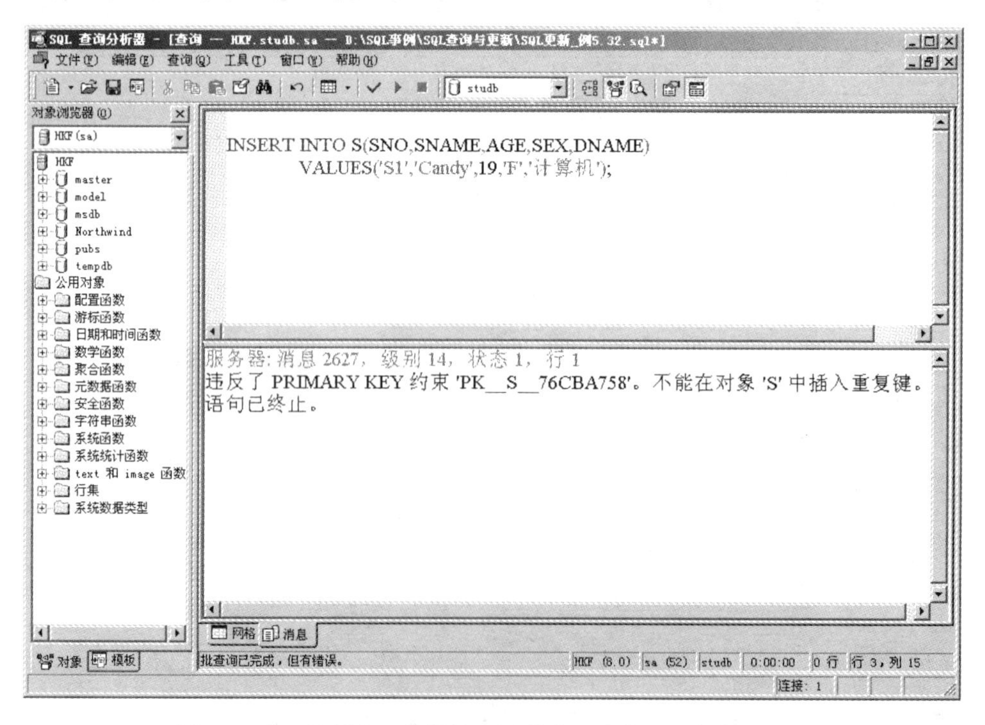

图 4.4 向 S 表插入一条学号 SNO 值在 S 表中已经存在的记录

这是因为 S1 已在 S 表的学号 SNO 属性中，违反了实体完整性规则，所以 SQL 语句执行

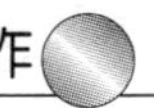

失败。

（2）向 SC 表插入一条课程号 CNO 值在课程表 C 中 CNO 属性值不存在的记录

在 Windows 开始菜单中执行“所有程序 | Microsoft SQL Server | 查询分析器”命令，输入用户登录名和密码后连接到 SQL Server，进入“SQL Server 查询分析器”界面，在数据库组合框中选择 studb，在“SQL 查询分析器”界面命令窗口中输入 SQL 语句“INSERT INTO SC（SNO，CNO，SCORE）VALUES（'S10'，'C9'，80）”，单击“执行查询”按钮，如图 4.5 所示。

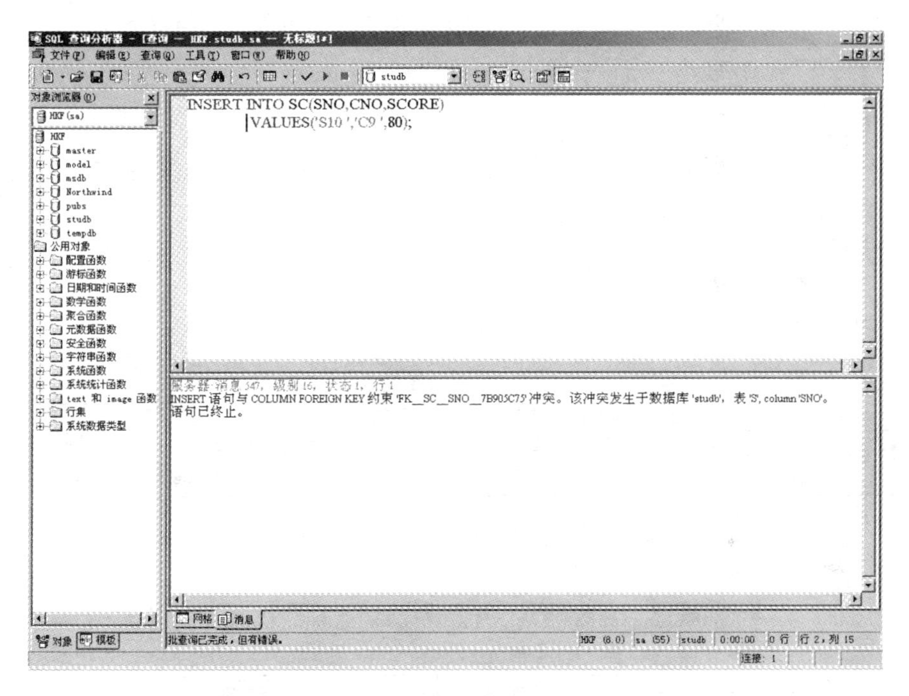

图 4.5 向 SC 表插入一条课程号 CNO 值在课程表 C 中 CNO 属性值不存在的记录

这是因为 SC 表中 CNO 外键值“C9”引用了一个在 C 表中课程号 CNO 属性值不存在的值，违反了参照完整性规则，SQL 语句执行失败。

（3）S 表删除一条学号 SNO 在成绩表 SC 中 SNO 值已存在的记录

在 Windows 开始菜单中执行“所有程序 | Microsoft SQL Server | 查询分析器”命令，输入用户登录名和密码后连接到 SQL Server，进入“SQL Server 查询分析器”界面，在数据库组合框中选择 studb，在“SQL 查询分析器”界面命令窗口中输入 SQL 语句“DELETE FROM S WHERE SNO = 'S1'”，SQL 运行结果如图 4.6 所示。则从 S 表中将学号为“S1”的学生信息删除，同时从 SC 表将学号为“S1”的所选所有课程成绩删除。打开 SC 表浏览数据如图 4.7 所示，表中已没有学号为 S1 的记录。

5. 在 SQL 查询分析器中用输入多条 SQL 语句进行多表的数据更新

在 Windows 开始菜单中执行“所有程序 | Microsoft SQL Server | 查询分析器”命令，输入用户登录名和密码后连接到 SQL Server，进入“SQL Server 查询分析器”界面，在数据库组合框中选择 studb，在“SQL 查询分析器”界面命令窗口中输入 DELETE、INSERT 语句，对实验 3 所创建的数据表 S、C、SC 进行数据删除、插入等更新操作，如图 4.8 所示。

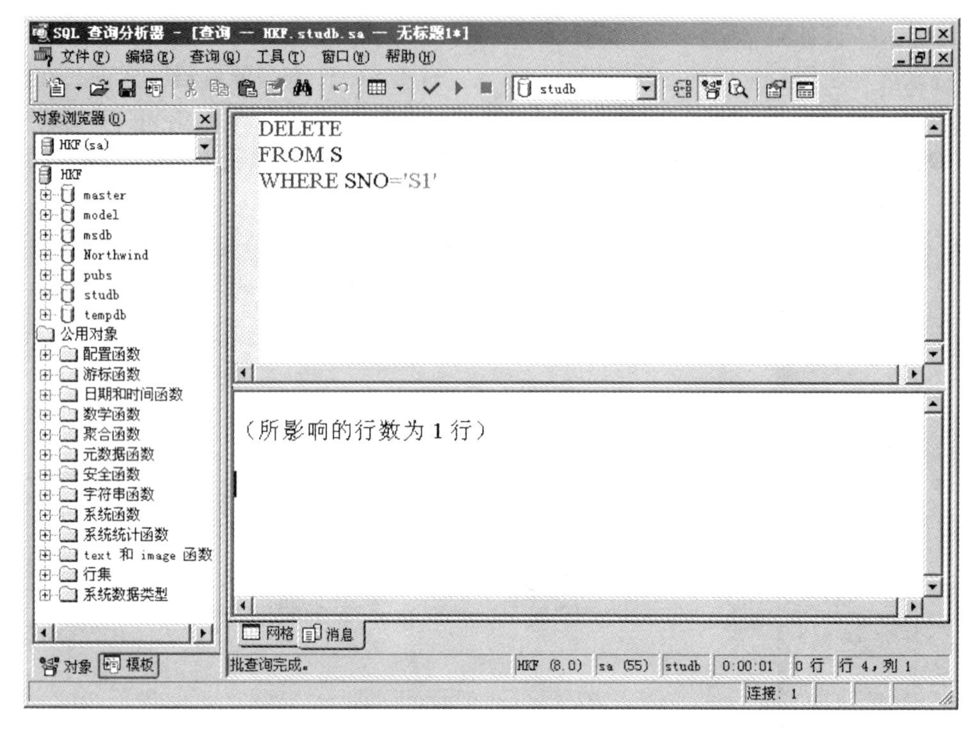

图 4.6　S 表删除一条学号 SNO 在成绩表 SC 中 SNO 值已存在的记录

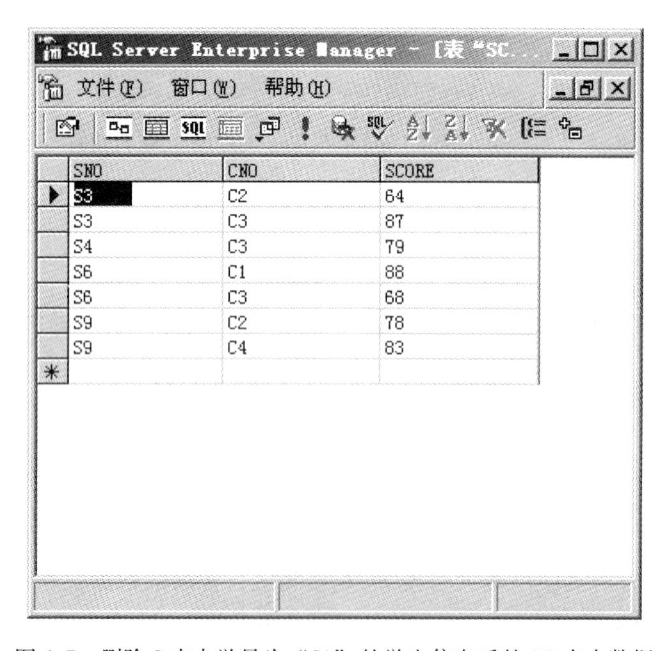

SNO	CNO	SCORE
S3	C2	64
S3	C3	87
S4	C3	79
S6	C1	88
S6	C3	68
S9	C2	78
S9	C4	83

图 4.7　删除 S 表中学号为“S1”的学生信息后的 SC 表中数据

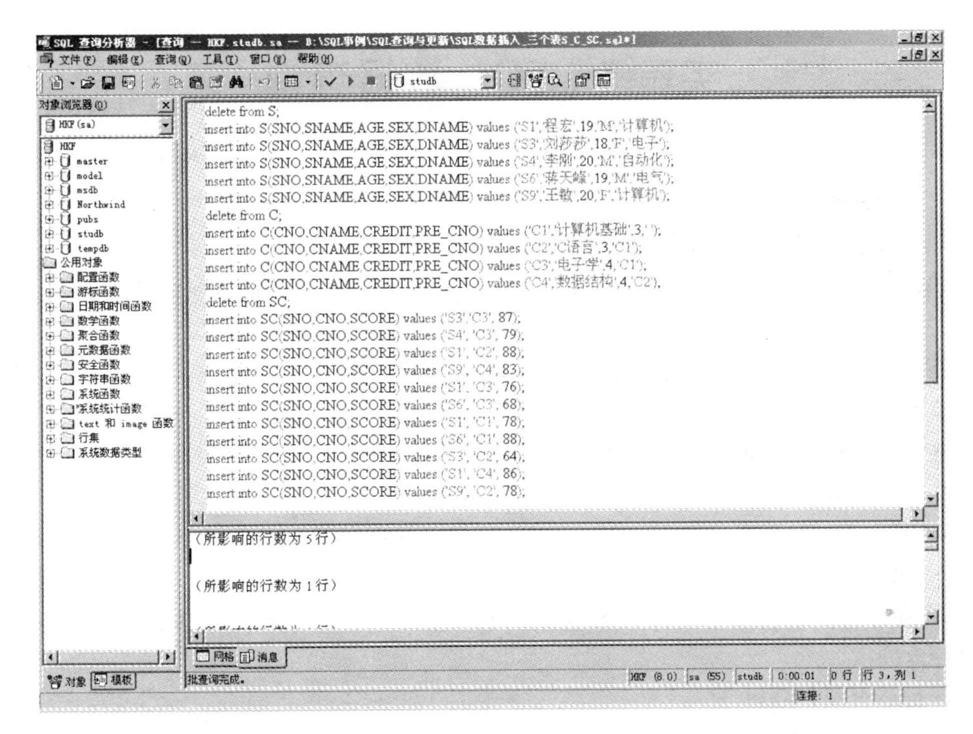

图4.8　输入 DELETE 和 INSERT 语句在 S、C、SC 等多个表中删除和插入数据

实验5　SQL数据查询

一、实验目的

1. 熟练掌握SQL的SELECT简单查询语句的使用。

2. 熟练使用SQL语句进行多表连接查询、嵌套查询、集合查询等复杂查询。

二、实验内容和要求

1. 在SQL查询分析器中执行SQL的SELECT语句，对实验4所建立的数据表S进行投影、选择等单表简单查询。

2. 在SQL查询分析器中执行SQL语句，对实验4所建立的数据表S、C、SC中的数据进行多表连接查询。

3. 在SQL查询分析器中执行SQL语句，对实验4所建立的数据表S、C、SC中的数据进行集合查询。

4. 在SQL查询分析器中执行SQL语句，对实验4所建立的数据表S、C、SC中的数据进行嵌套查询。

三、实验步骤和结果

1. SQL中的投影

（1）在S表中查询计算机系学生的学号和姓名

在Windows开始菜单中执行“所有程序 | Microsoft SQL Server | 查询分析器”命令，输入用户登录名和密码后连接到SQL Server，进入“SQL Server查询分析器”界面，在数据库组合框中选择studb，在“SQL查询分析器”界面命令窗口中输入“SELECT SNO，SNAME FROM S WHERE DNAME = '计算机'”SQL查询语句，单击“执行查询”按钮，即可完成在S表查询计算机系学生的学号和姓名，如图5.1所示。

（2）查询学生的学号、年龄和出生年份

在Windows开始菜单中执行“所有程序 | Microsoft SQL Server | 查询分析器”命令，输入用户登录名和密码后连接到SQL Server，进入“SQL Server查询分析器”界面，在数据库组合框中选择studb，在“SQL查询分析器”界面命令窗口中输入“SELECT SNO，AGE，2009 - AGE AS 出生年份 FROM S”SQL查询语句，单击“执行查询”按钮，即可完成在S表查询学生的学号、年龄和出生年份，如图5.2所示。

2. SQL中的选择运算

（1）在表S中查询计算机系年龄小于20岁的学生信息

在Windows开始菜单中执行“所有程序 | Microsoft SQL Server | 查询分析器”命令，输入用户登录名和密码后连接到SQL Server，进入“SQL Server查询分析器”界面，在数据库组合框中选择studb，在“SQL查询分析器”界面命令窗口中输入“SELECT * FROM S WHERE DNAME = '计算机'　AND AGE < 20”SQL查询语句，单击“执行查询”按钮，即可完成在表S中查询计算机系年龄小于20岁的学生信息，如图5.3所示。

（2）利用字符串的比较进行模糊查询，在表S中找出其姓名中含有“李”的学生信息

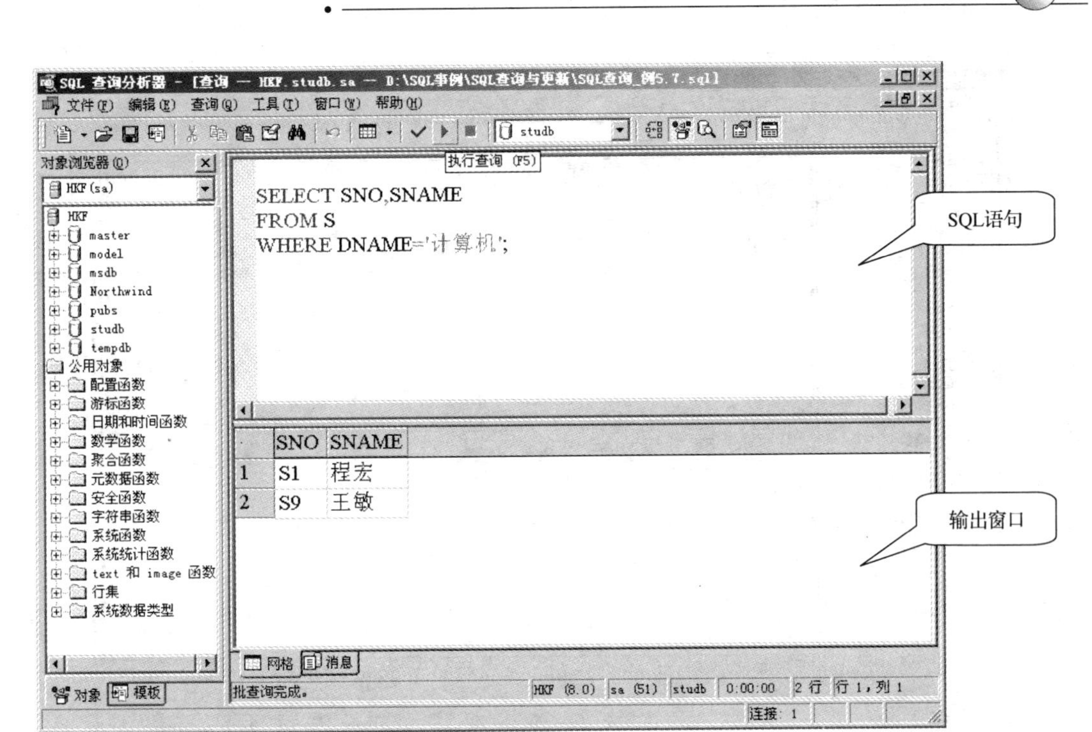

图 5.1　在 S 表中查询计算机系学生的学号和姓名

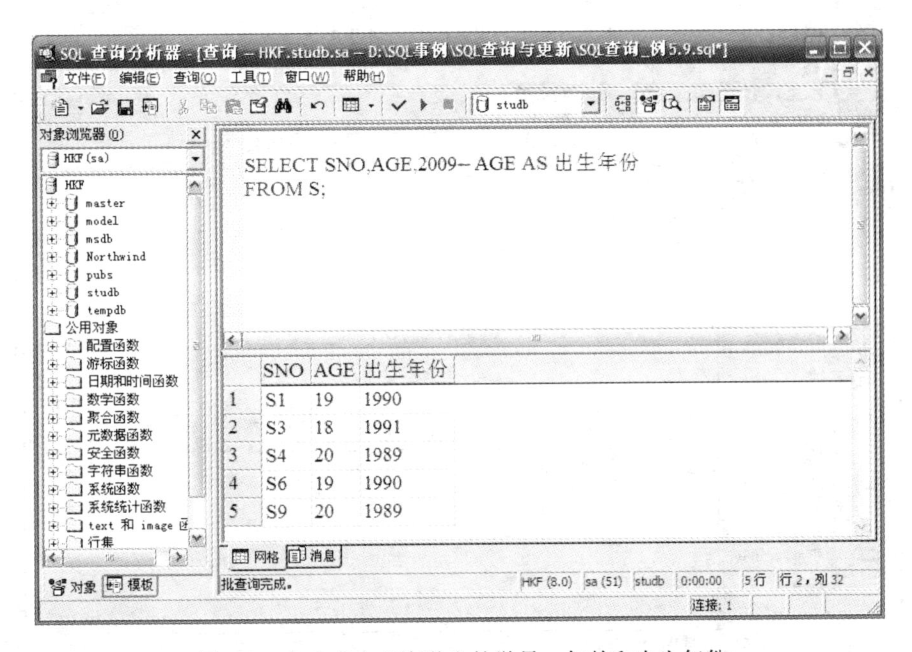

图 5.2　在 S 表中查询学生的学号、年龄和出生年份

在 Windows 开始菜单中执行“所有程序 | Microsoft SQL Server | 查询分析器”命令，输入用户登录名和密码后连接到 SQL Server，进入“SQL Server 查询分析器”界面，在数据库组合框中选择 studb，在“SQL 查询分析器”界面命令窗口中输入“SELECT * FROM S SNAME WHERE SNAME LIKE '%李%'”SQL 查询语句，单击“执行查询”按钮，即可完

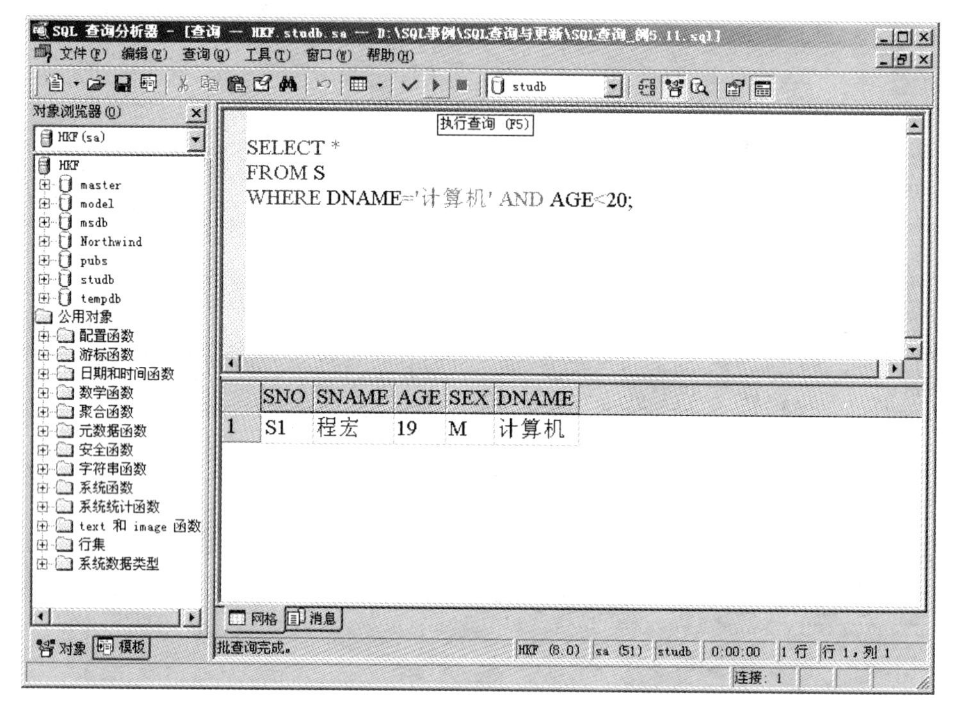

图 5.3　在表 S 中查询计算机系年龄小于 20 岁的学生信息

成在表 S 中找出其姓名中含有“李”的学生信息，如图 5.4 所示。

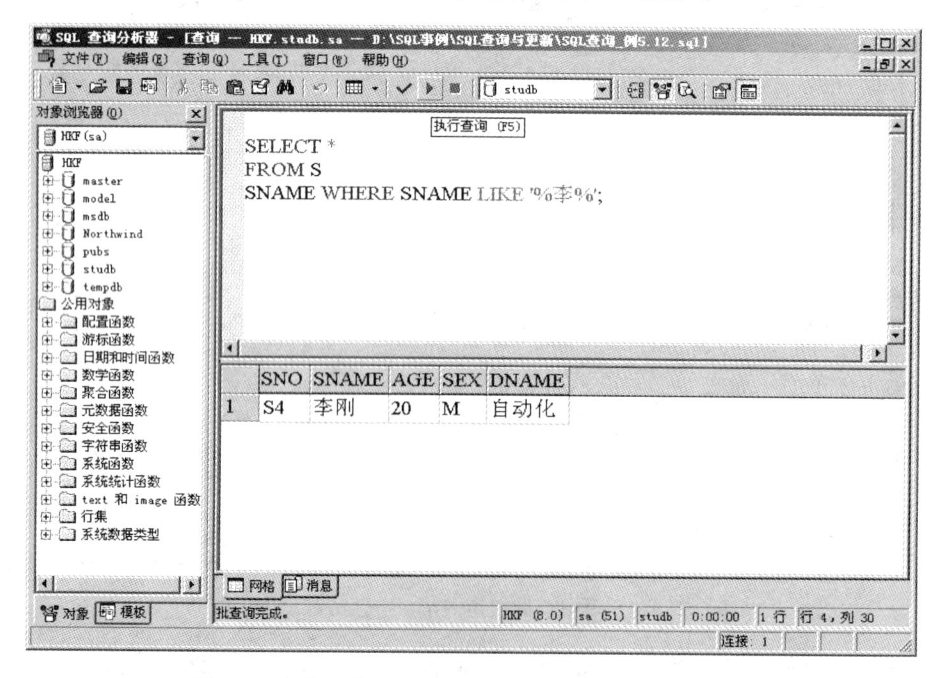

图 5.4　在表 S 中找出其姓名中含有“李”的学生信息

3. SQL 多表连接查询

（1）查询所有学生信息以及他们选修课程的课程号和得分

在 Windows 开始菜单中执行“所有程序 | Microsoft SQL Server | 查询分析器”命令，输入用户登录名和密码后连接到 SQL Server，进入“SQL Server 查询分析器”界面，在数据库组合框中选择 studb，在“SQL 查询分析器”界面命令窗口中输入“SELECT S. *，SC. CNO，SC. SCORE FROM S，SC WHERE S. SNO = SC. SNO”SQL 查询语句，单击“执行查询”按钮，即可完成对 S 表和 SC 表进行多表连接来查询所有学生信息以及他们选修课程的课程号和得分，如图 5. 5 所示。

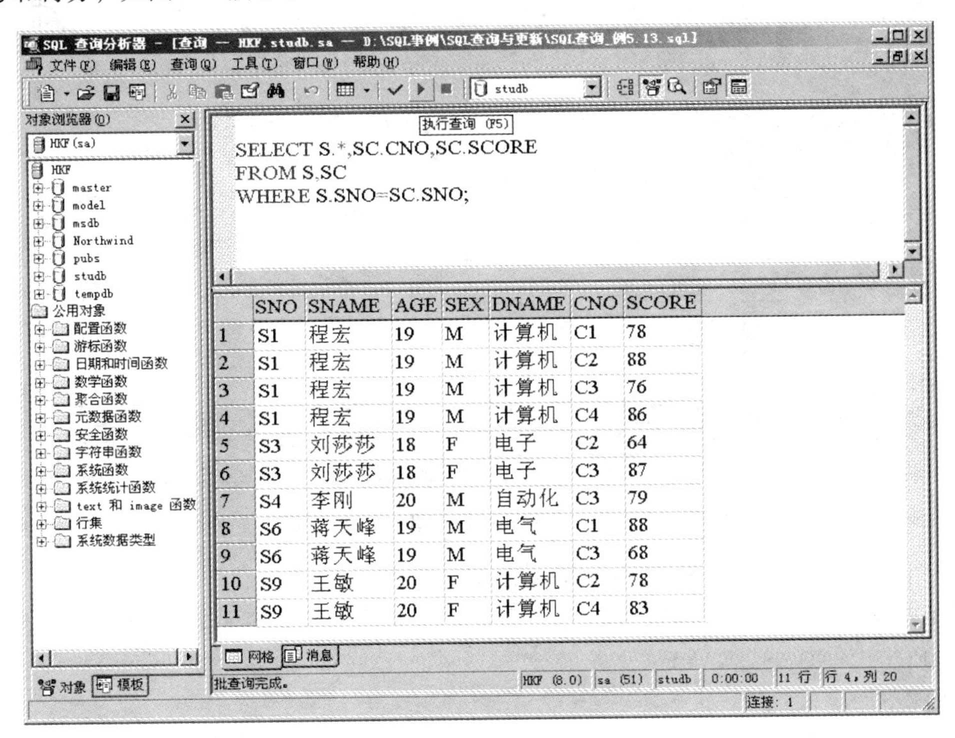

	SNO	SNAME	AGE	SEX	DNAME	CNO	SCORE
1	S1	程宏	19	M	计算机	C1	78
2	S1	程宏	19	M	计算机	C2	88
3	S1	程宏	19	M	计算机	C3	76
4	S1	程宏	19	M	计算机	C4	86
5	S3	刘莎莎	18	F	电子	C2	64
6	S3	刘莎莎	18	F	电子	C3	87
7	S4	李刚	20	M	自动化	C3	79
8	S6	蒋天峰	19	M	电气	C1	88
9	S6	蒋天峰	19	M	电气	C3	68
10	S9	王敏	20	F	计算机	C2	78
11	S9	王敏	20	F	计算机	C4	83

图 5. 5　S 表和 SC 表多表连接查询

（2）利用元组变量对同一个表进行连接查询，在表 C 中求每一门课程的间接先行课

在 Windows 开始菜单中执行“所有程序 | Microsoft SQL Server | 查询分析器”命令，输入用户登录名和密码后连接到 SQL Server，进入“SQL Server 查询分析器”界面，在数据库组合框中选择 studb，在“SQL 查询分析器”界面命令窗口中输入“SELECT FIRST. CNO，SECOND. PRE_CNO FROM C AS FIRST，C AS SECOND WHERE FIRST. PRE_CNO = SECOND. CNO”SQL 查询语句，单击“执行查询”按钮，即可完成在表 C 中求每门课程的间接先行课的同表连接查询，如图 5. 6 所示。

4. SQL 集合查询

查询选修了课程 C2 或 C4 的学生的学号和姓名

在 Windows 开始菜单中执行“所有程序 | Microsoft SQL Server | 查询分析器”命令，输入用户登录名和密码后连接到 SQL Server，进入“SQL Server 查询分析器”界面，在数据库组合框中选择 studb，在“SQL 查询分析器”界面命令窗口中输入下列 SQL 查询语句：

```
SELECT S. SNO, S. SNAME
FROM S, SC
```

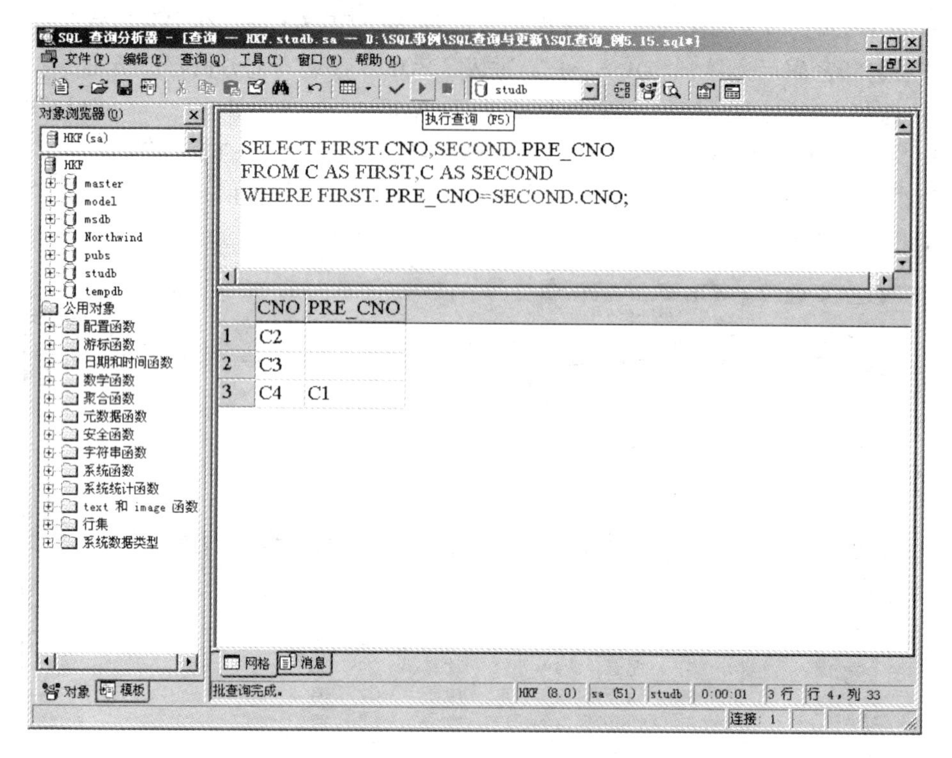

图 5.6　利用元组变量对表 C 进行同表连接查询

```
WHERE S. SNO = SC. SNO AND CNO = 'C2'
UNION
SELECT S. SNO, S. SNAME
FROM S, SC
WHERE S. SNO = SC. SNO AND CNO = 'C4'
```

单击“执行查询”按钮，即可查询选修了课程 C2 或 C4 的学生的学号和姓名，如图 5.7 所示。

5. SQL 嵌套查询

(1) 使用运算符 IN 查询选修了“数据结构”课程的学生的学号和姓名

在 Windows 开始菜单中执行“所有程序 | Microsoft SQL Server | 查询分析器”命令，输入用户登录名和密码后连接到 SQL Server，进入“SQL Server 查询分析器”界面，在数据库组合框中选择 studb，在“SQL 查询分析器”界面命令窗口中输入下列 SQL 查询语句：

```
SELECT SNO, SNAME
FROM S
WHERE SNO IN
   (SELECT SNO
    FROM SC
    WHERE CNO IN
     (SELECT CNO
      FROM C
```

```
WHERE CNAME = '数据结构'))
```

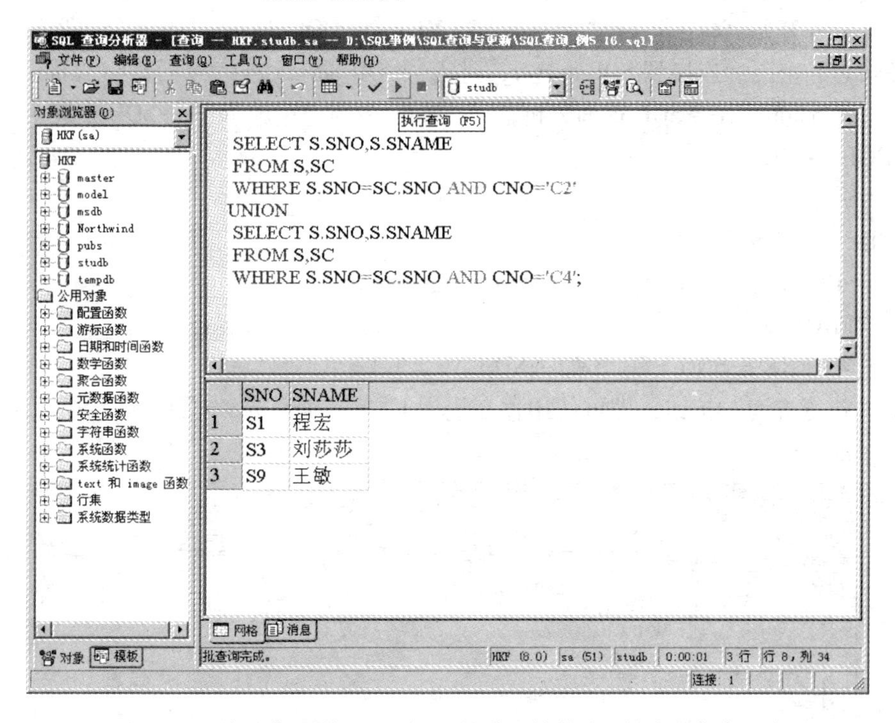

图 5.7　查询选修了课程 C2 或 C4 的学生的学号和姓名的集合查询

单击“执行查询”按钮，即可使用运算符 IN 来查询选修了“数据结构”课程的学生的学号和姓名，如图 5.8 所示。

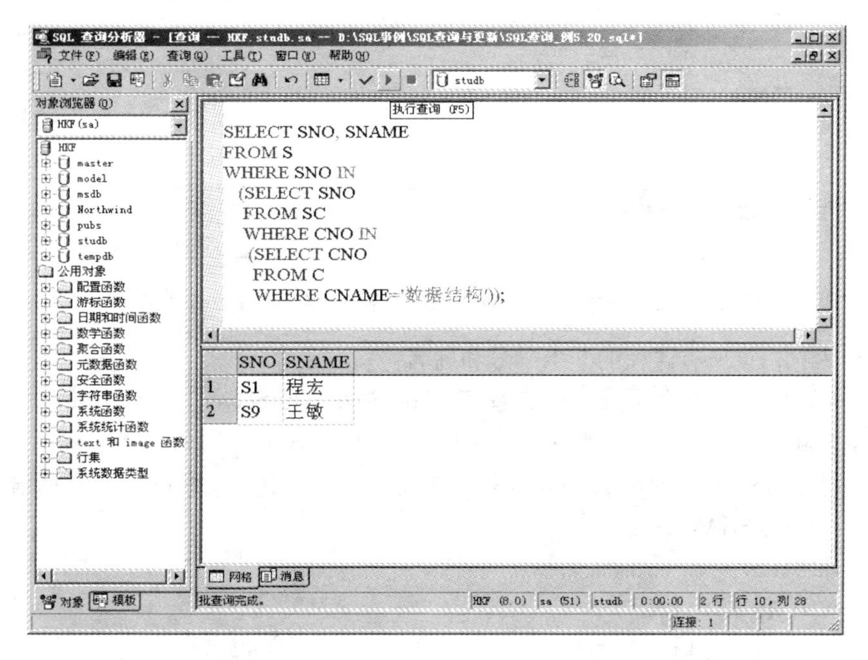

图 5.8　使用运算符 IN 查询选修了“数据结构”课程的学生的学号和姓名

（2）使用存在量词 EXISTS 查询选修了 C2 课程的学生的姓名

在 Windows 开始菜单中执行“所有程序 | Microsoft SQL Server | 查询分析器”命令，输入用户登录名和密码后连接到 SQL Server，进入“SQL Server 查询分析器”界面，在数据库组合框中选择 studb，在“SQL 查询分析器”界面命令窗口中输入下列 SQL 查询语句：

```
SELECT SNAME
FROM S
WHERE EXISTS
      (SELECT *
       FROM SC
       WHERE S. SNO = SC. SNO AND CNO = 'C2')
```

单击“执行查询”按钮，即可使用存在量词 EXISTS 查询选修了 C2 课程的学生的姓名，如图 5. 9 所示。

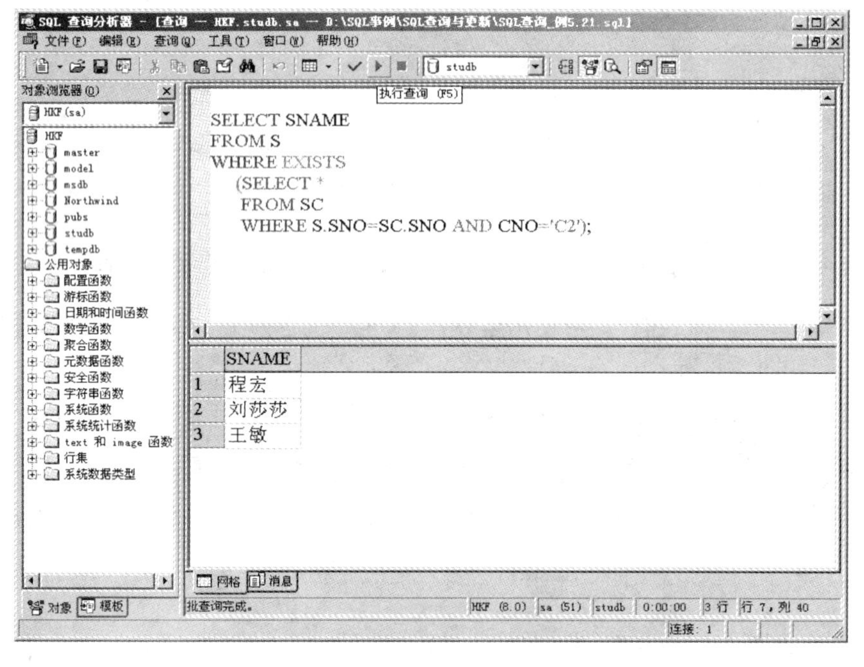

图 5. 9　使用存在量词 EXISTS 查询选修了 C2 课程的学生的姓名

（3）检索选修了所有课程的学生学号和姓名

在 Windows 开始菜单中执行“所有程序 | Microsoft SQL Server | 查询分析器”命令，输入用户登录名和密码后连接到 SQL Server，进入“SQL Server 查询分析器”界面，在数据库组合框中选择 studb，在“SQL 查询分析器”界面命令窗口中输入下列 SQL 查询语句：

```
SELECT SNO, SNAME
        FROM S
        WHERE NOT EXISTS
                 (SELECT *
                      FROM C
                      WHERE NOT EXISTS
```

```
(SELECT *
 FROM SC
 WHERE SNO = S. SNO AND CNO = C. CNO))
```

单击“执行查询”按钮，即可使用存在量词 NOT EXISTS 检索选修了所有课程的学生学号和姓名，如图 5.10 所示。

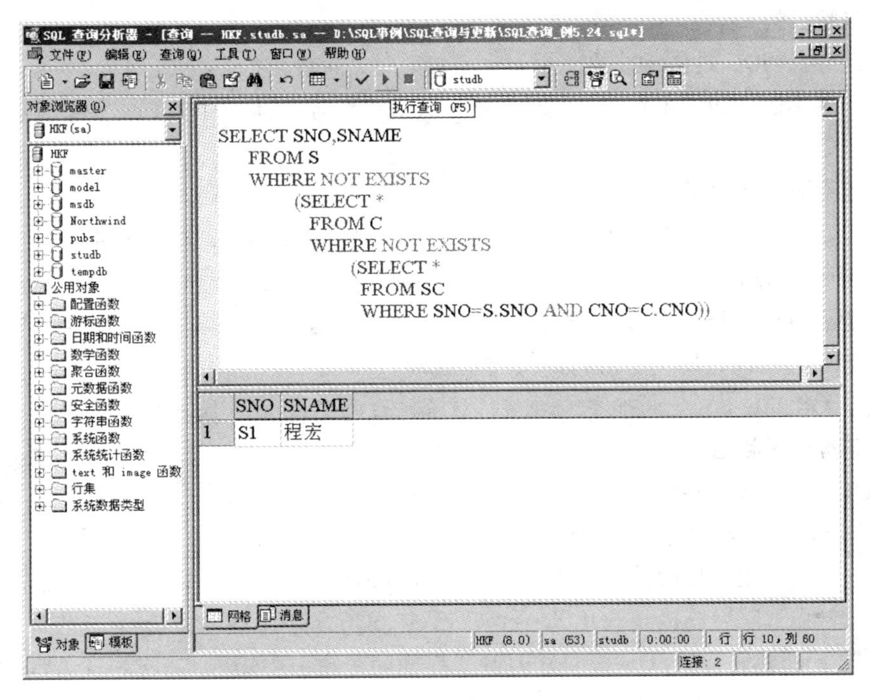

图 5.10 使用存在量词 NOT EXISTS 检索选修了所有课程的学生学号和姓名

实验 6　SQL 聚合函数

一、实验目的

1. 熟练掌握 SQL 聚合函数的使用。

2. 熟练使用 GROUP BY、HAVING、ORDER BY 等 SQL 子语句进行查询数据分组和排序。

二、实验内容和要求

1. 使用 AVG、COUNT、SUM、MIN、MAX 等 SQL 聚合函数，对实验 4 所建立的数据表 S、C、SC 中的数据进行统计。

2. 使用 GROUP BY 数据分组子语句，对实验 4 所建立的数据表 S、C、SC 中的数据进行分组统计，利用 HAVING 子语句进行过滤查询。

3. 使用 ORDER BY 数据排序子语句，对统计查询结果进行排序。

三、实验步骤和结果

1. SQL 聚合函数使用

（1）用 SQL 聚合函数统计平均成绩

在 Windows 开始菜单中执行“所有程序 | Microsoft SQL Server | 查询分析器”命令，输入用户登录名和密码后连接到 SQL Server，进入“SQL Server 查询分析器”界面，在数据库组合框中选择 studb，在“SQL 查询分析器”界面命令窗口中输入“SELECT AVG（SCORE）FROM SC”SQL 聚合函数查询语句，单击“执行查询”按钮，即可在 SC 表统计出平均成绩，如图 6.1 所示。

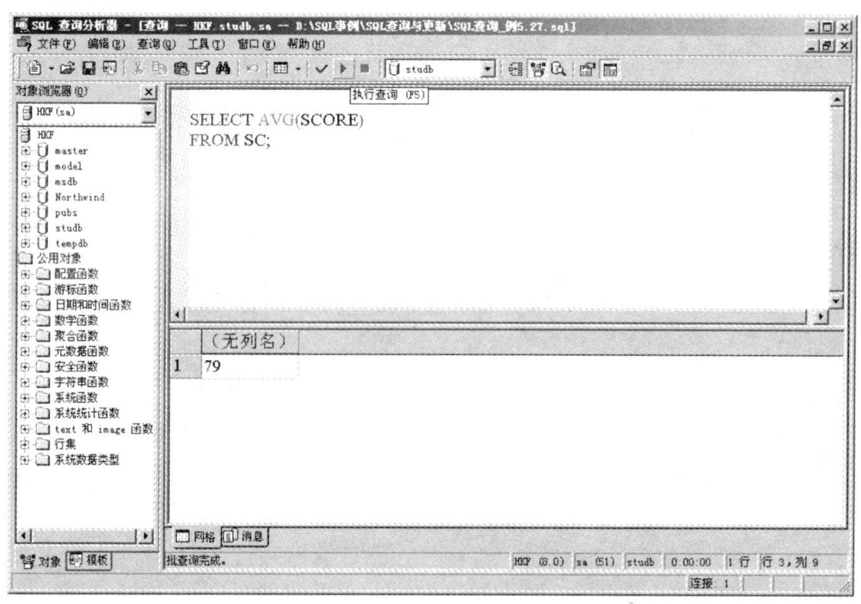

图 6.1　用 SQL 聚合函数统计平均成绩

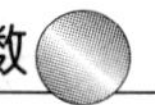

（2）用 DISTINCT 统计选修了课程学生的人数

在 Windows 开始菜单中执行“所有程序｜Microsoft SQL Server｜查询分析器”命令，输入用户登录名和密码后连接到 SQL Server，进入“SQL Server 查询分析器”界面，在数据库组合框中选择 studb，在“SQL 查询分析器”界面命令窗口中输入“SELECT COUNT（DISTINCT SNO）FROM SC”SQL 聚合函数查询语句，单击“执行查询”按钮，即可在 SC 表统计出选修了课程学生的人数，如图 6.2 所示。

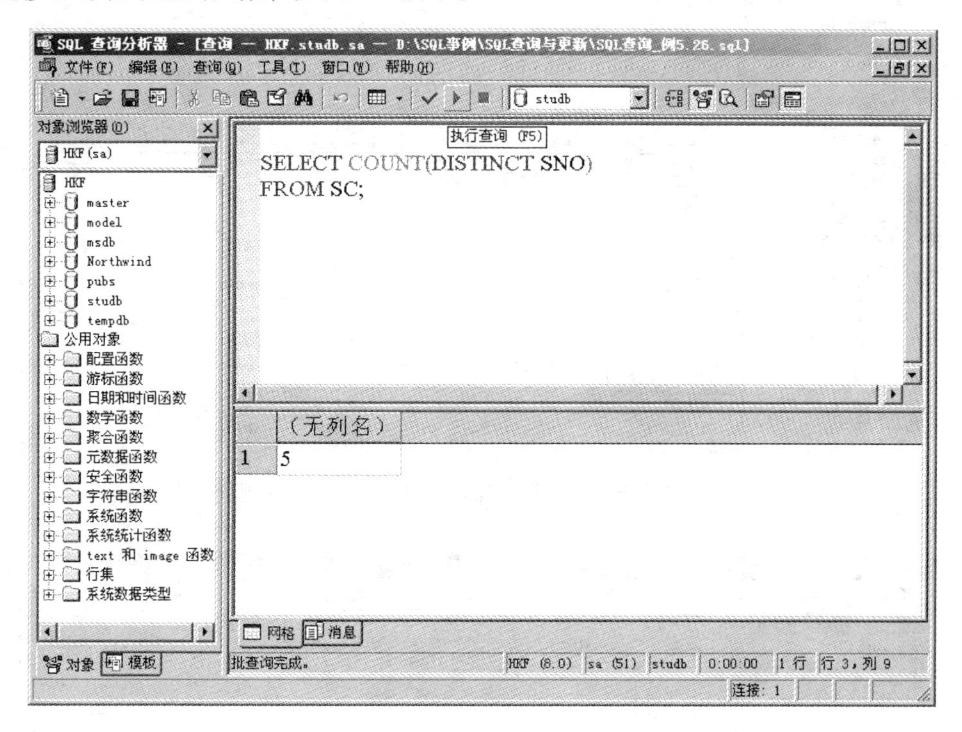

图 6.2　用 DISTINCT 统计选修了课程学生的人数

2. GROUP BY 数据分组子语句的使用

（1）用 GROUP BY 查询所开设的课程号以及选修了该课程的学生的人数

在 Windows 开始菜单中执行“所有程序｜Microsoft SQL Server｜查询分析器”命令，输入用户登录名和密码后连接到 SQL Server，进入“SQL Server 查询分析器”界面，在数据库组合框中选择 studb，在“SQL 查询分析器”界面命令窗口中输入“SELECT CNO，COUNT（SNO）FROM SC GROUP BY CNO”SQL 语句，单击“执行查询”按钮，即可在 SC 表查询出所开设的课程号以及选修了该课程的学生的人数，如图 6.3 所示。

（2）用 HAVING 子语句过滤查询选修课程超过 3 门的学生的学号

在 Windows 开始菜单中执行“所有程序｜Microsoft SQL Server｜查询分析器”命令，输入用户登录名和密码后连接到 SQL Server，进入“SQL Server 查询分析器”界面，在数据库组合框中选择 studb，在“SQL 查询分析器”界面命令窗口中输入“SELECT SNO FROM SC GROUP BY SNO HAVING COUNT（ * ）>3”SQL 语句，单击“执行查询”按钮，即可过滤查询选修课程超过 3 门的学生的学号，如图 6.4 所示。

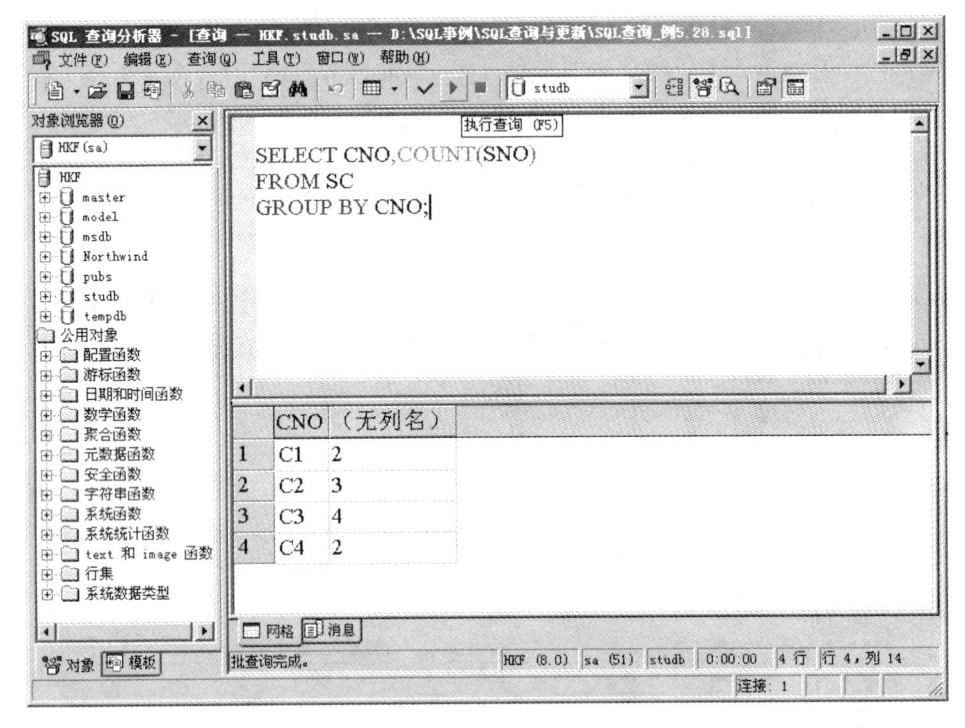

	CNO	(无列名)
1	C1	2
2	C2	3
3	C3	4
4	C4	2

图 6.3　用 GROUP BY 查询所开设的课程号以及选修了该课程的学生的人数

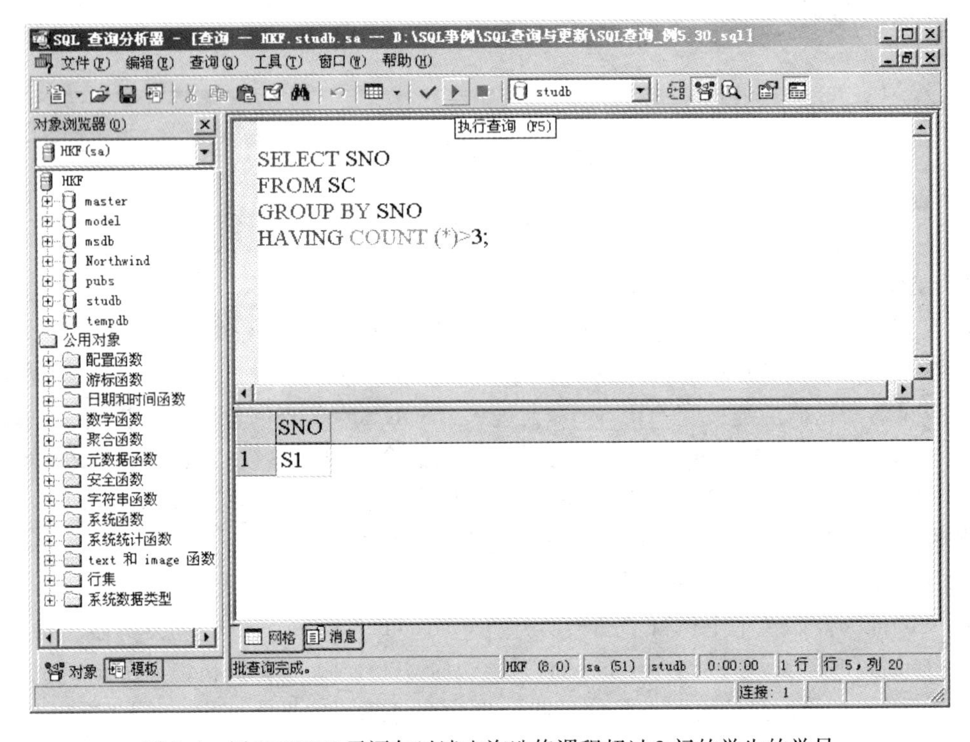

图 6.4　用 HAVING 子语句过滤查询选修课程超过 3 门的学生的学号

3. ORDER BY 数据排序子语句的使用

（1）查询出学号为“S1”学生的各门课程的成绩，并按成绩由大到小排序

在 Windows 开始菜单中执行“所有程序 | Microsoft SQL Server | 查询分析器”命令，输入用户登录名和密码后连接到 SQL Server，进入“SQL Server 查询分析器”界面，在数据库组合框中选择 studb，在“SQL 查询分析器”界面命令窗口中输入“SELECT CNO, SCORE FROM SC WHERE SNO = 'S1' ORDER BY SCORE DESC”SQL 语句，单击“执行查询”按钮，即可查询出学号为“S1”学生的各门课程的成绩，并按成绩由大到小排序，如图 6.5 所示。

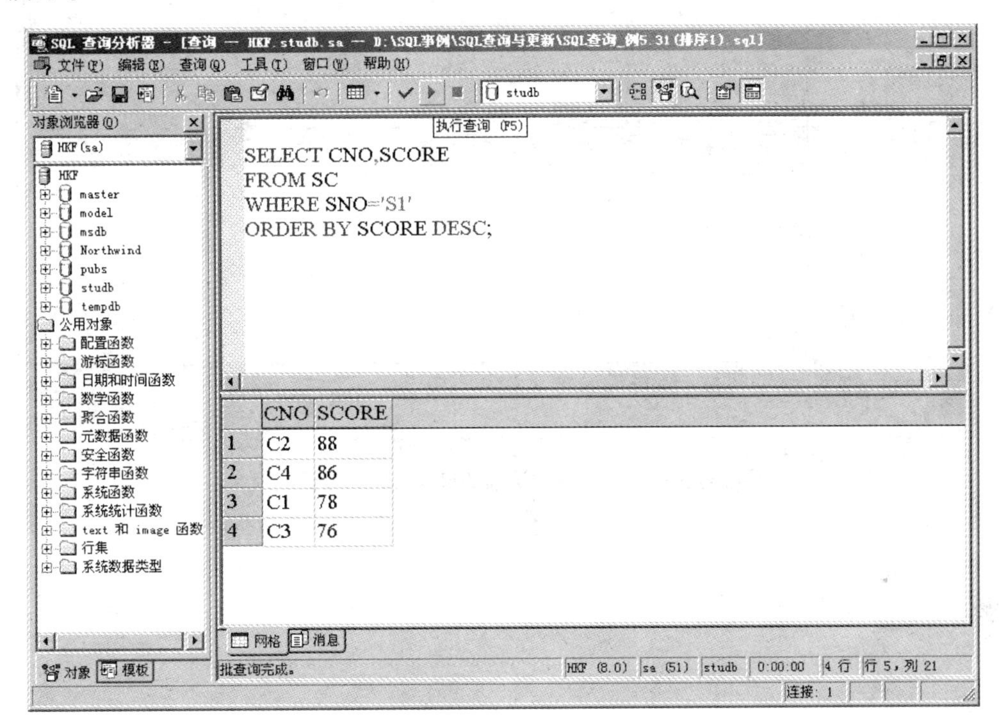

图 6.5 用 ORDER BY 对查询的学号为“S1”学生的各门课程成绩进行排序

（2）按课程号排序统计出各门课程的最高成绩、最低成绩和平均成绩

在 Windows 开始菜单中执行“所有程序 | Microsoft SQL Server | 查询分析器”命令，输入用户登录名和密码后连接到 SQL Server，进入“SQL Server 查询分析器”界面，在数据库组合框中选择 studb，在“SQL 查询分析器”界面命令窗口中输入以下 SQL 语句：

```
SELECT CNO, MAX(SCORE) as MAX, MIN(SCORE) as MIN, AVG (SCORE) as AVG
FROM SC
GROUP BY CNO
HAVING CNO NOT IN
                    ( SELECT CNO
                      FROM SC
                      WHERE SCORE IS NULL)
ORDER BY CNO;
```

单击“执行查询”按钮，即可统计出各门课程的最高成绩、最低成绩和平均成绩，结果按课程号排序，如图 6.6 所示。

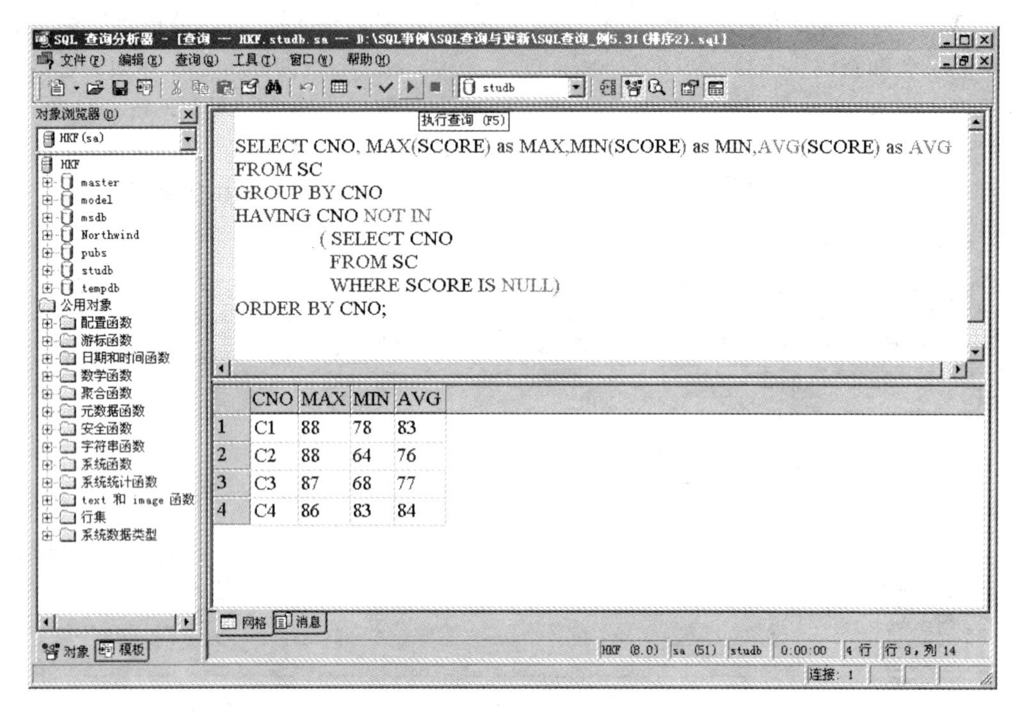

图 6.6　按课程号排序统计出各门课程的最高成绩、最低成绩和平均成绩

实验7　视 图 管 理

一、实验目的

1. 熟练掌握定义视图和删除视图的 SQL 语句。
2. 掌握对视图的查询、更新等操作，理解视图更新的实质和哪些视图是不可更新的。
3. 使用企业管理器来创建、删除以及浏览视图。

二、实验内容和要求

1. 利用 SQL 语句创建可更新的简单视图和包含聚合函数的不可更新视图两类视图。
2. 利用 SQL 语句对所创建的两类视图进行查询。
3. 利用 SQL 语句对所创建的两类视图进行更新。
4. 利用 SQL 语句删除视图。
5. 利用企业管理器创建、删除以及浏览视图。

三、实验步骤和结果

1. 利用 SQL 语句进行视图的创建

(1) 创建由计算机系学生组成的可更新视图 CS_VIEW

在 Windows 开始菜单中执行“所有程序 | Microsoft SQL Server | 查询分析器”命令，输入用户登录名和密码后连接到 SQL Server，进入“SQL Server 查询分析器”界面，在数据库组合框中选择 studb，在“SQL 查询分析器”界面命令窗口中输入以下 SQL 语句：

```
CREATE VIEW CS_VIEW
AS SELECT *
   FROM S
   WHERE DNAME ='计算机'
```

单击“执行查询”按钮，即可创建由计算机系学生组成的可更新视图，如图 7.1 所示。

(2) 创建一个包括学生的学号及其各门功课的平均成绩的不可更新视图 S_G_ VIEW

在 Windows 开始菜单中执行“所有程序 | Microsoft SQL Server | 查询分析器”命令，输入用户登录名和密码后连接到 SQL Server，进入“SQL Server 查询分析器”界面，在数据库组合框中选择 studb，在“SQL 查询分析器”界面命令窗口中输入以下 SQL 语句：

```
CREATE VIEW S_G_VIEW (SNO, GAVG)
AS SELECT SNO, AVG(SCORE)
  FROM SC
  GROUP BY SNO
```

单击“执行查询”按钮，即可创建一个包括学生的学号及其各门功课的平均成绩的不可更新视图，如图 7.2 所示。

(3) 在企业管理器中浏览视图创建结果

在 Windows 开始菜单中执行“所有程序 | Microsoft SQL Server | 企业管理器”命令，进入“SQL Server Enterprise Manager 企业管理器”界面，在 SQL Server Enterprise Manager 界面

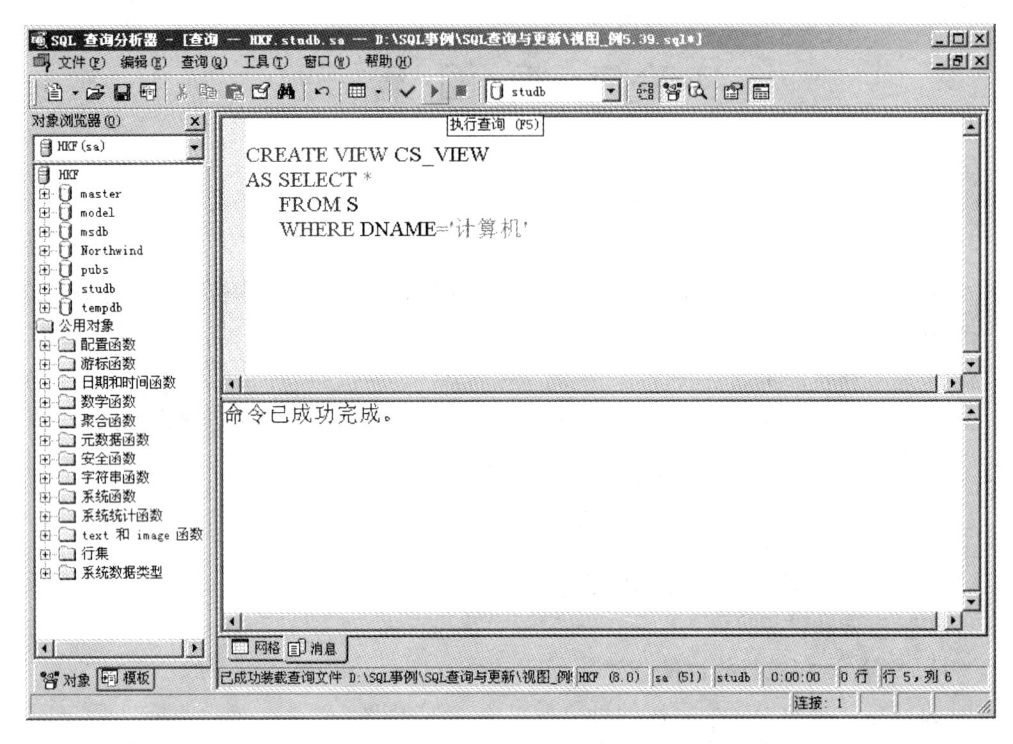

图 7.1　创建由计算机系学生组成的可更新视图

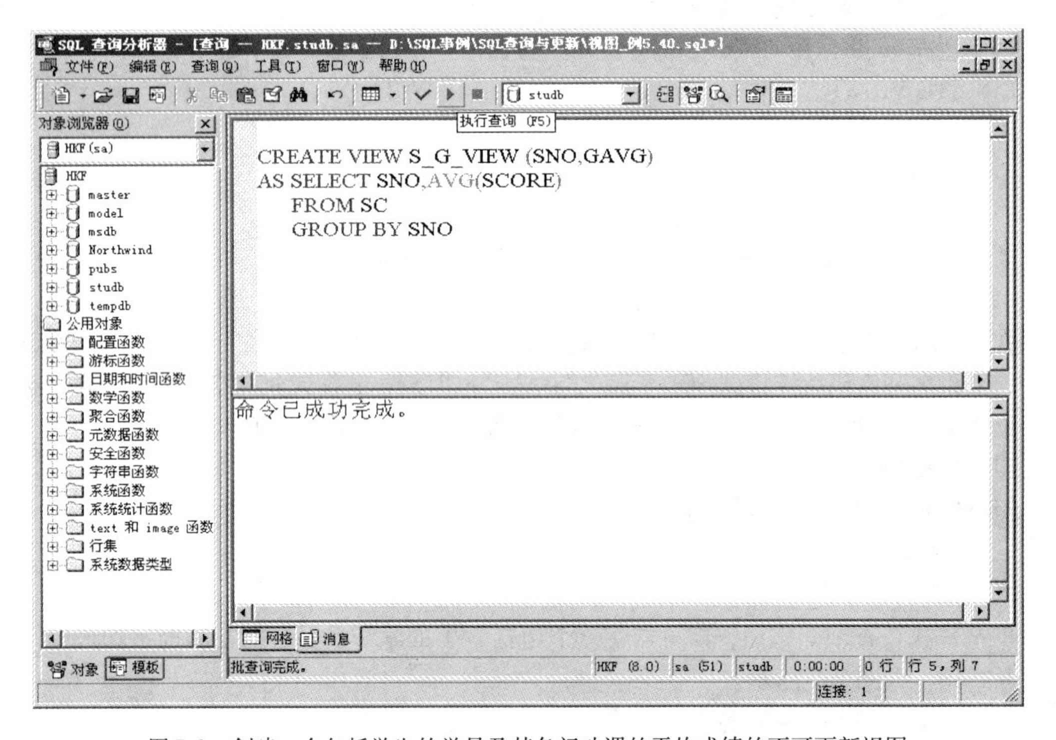

图 7.2　创建一个包括学生的学号及其各门功课的平均成绩的不可更新视图

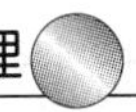

中展开 SQL Server 组，再展开数据库项，选择要建视图的数据库 studb，单击“视图”选项，在右侧窗格内可以浏览到已作出创建的视图，如图 7.3 所示。

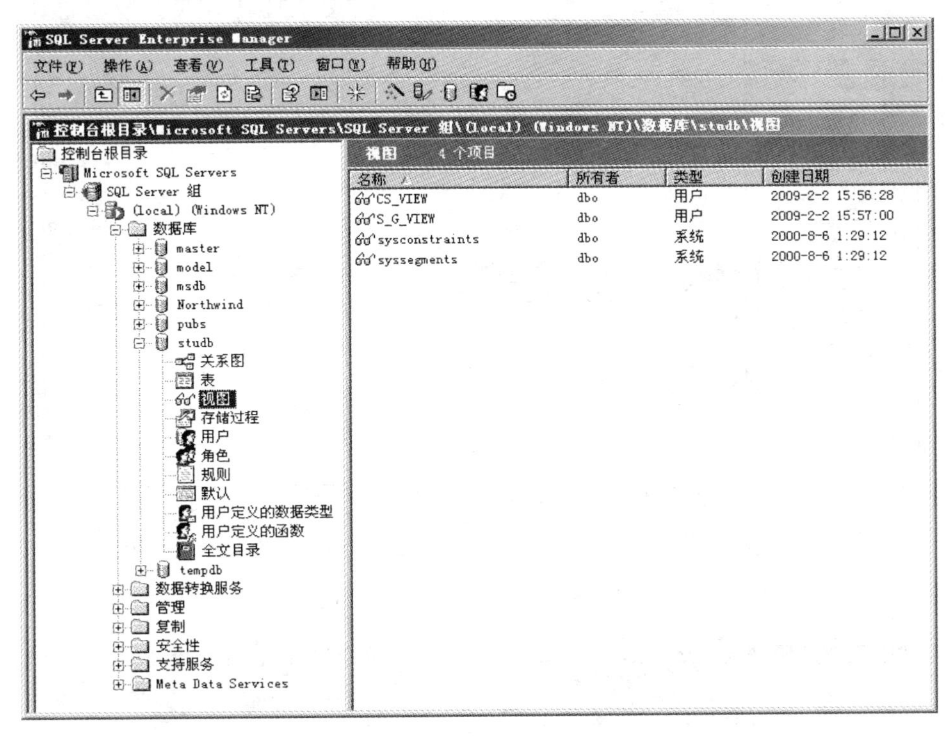

图 7.3 在企业管理器中浏览视图创建结果

从右侧窗格内选择相应的视图，从弹出的快捷菜单中，选择相关菜单可以查看视图中的数据，以及修改视图定义等。

2. 利用 SQL 语句对视图进行查询

（1）在视图 CS_VIEW 上查询出年龄小于 20 的学生

在 Windows 开始菜单中执行“所有程序 | Microsoft SQL Server | 查询分析器”命令，输入用户登录名和密码后连接到 SQL Server，进入“SQL Server 查询分析器”界面，在数据库组合框中选择 studb，在“SQL 查询分析器”界面命令窗口中输入“SELECT * FROM CS_VIEW WHERE AGE <20”SQL 语句，单击“执行查询”按钮，即可在视图 CS_VIEW 上查询出年龄小于 20 的学生，如图 7.4 所示。

（2）在 S_G_ VIEW 视图上查询平均成绩为 80 分以上的学生的学号和平均成绩

在 Windows 开始菜单中执行“所有程序 | Microsoft SQL Server | 查询分析器”命令，输入用户登录名和密码后连接到 SQL Server，进入“SQL Server 查询分析器”界面，在数据库组合框中选择 studb，在“SQL 查询分析器”界面命令窗口中输入“SELECT * FROM S_G_VIEW WHERE GAVG > =80”SQL 语句，单击“执行查询”按钮，即可在 S_G_ VIEW 视图上查询平均成绩为 80 分以上的学生的学号和平均成绩，如图 7.5 所示。

3. 利用 SQL 语句对视图进行更新

（1）通过视图 CS_VIEW 将学号为 S1 的学生姓名改为 WU PING

在 Windows 开始菜单中执行“所有程序 | Microsoft SQL Server | 查询分析器”命令，输

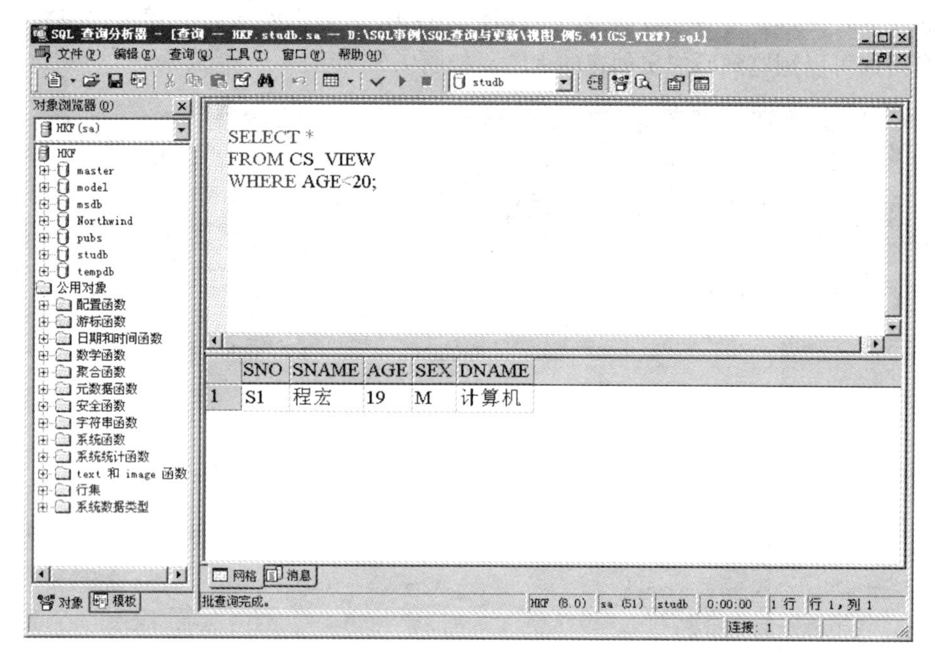

	SNO	SNAME	AGE	SEX	DNAME
1	S1	程宏	19	M	计算机

图 7.4　在视图 CS_VIEW 上查询出年龄小于 20 的学生

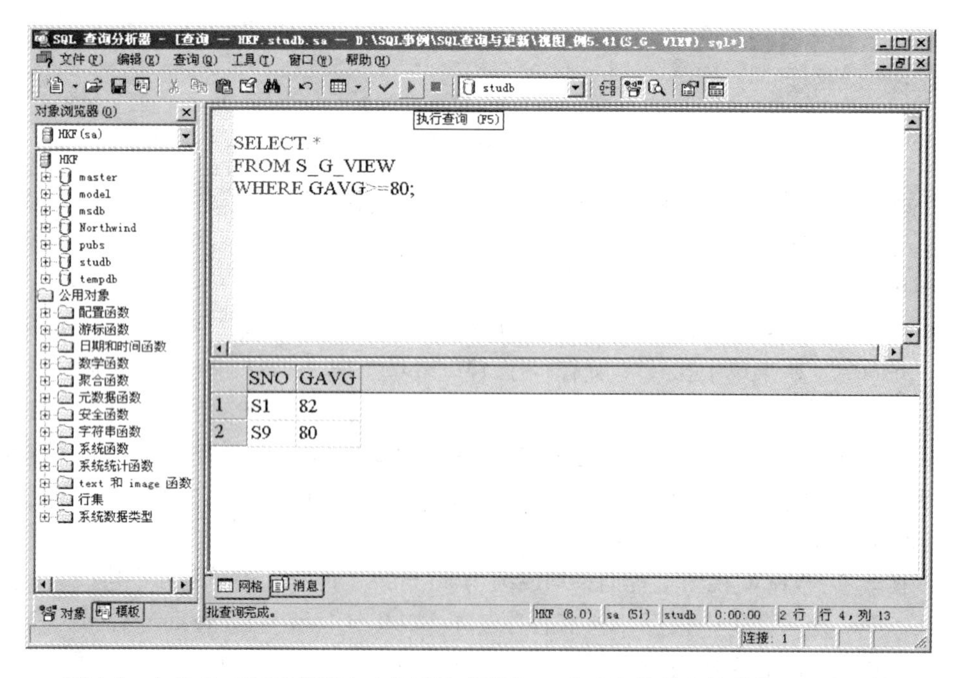

	SNO	GAVG
1	S1	82
2	S9	80

图 7.5　在 S_G_ VIEW 视图上查询平均成绩为 80 分以上的学生的学号和平均成绩

入用户登录名和密码后连接到 SQL Server，进入“SQL Server 查询分析器”界面，在数据库组合框中选择 studb，在“SQL 查询分析器”界面命令窗口中输入“UPDATE CS_VIEW SET SNAME = 'WU PING' WHERE SNO = 'S1'” SQL 语句，单击“执行查询”按钮，即可通过视图 CS_VIEW 将定义视图 CS_VIEW 的基本表 S 中学号为 S1 的学生姓名修改为 WU PING，如图 7.6 所示。

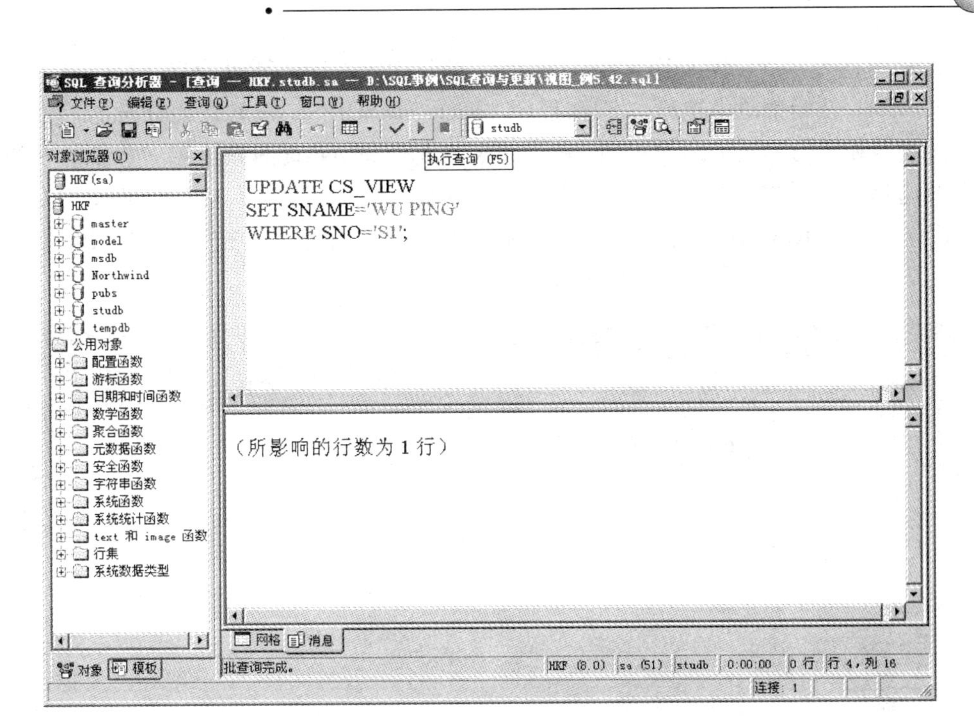

图 7.6 通过视图 CS_VIEW 将学号为 S1 的学生姓名改为 WU PING

通过企业管理器打开 S 表浏览表中所有记录，发现学号为 S1 的学生姓名已被修改为 WU PING，如图 7.7 所示。

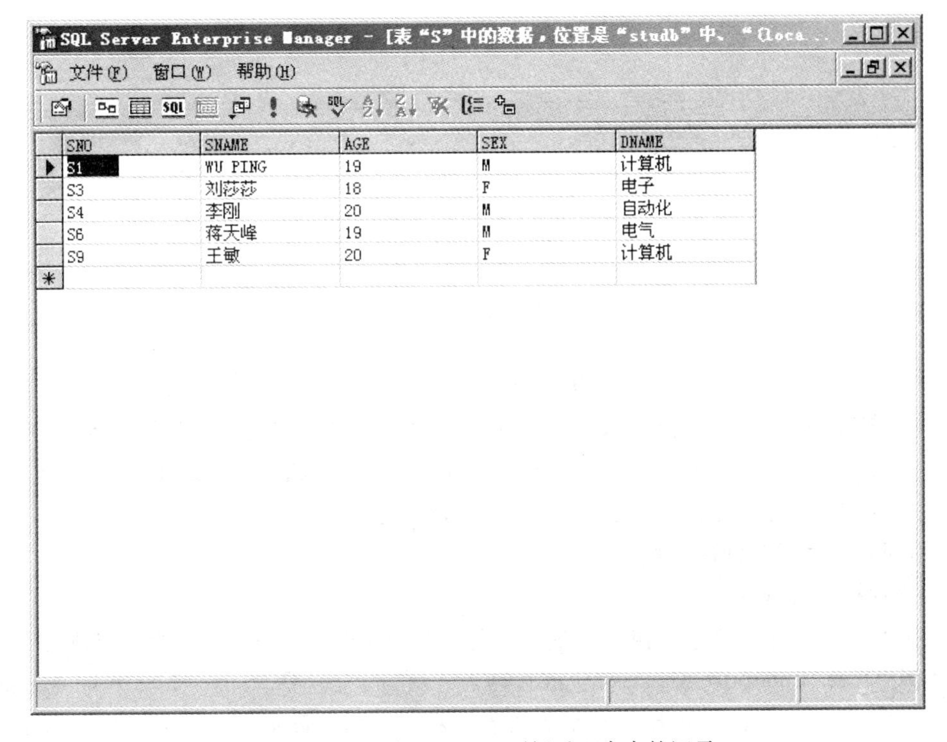

SNO	SNAME	AGE	SEX	DNAME
S1	WU PING	19	M	计算机
S3	刘莎莎	18	F	电子
S4	李刚	20	M	自动化
S6	蒋天峰	19	M	电气
S9	王敏	20	F	计算机

图 7.7 对视图 CS_VIEW 更新后 S 表中的记录

（2）试图在 S_G_VIEW 视图上将学号为 S1 的学生的平均成绩改为 90 分

在 Windows 开始菜单中执行“所有程序 | Microsoft SQL Server | 查询分析器”命令，输入用户登录名和密码后连接到 SQL Server，进入“SQL Server 查询分析器”界面，在数据库组合框中选择 studb，在“SQL 查询分析器”界面命令窗口中输入“UPDATE S_G_VIEW SET GAVG = 90 WHERE SNO = 'S1'”SQL 语句，单击“执行查询”按钮，即可出现对 S_G_VIEW 视图更新的错误结果提示，如图 7.8 所示。

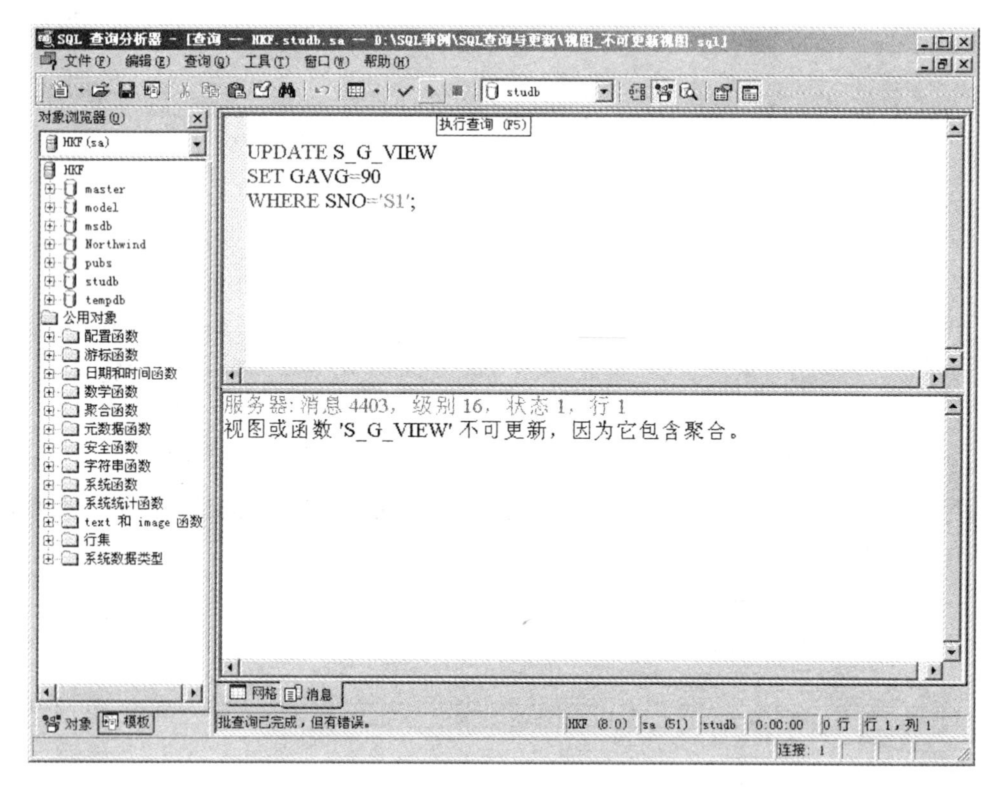

图 7.8　对 S_G_VIEW 视图更新的错误结果提示

这是因为 S_G_VIEW 视图定义中包括聚合函数，是不可更新。

4. 利用 SQL 语句删除视图

在 Windows 开始菜单中执行“所有程序 | Microsoft SQL Server | 查询分析器”命令，输入用户登录名和密码后连接到 SQL Server，进入“SQL Server 查询分析器”界面，在数据库组合框中选择 studb，在“SQL 查询分析器”界面命令窗口中输入“DROP VIEW CS_VIEW”SQL 语句，单击“执行查询”按钮，即可删除视图 CS_VIEW。

5. 利用企业管理器创建、删除视图

（1）利用企业管理器创建视图

1）在 Windows 开始菜单中执行“所有程序 | Microsoft SQL Server | 企业管理器”命令，进入“SQL Server Enterprise Manager 企业管理器”界面，在 SQL Server Enterprise Manager 界面中展开 SQL Server 组，再展开数据库项，选择要建视图的数据库 studb，在“视图”选项上右击鼠标，弹出的快捷菜单，如图 7.9 所示。

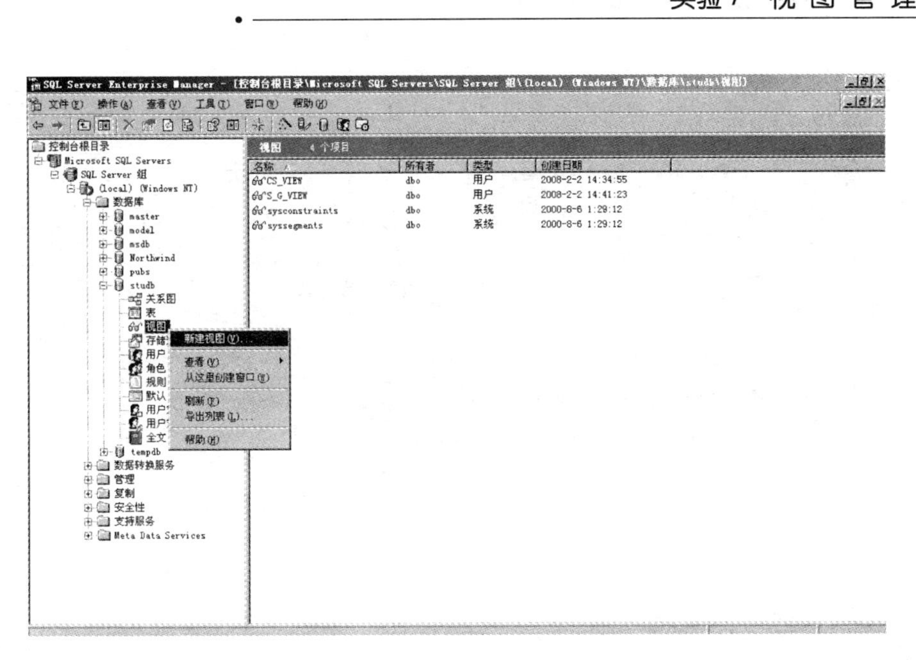

图7.9 “视图”操作快捷菜单

2）从弹出的快捷菜单中，单击“新建视图”菜单项，打开“新视图”窗口，如图7.10所示。

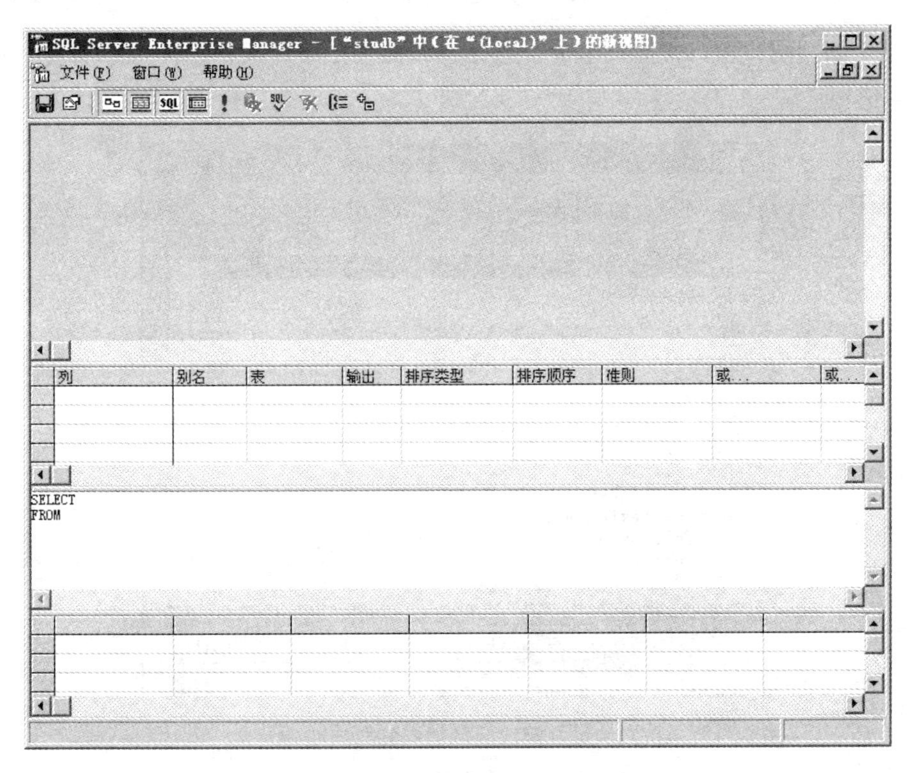

图7.10 “新视图”窗口

3）在“新视图”窗口，单击鼠标右键，弹出的快捷菜单，如图7.11所示。

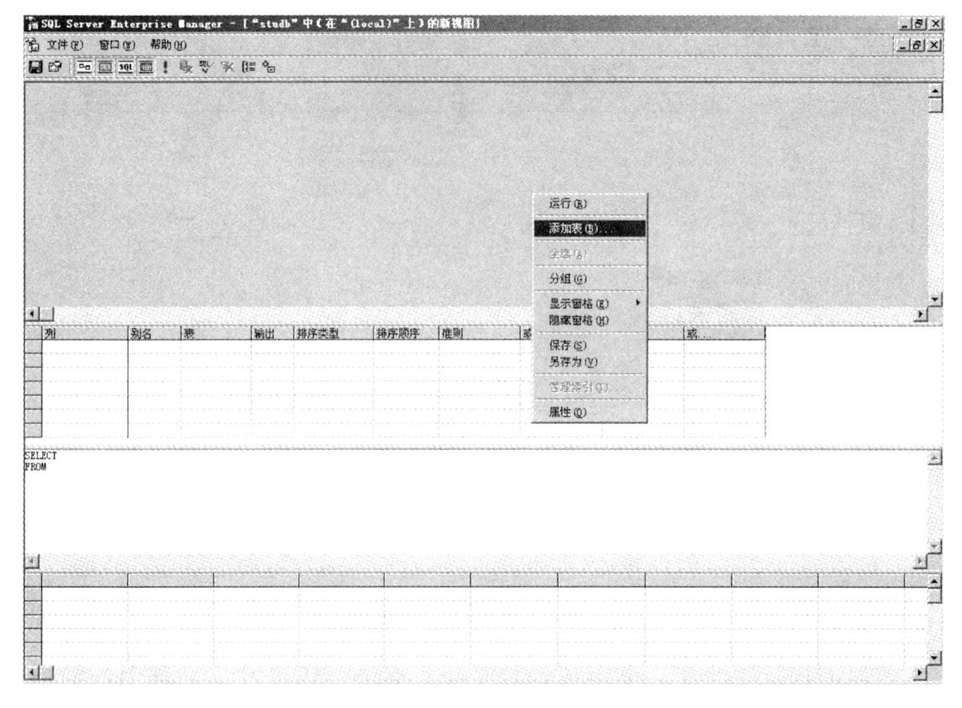

图 7.11 “新视图”窗口快捷菜单

4）在“新视图”窗口快捷菜单中，选择“添加表”菜单项，打开“添加表”对话框，如图 7.12 所示。

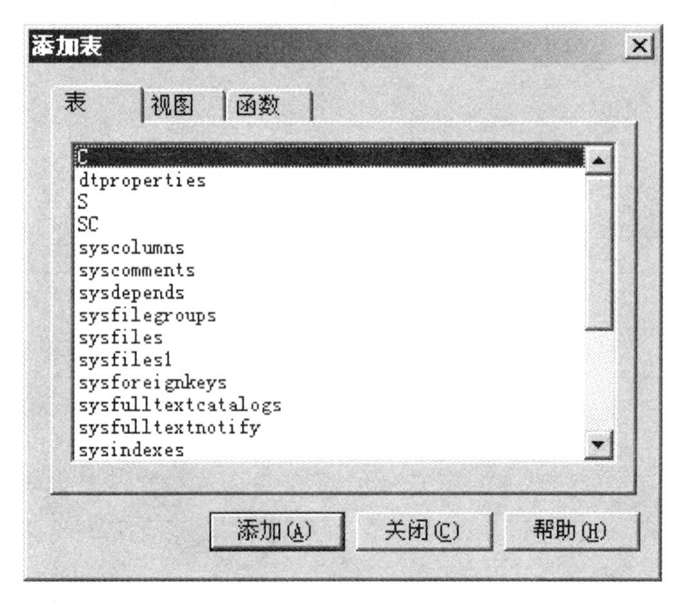

图 7.12 “添加表”对话框

5）在“添加表”对话框中，分别选择要添加的表 S，再点击“添加”按钮，将 S 添加到“新视图”窗口，同样方法将 SC、C 也添加到“新视图”窗口，如图 7.13 所示。

6）在图 7.13 所示的创建“S_SC_C_VIEW”视图窗口，选择要引用列前的复选框，同

时可指定列的别名、排列方式和限定行输出的条件，如图 7.14 所示。

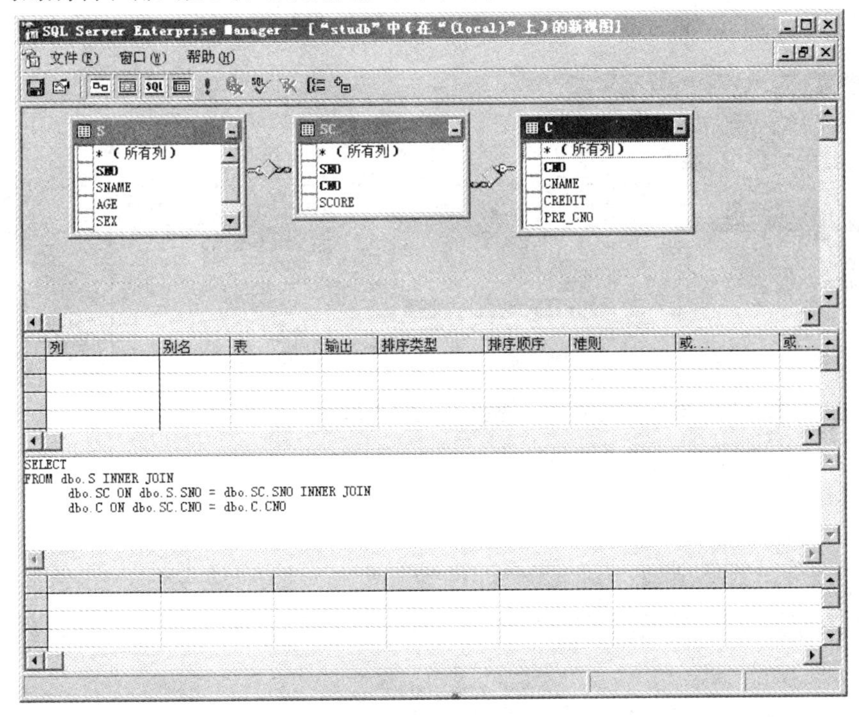

图 7.13　创建“S_SC_C_VIEW”视图窗口

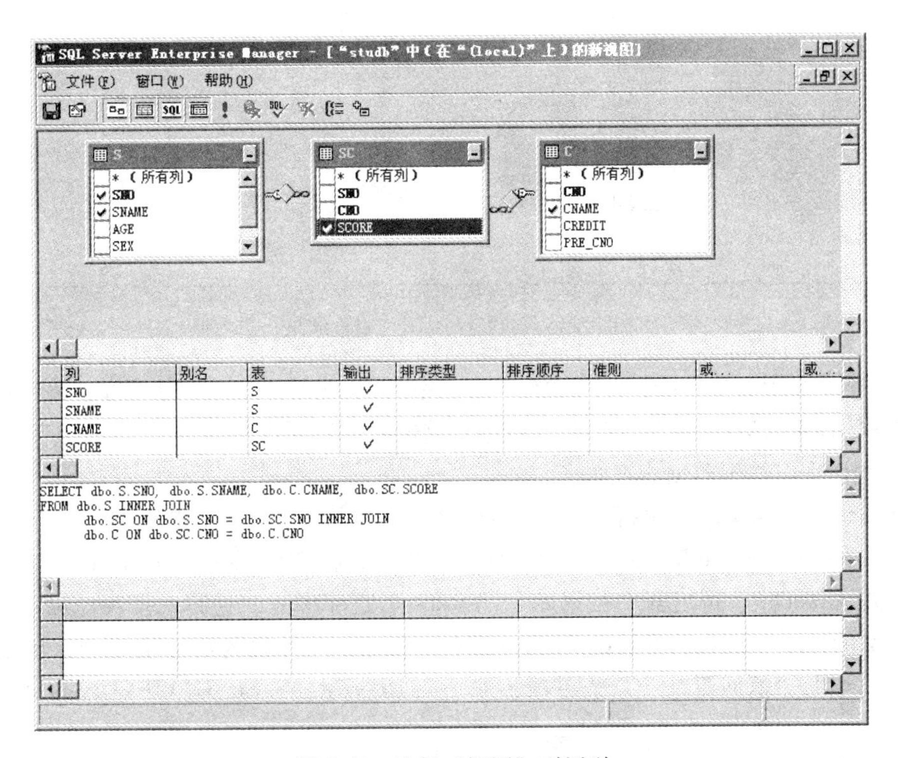

图 7.14　选择“视图”引用列

7）单击图 7.14 所示的“视图”窗口上侧的“运行”按钮，执行视图查询，在窗口下方列出视图查询结果，如图 7.15 所示。

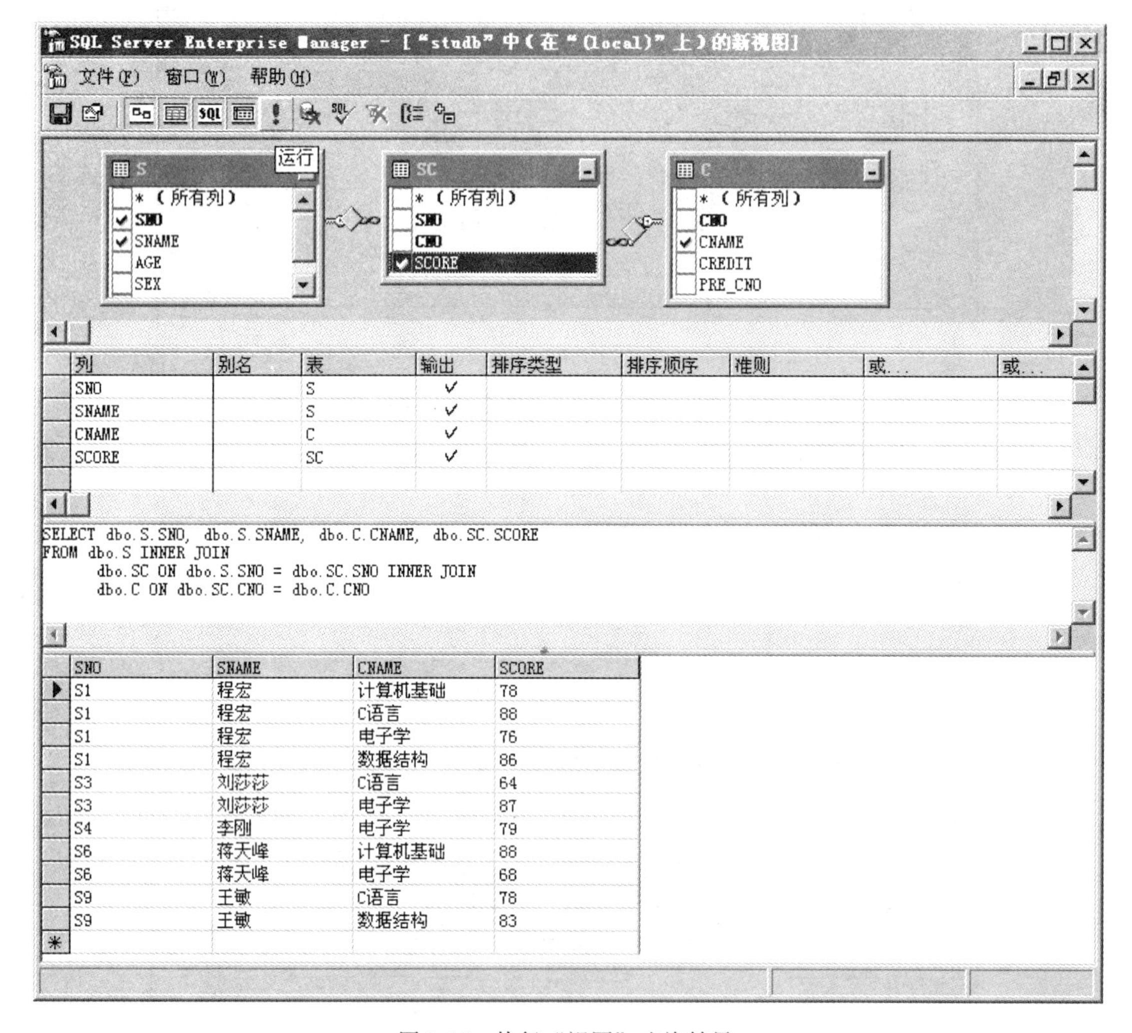

图 7.15　执行“视图”查询结果

8）在企业管理器窗口中，单击“保存”按钮，打开“另存为”对话框，输入创建的视图名（S_SC_C_VIEW），单击“确定”按钮，完成视图的创建。

（2）利用企业管理器浏览视图

在 Windows 开始菜单中执行“所有程序 | Microsoft SQL Server | 企业管理器”命令，进入“SQL Server Enterprise Manager 企业管理器”界面，在 SQL Server Enterprise Manager 界面中展开 SQL Server 组，再展开“数据库”的 studb 数据库中的“视图”选项，在右侧窗格内选中要浏览的视图（例如 S_SC_C_VIEW），右击鼠标，从弹出的快捷菜单中，单击“打开视图”菜单中的“返回所有行”菜单项，如图 7.16 所示。S_SC_C_VIEW 视图浏览结果如图 7.17 所示。

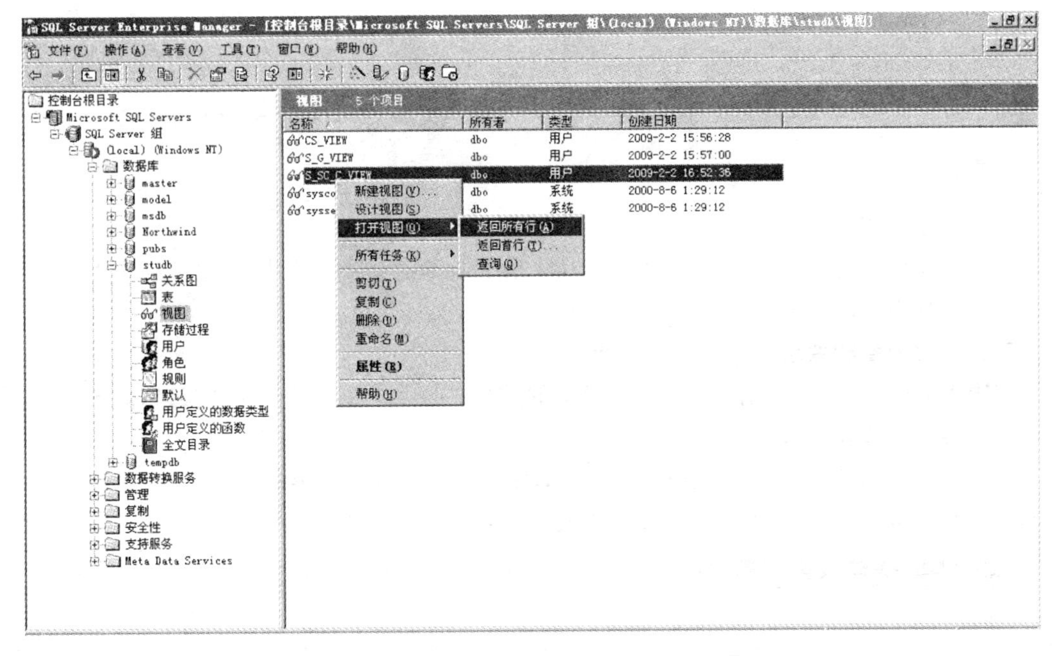

图 7.16　视图操作快捷菜单

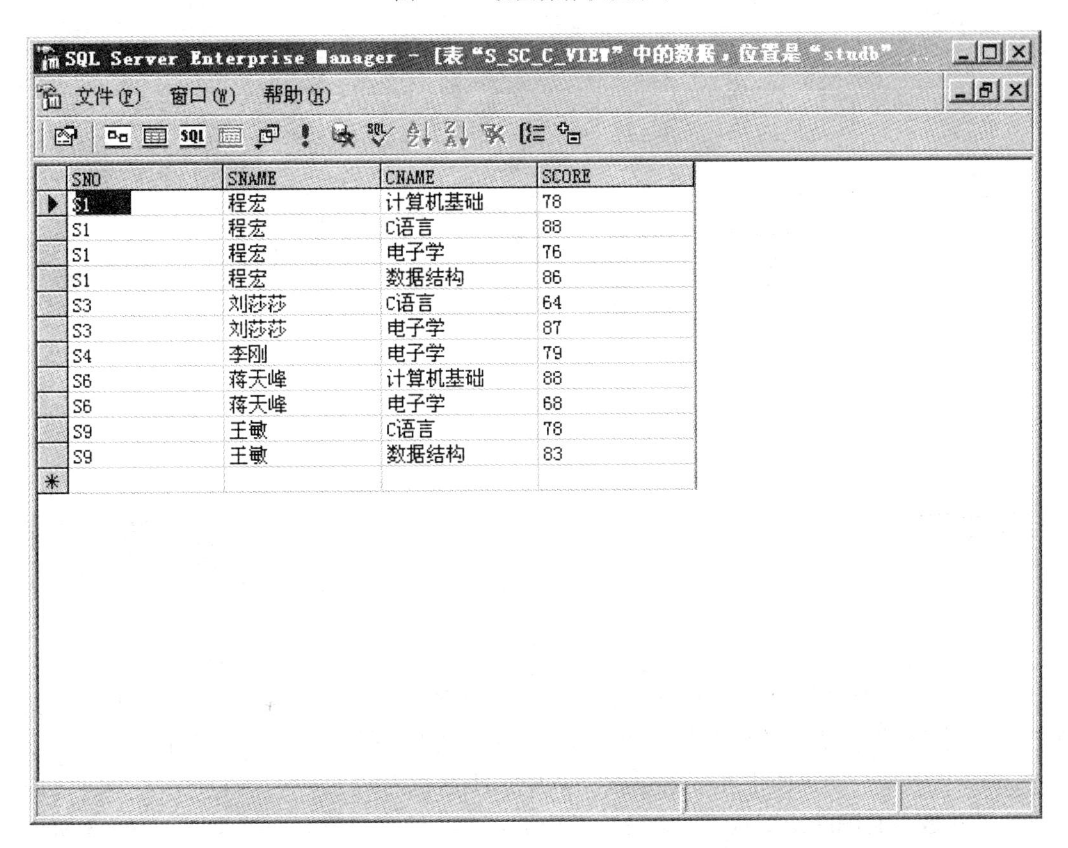

SNO	SNAME	CNAME	SCORE
S1	程宏	计算机基础	78
S1	程宏	C语言	88
S1	程宏	电子学	76
S1	程宏	数据结构	86
S3	刘莎莎	C语言	64
S3	刘莎莎	电子学	87
S4	李刚	电子学	79
S6	蒋天峰	计算机基础	88
S6	蒋天峰	电子学	68
S9	王敏	C语言	78
S9	王敏	数据结构	83

图 7.17　浏览"S_SC_C_VIEW"视图

实验8　需求分析与数据流图绘制

一、实验目的

通过对应用系统的数据库需求分析，设计系统业务流程图和数据流图，利用 Visio 等设计工具绘制数据流图。

二、实验内容和要求

利用 Microsoft Visio 绘制一个学生学籍管理系统小型数据库应用系统的数据流图。

三、实验步骤和结果

（1）点击“开始”中“程序”主菜单中的“Microsoft Visio”项，出现“Microsoft Visio”主界面如图 8.1 所示，从中选择“软件”绘图类型中的“数据流模型图”模板。

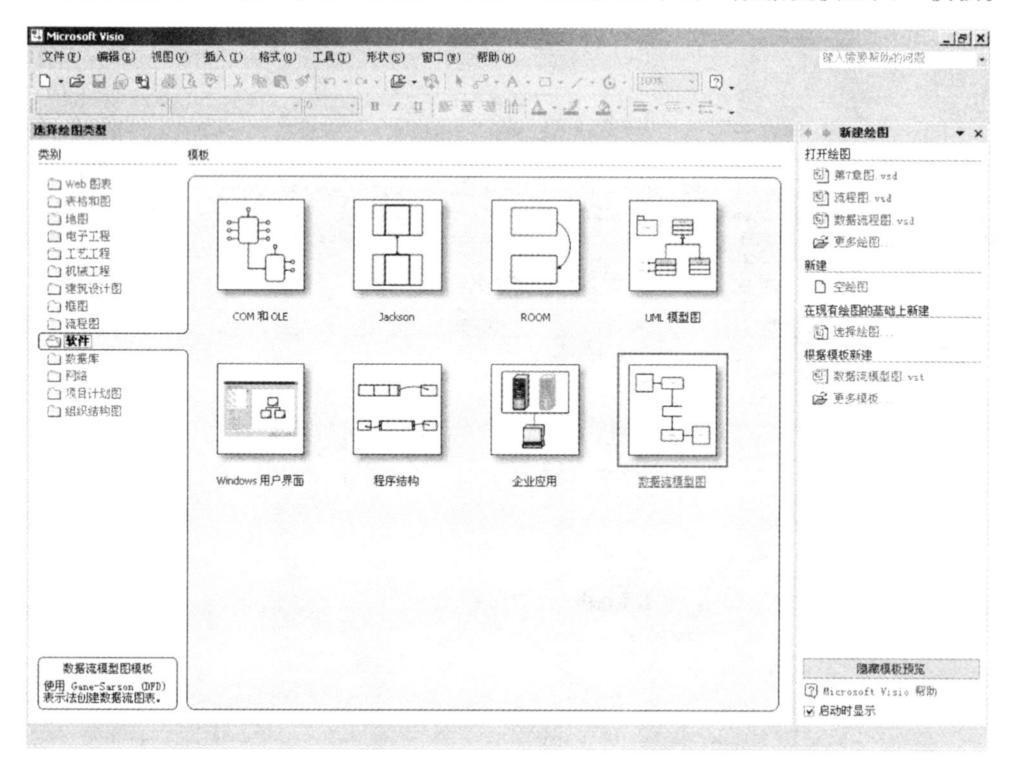

图 8.1　“Microsoft Visio”主界面

（2）在 DFD 绘制界面中左侧的模型工具中选中进程组件（圆角矩形），按下鼠标左键拖放在右侧的绘图页面，并修改其中的文本，绘制出处理进程，如图 8.2 所示。

（3）在 DFD 绘制界面中左侧的模型工具中选中数据存储组件（开口的长方形），按下鼠标左键拖放在右侧的绘图页面，并修改其中的文本，绘制出数据存储表，如图 8.3 所示。

（4）在 DFD 绘制界面中左侧的模型工具中选中数据流组件（带有名字的有向线），按下鼠标左键拖放在右侧的绘图页面的进程与数据存储等组件之间，并修改其中的文本，绘制

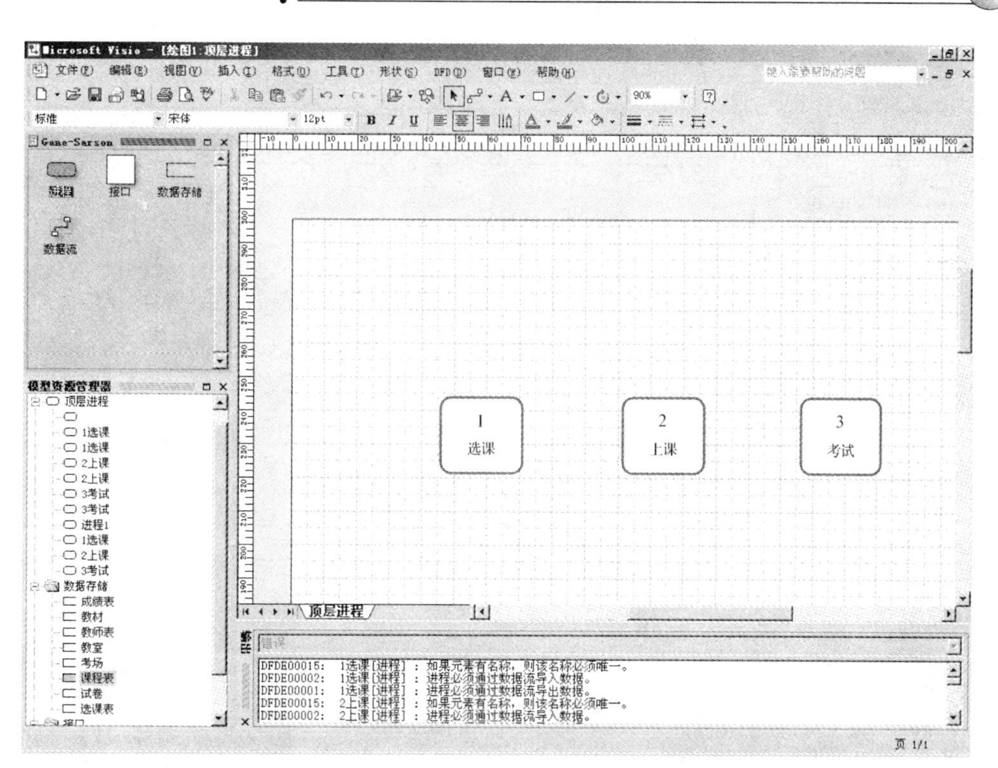

图 8.2　绘制处理进程

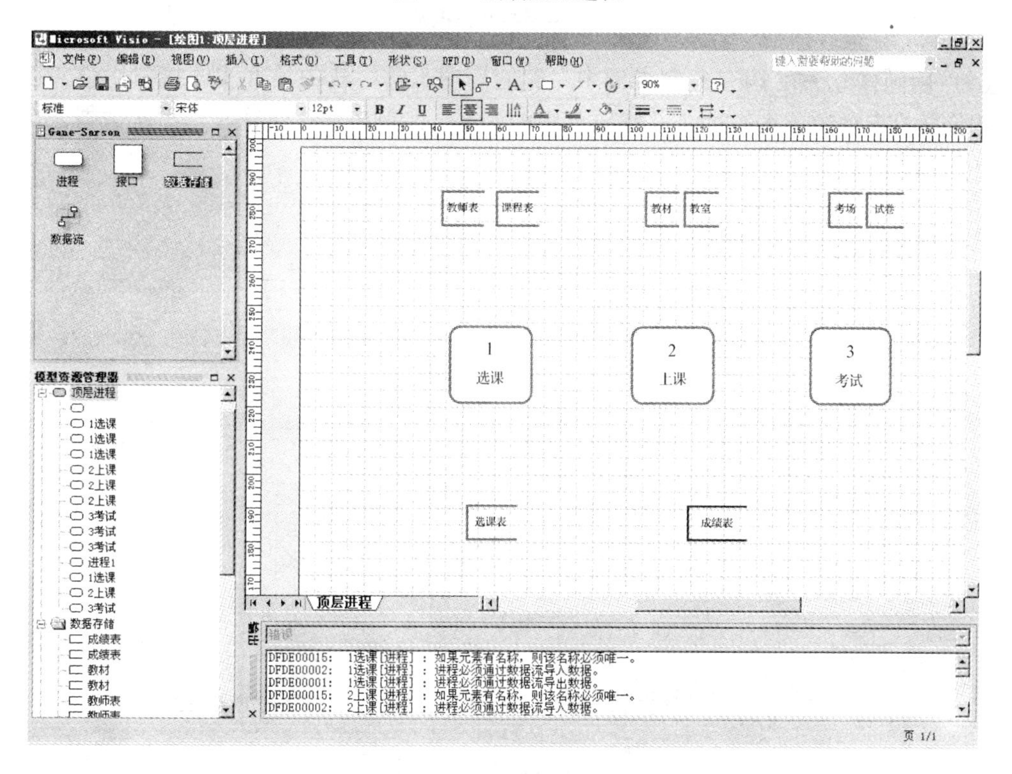

图 8.3　绘制数据存储表

出数据流，如图 8.4 所示。

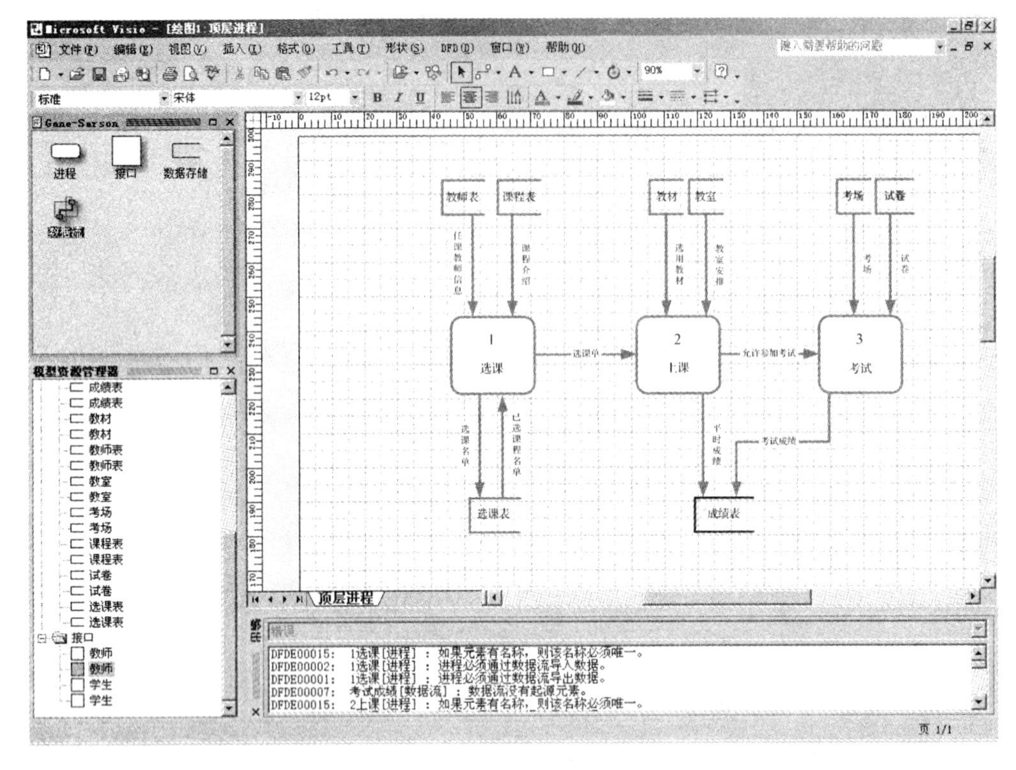

图 8.4　绘制数据流

（5）用同样方法在 DFD 绘制界面中左侧的模型工具中选中外部实体接口组件，按下鼠标左键拖放在右侧的绘图页面，并修改其中的文本，绘制出学生学籍管理系统数据流图，如图 8.5 所示。

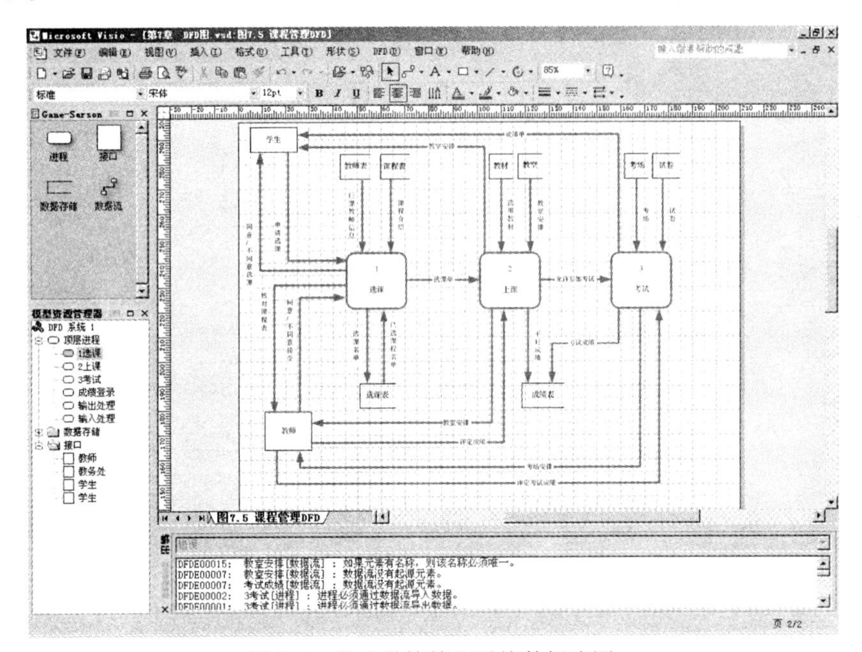

图 8.5　学生学籍管理系统数据流图

实验 9　数据库 E-R 模型设计

一、实验目的

通过对应用系统的数据库进行概念设计，设计 E-R 模型，利用 PowerDesigner 等 E-R 设计工具绘制数据库 E-R 图。

二、实验内容和要求

利用 PowerDesigner 绘制一个学生学籍管理系统小型数据库应用系统的 E-R 图，并在后台 Microsoft SQL Server 数据库管理系统自动生成数据库。

三、实验步骤和结果

1. 绘制学生学籍管理 E-R 图（studb. PDM）

（1）运行“程序”中的 Sybase 下 PowerDesigner 6. 1. 5 32-bit 下的 AppModeler for PowerBuilder，如图 9. 1 所示。

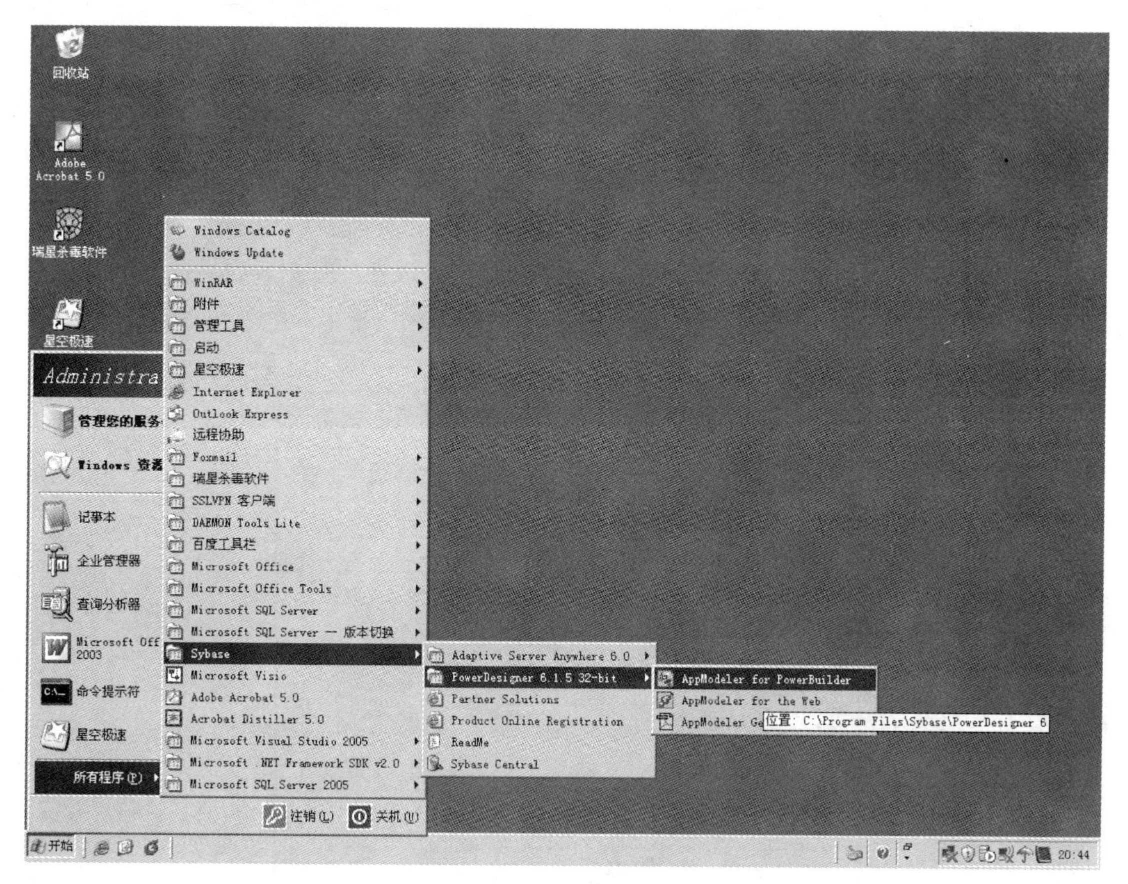

图 9. 1　PowerDesigner 菜单

（2）从出现如图 9. 2 所示的“选择目标数据库”对话框中选择 Microsoft SQL Server 7. x，

单击“OK”按钮，出现 PDM 模型（E-R 图）设计主界面。

（3）从 PDM 模型（E-R 图）设计界面左侧的 Tools 工具面板上点取“表（Table）”控件（第三行第二列）后，在右侧 PDM 主窗口中单击 3 次，即可创建 3 个 Table，如图 9.3 所示。

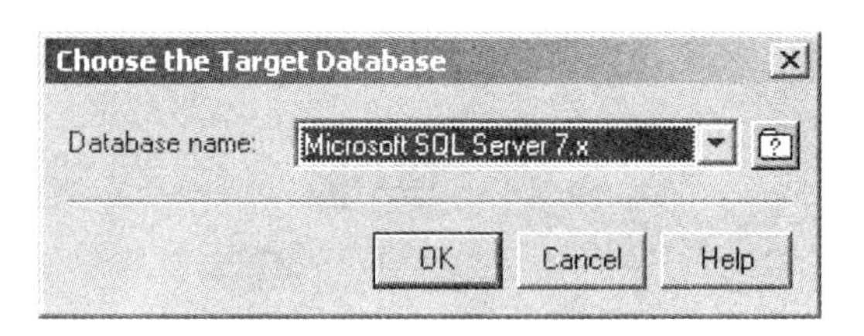

图 9.2　“选择目标数据库”对话框

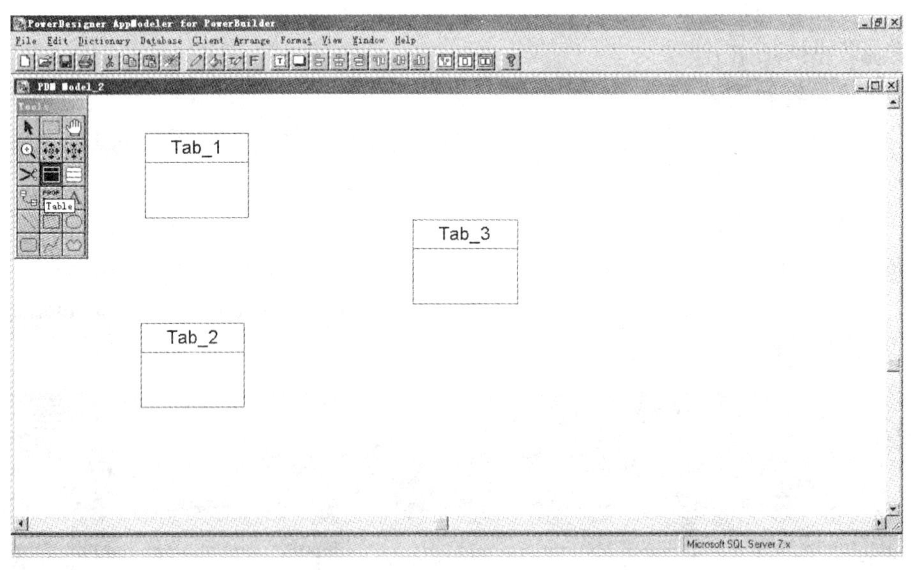

图 9.3　PDM 模型设计主界面

（4）用鼠标双击 PDM 主窗口中刚放置的 Table 控件，进入“数据表属性”对话框，在 Name 和 Code 文本框中，分别输入表的显示用的中文名（如“学生关系表”）和在后台 SQL Server 生成表的英文名（如 S），如图 9.4 所示。

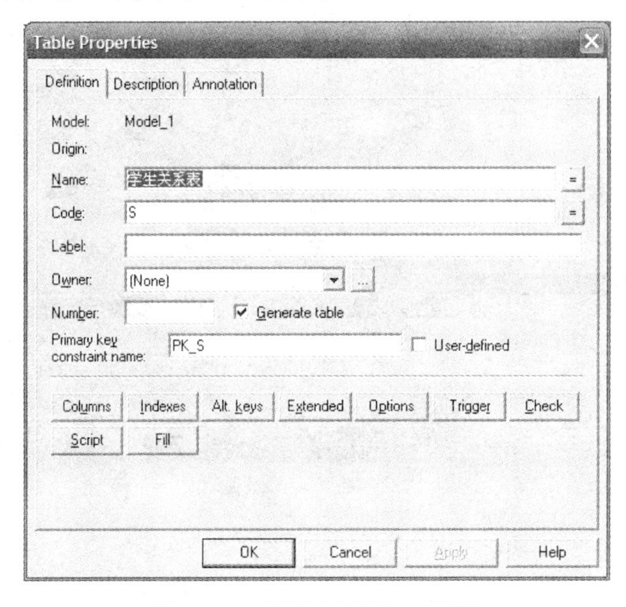

图 9.4　“数据表属性”对话框

（5）单击“数据表属性”对话框中的“Columns”按钮，出现“表中属性设计”窗口，在每一行输入表中的一个属性信息，在 Name 列输入属性的显示用的中文名，在 Code 列输入属性的在后台 SQL Server 生成表的英文名，选中在 SNO 后面的“P”复选框，来定义关键字，如图 9.5 所示。

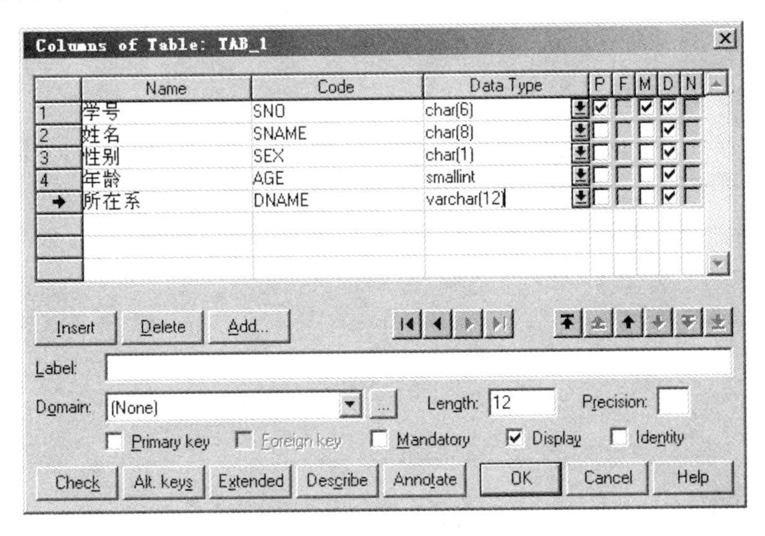

图 9.5　“表中属性设计”窗口

（6）重复步骤（4）和（5），绘制出课程关系表 C 和选课关系表 SC，如图 9.6 所示。

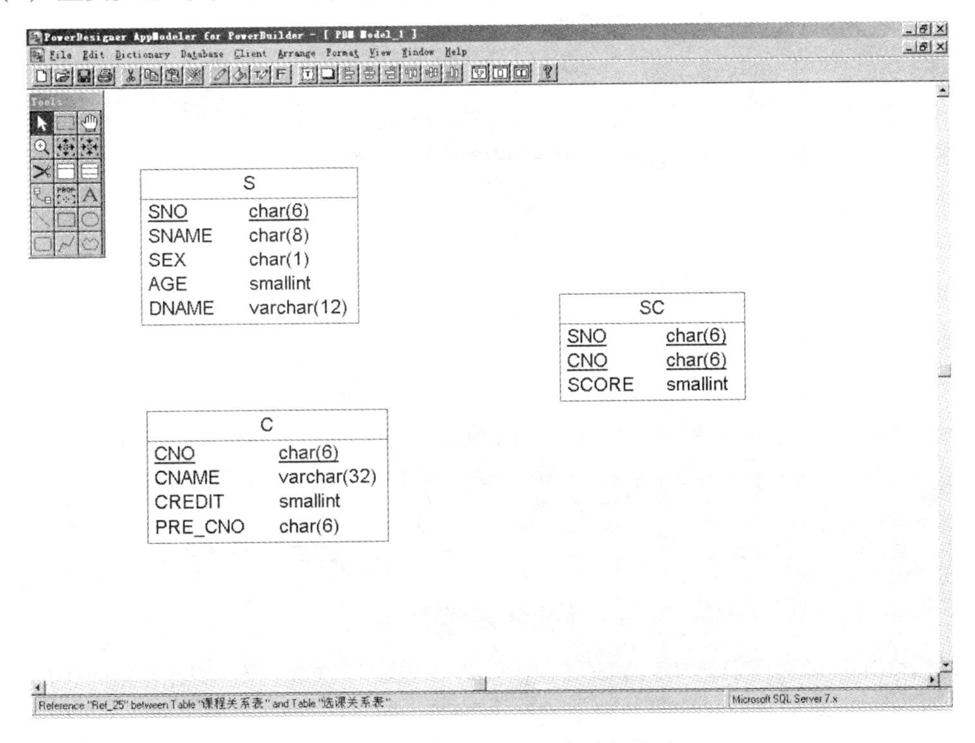

图 9.6　绘制 S、C、SC 表后主界面

（7）从 PDM 模型（E-R 图）设计界面左侧的 Tools 工具面板上点取“表关系（Reference)”相应的控件（第四行第一列），分别再从设计界面右侧的窗口中的 SC 表（联系表或子表）拖向 S 和 C（实体表或主表），如图 9.7 所示。

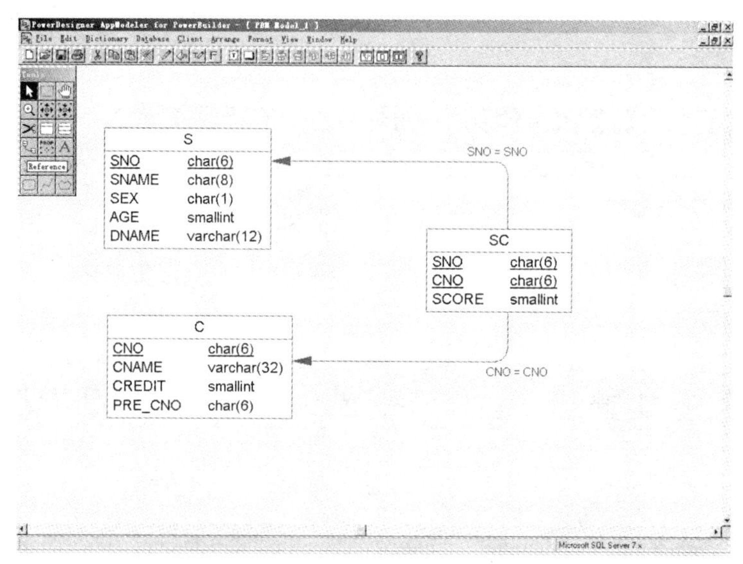

图 9.7　绘制 S、C、SC 表及其关联后主界面

（8）再单击主界面上侧的“文件 File”菜单中“Display Preferences”菜单项，出现“Display Preferences”对话框，如图 9.8 所示。

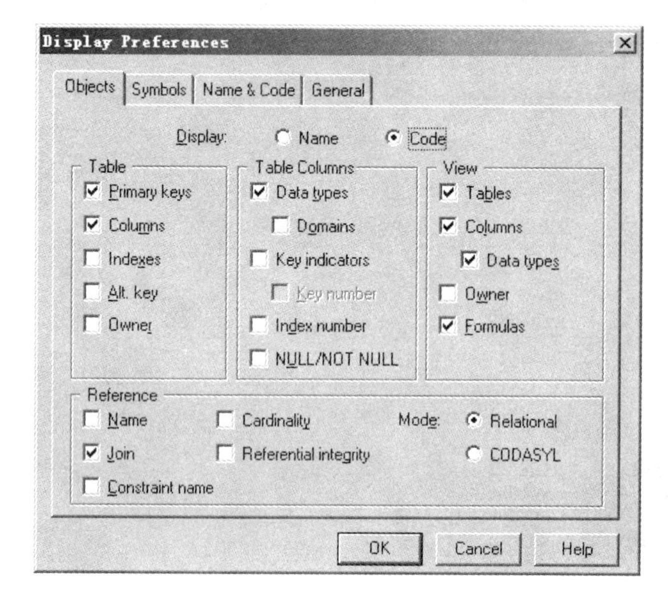

图 9.8　“Display Preferences”对话框

（9）在 Objects 选项卡的“Display:”中选择“Name”单选按钮，则主界面中的 S、C、SC 表及其关联关系都显示事先定义的中文名，如图 9.9 所示。

（10）单击主界面上侧的“保存”按钮，在出现“文件保存”对话框中输入 PDM 文件名 studb. PDM。

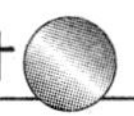

2. 在后台SQL Server生成数据表

（1）利用SQL Server的企业管理器创建一个空数据库（例如stu）。

（2）设置ODBC数据源：

1）在图9.9所示的PDM设计主界面点取“Database”菜单中“Configure Database”菜单项，出现“ODBC数据源管理器”对话框，如图9.10所示。单击“添加”按钮，出现“创建数据源”对话框，如图9.11所示。

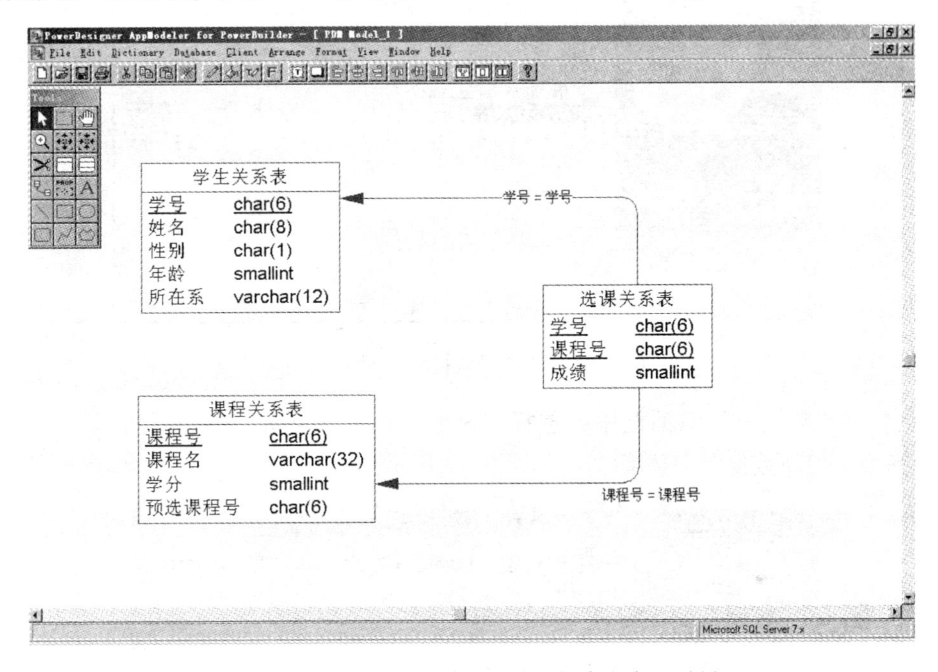

图9.9　S、C、SC表及其关联关系的中文名显示界面

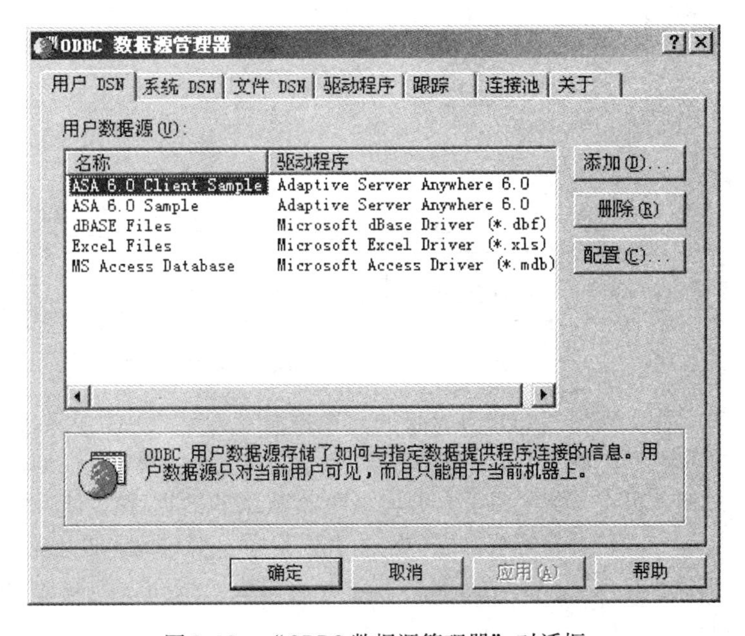

图9.10　“ODBC数据源管理器”对话框

图 9.11 “创建数据源”对话框

2）在“创建数据源”对话框中，选择“SQL Server”，单击“完成”按钮，出现“创建到 SQL Server 的新数据源”对话框，如图 9.12 所示。

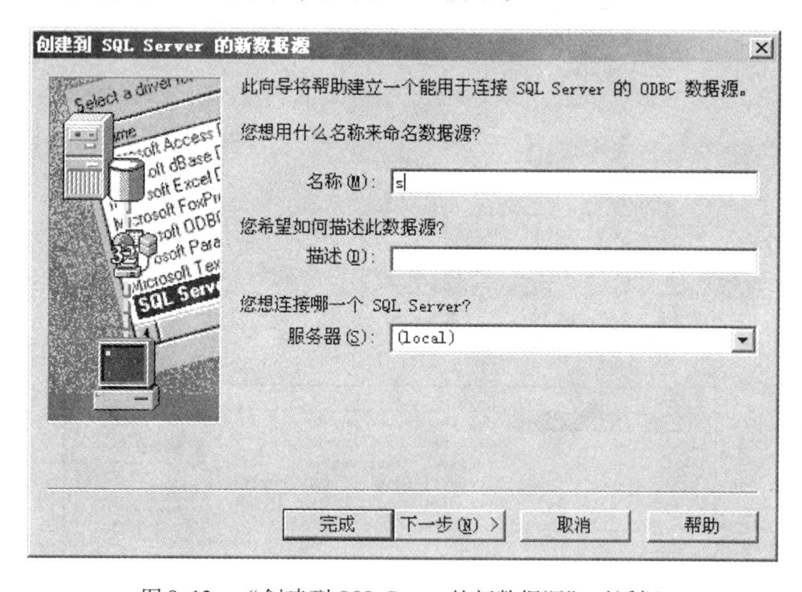

图 9.12 “创建到 SQL Server 的新数据源”对话框

3）在图 9.12 所示“创建到 SQL Server 的新数据源”对话框中，名称后面的文本框中输入你想定义的数据源名（如 s），在“服务器”后面的组合框中输入“（local）”或“.”，单击“下一步”按钮，再点“下一步”，出现“更改默认的数据库”对话框，选取“更改默认的数据库”复选项，在下方的组合框中刚才事先利用 SQL Server 的企业管理器创建一个空数据库（如 stu）。单击“下一步”按钮，再单击“完成”按钮，即完成 ODBC 数据源设置，如图 9.13 所示。

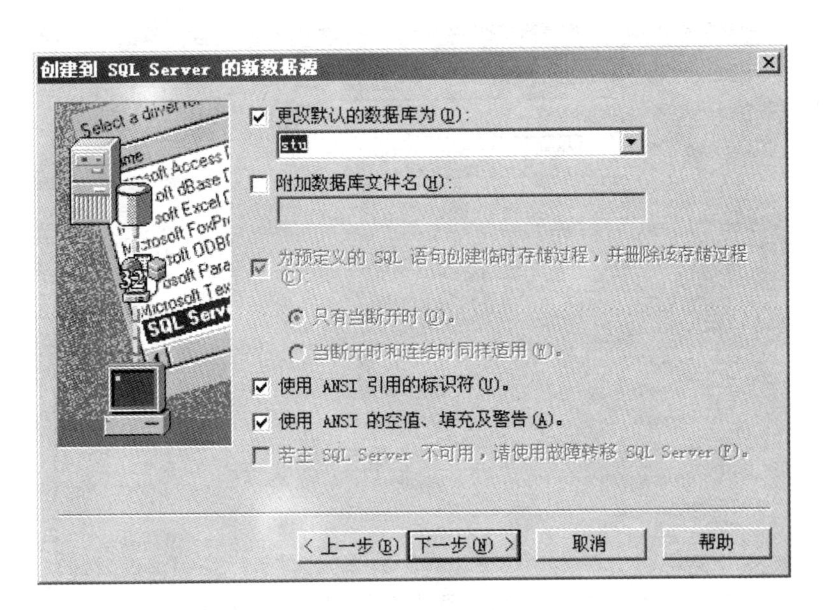

图 9.13　“更改默认的数据库”对话框

（3）利用绘制的 studb. PDM 在 stu 数据库中生成数据表

1）在图 9.9 所示的 PDM 设计主界面点取“Database”菜单中“Connect”菜单项，出现“连接到 ODBC 数据源”对话框，如图 9.14 所示。在 Data source name 中选取刚刚设置的数据源 s（SQL Server），在下面的“User name”中输入 sa，在“Password”中输入密码，单击“Connect”按钮即可完成连接。

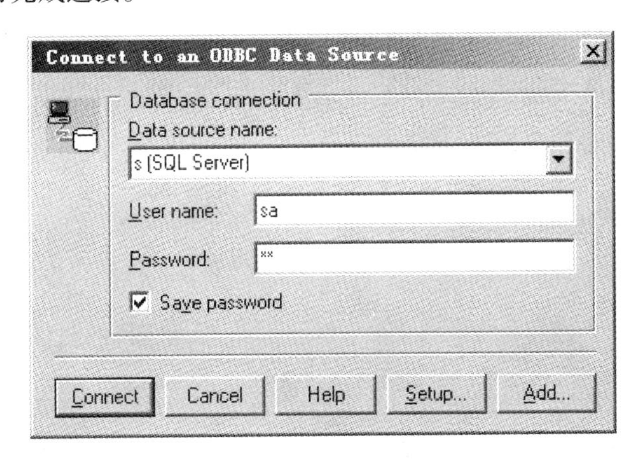

图 9.14　“连接到 ODBC 数据源”对话框

2）在图 9.9 所示的 PDM 设计主界面点取“Database”菜单中“Generate Database”菜单项，出现“生成 SQL Server 数据库参数设置”对话框，如图 9.15 所示，从中单击“Create Database”按钮，即可完成在 stu 数据库中创建数据表 S、C 和 SC。

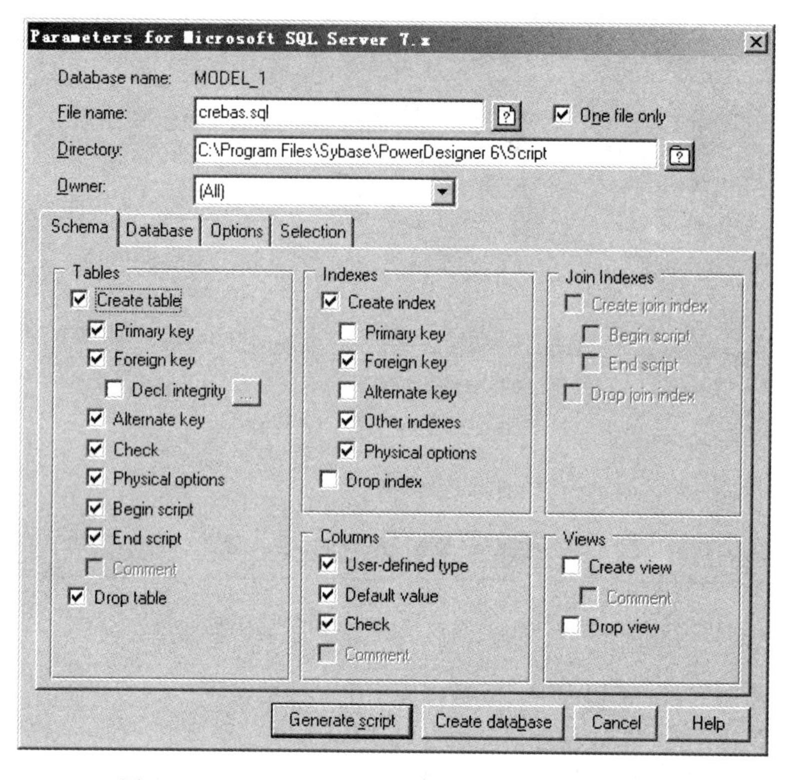

图 9.15　“生成 SQL Server 数据库参数设置”对话框

实验 10　数据库的备份和恢复

一、实验目的

1. 掌握 SQL Server 的数据库备份和恢复。

2. 在企业管理器中备份和恢复数据库。

二、实验内容和要求

1. 用企业管理器为 studb 学籍数据库创建一个名为 studb_back 的备份设备，备份 studb 学籍数据库。

2. 在企业管理器将创建的备份 studb_back 恢复。

三、实验步骤和结果

1. 备份 studb 学籍数据库

（1）在 Windows 开始菜单中执行“所有程序 | Microsoft SQL Server | 企业管理器”命令，进入“SQL Server Enterprise Manager 企业管理器”界面，在 SQL Server Enterprise Manager 中，展开 SQL Server 组，再展开数据库项，选定要备份的数据库（如 studb），在选定的数据库上右击鼠标，在弹出的快捷菜单中选择“所有任务 | 备份数据库…”命令，如图 10.1 所

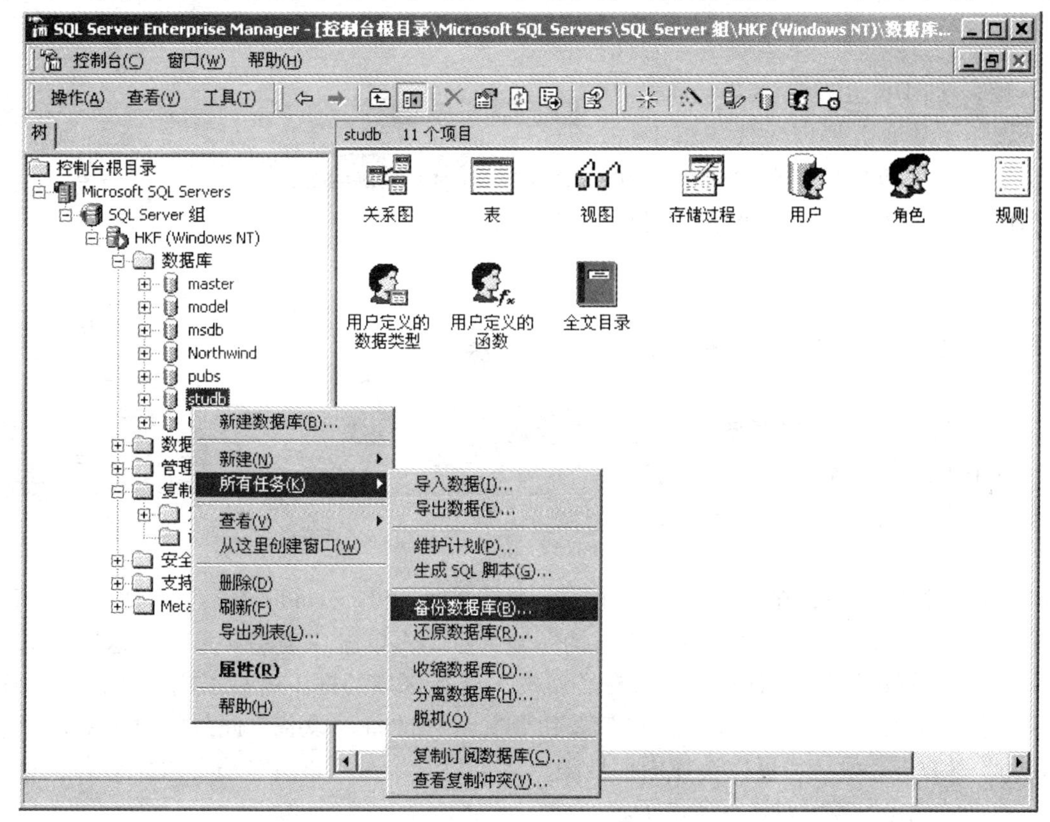

图 10.1　数据库备份菜单选择

示。出现“备份数据库”对话框，如图 10.2 所示。

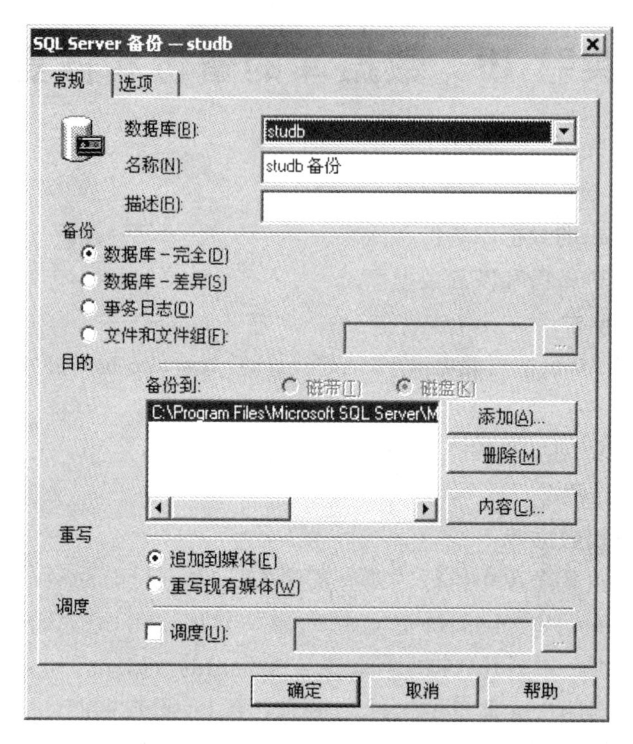

图 10.2　“备份数据库”对话框

（2）在图 10.2 的“备份数据库”对话框中，从“数据库”选择框中选择需要备份的数据库，在“名称”和“描述”中分别输入该备份设备的名称和简单描述。然后可以在“目的”中选择备份的设备。单击“添加”按钮，出现“选择备份目的”对话框，如图 10.3 所示。

图 10.3　“选择备份目的”对话框

（3）从图 10.3“选择备份目的”对话框中单击文件名后的“...”按钮，出现“备份设备位置”对话框，如图 10.4。在“备份设备”文件夹中选择作为备份目标的设备，在“文件名”中输入备份的文件名（studb_back），单击“确定”后，返回到图 10.3 所示的“选择备份目的”对话框，再单击“确定”后，则返回图 10.2 所示的“备份数据库”对话框，这时在“目的”选择区域的框中就有了刚才选择的设备。如果选择不正确，还可以通过“删除”按钮删除选择的备份设备。此外，对本对话框的“调度”参数进行设定，可以选择周期性地或者以后某个时刻进行备份，设定好各个选项后，单击“确定”就可以进行备份了。

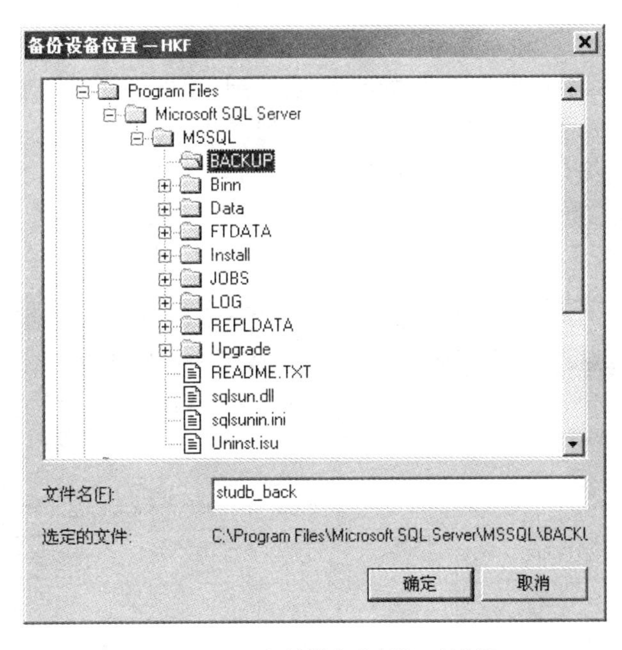

图 10.4　“备份设备位置”对话框

2. 将创建的备份 studb_back 进行恢复

（1）在 Windows 开始菜单中执行“所有程序 | Microsoft SQL Server | 企业管理器”命令，进入“SQL Server Enterprise Manager 企业管理器”界面，在 SQL Server Enterprise Manager 中，展开 SQL Server 组，再展开数据库项，在数据库项上单击右键，在弹出的菜单中选择“所有任务 | 还原数据库…”命令，出现“还原数据库”对话框。在对话框中的“还原为数据库”输入框中输入需要恢复的数据库的名称，然后在“还原”选项中选择“从设备”，如图 10.5 所示。

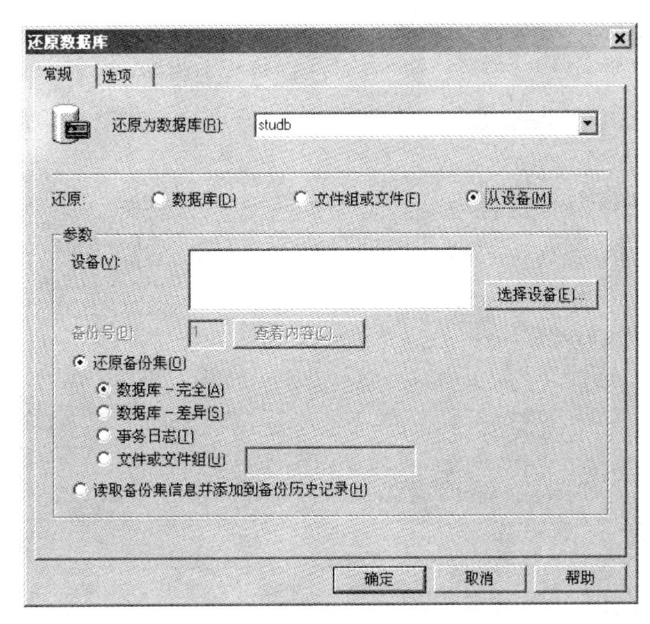

图 10.5　“还原数据库”对话框

（2）再从图 10.5 的“还原数据库”对话框中，单击“选择设备”按钮，出现“选择还原设备”对话框，从中再单击“添加”按钮，在弹出的“选择备份目的”对话框（图 10.3）中单击文件名后的“…”按钮，再从弹出的“备份设备位置”对话框（图 10.4）中的“备份设备”文件夹中选择作为备份目标的设备，在“文件名”中输入备份的文件名（studb_back），单击“确定”后，返回图 10.3 所示的“选择备份目的”对话框，再单击“确定”后，则返回到“选择还原设备”对话框，如图 10.6 所示。

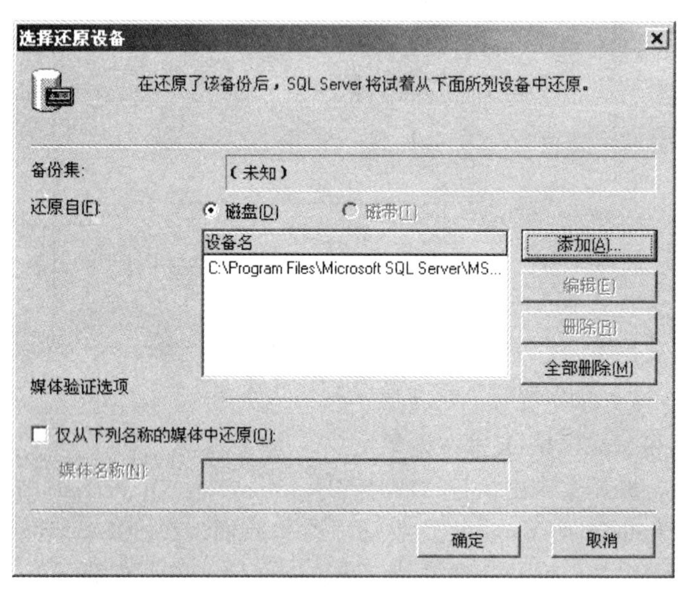

图 10.6　“选择还原设备”对话框

（3）这时在“还原自”选择区域的框中就有了需要还原的备份设备，单击“确定”返回“还原数据库”对话框，如图 10.7 所示。

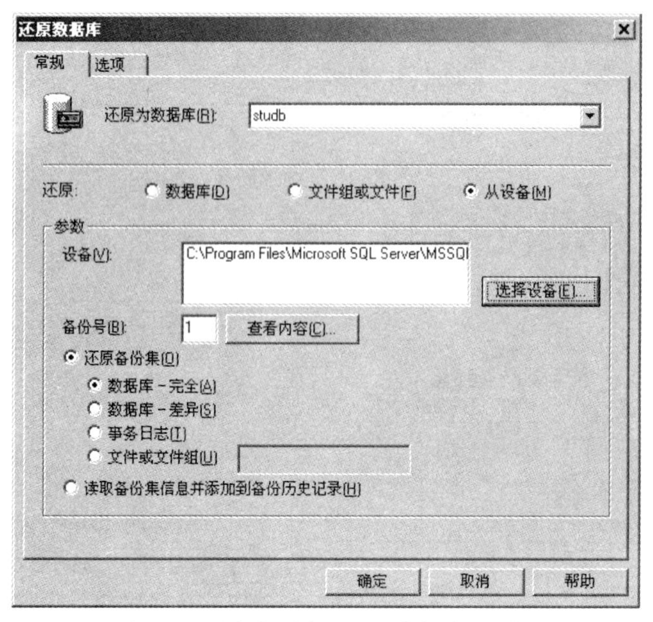

图 10.7　选择好设备的还原数据库对话框

(4) 选择“选项”选项卡，单击“在现有数据库上强制还原”复选框，如图10.8所示。单击“确定”按钮，即可进行数据库的恢复。

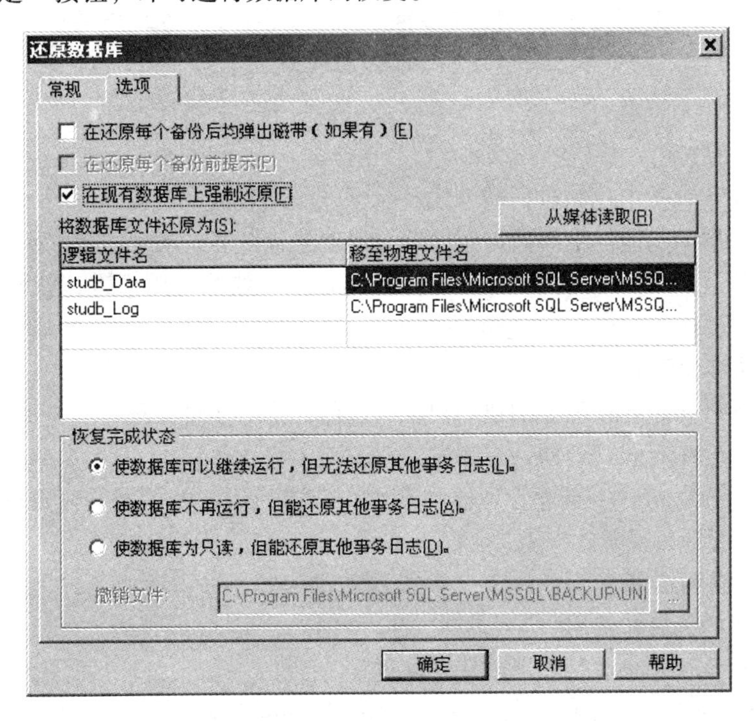

图10.8 还原数据库“选项”选项卡对话框

实验 11　数据库完整性与安全性

一、实验目的

1. 掌握 SQL Server 中存储过程的创建和执行方法。

2. 理解触发器的功能，学会使用企业管理器创建触发器，来维护数据库完整性。

3. 学会创建登录用户并向其授予数据库访问权限，熟练对用户进行权限的授予和回收操作。

二、实验内容和要求

1. 用 SQL Server 企业管理器创建用户存储过程，使用存储过程。

2. 用 SQL Server 企业管理器创建触发器。

3. 分别使用 SQL Server 企业管理器和 SQL 语句进行用户的创建，以及权限的授予和回收操作，并加以验证所授予的权限。

三、实验步骤和结果

1. 存储过程的创建和使用

(1) 用 SQL Server 企业管理器创建存储过程

1) 在 Windows 开始菜单中执行“所有程序 | Microsoft SQL Server | 企业管理器”命令，进入“SQL Server Enterprise Manager 企业管理器”界面，在 SQL Server Enterprise Manager 界面中展开 SQL Server 组，再展开数据库项，选择要创建存储过程的数据库 studb，在“存储过程”选项上右击鼠标，弹出的“存储过程”操作快捷菜单，如图 11.1 所示。在“存储过

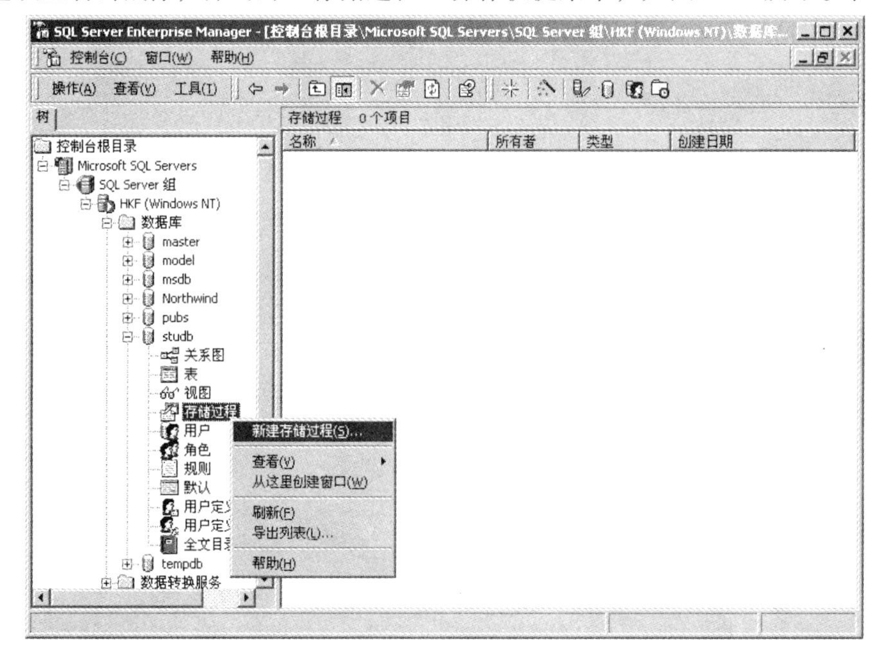

图 11.1　“存储过程”操作快捷菜单

程”操作快捷菜单中，单击“新建存储过程”菜单项，出现“新建存储过程”对话框，如图 11.2 所示，在该对话框的文本窗口中输入存储过程。

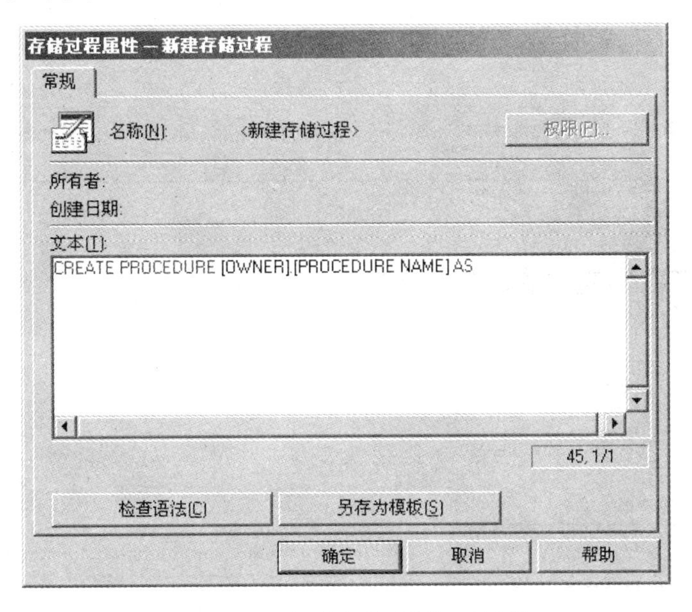

图 11.2　“新建存储过程”对话框

2）在图 11.2 所示的“新建存储过程”对话框中的下方文本框输入创建 get_sc_name 存储过程的语句如下：

```
CREATE PROCEDURE get_sc_name
@sno char(6),
@cno char(2),
@sname char(8)OUTPUT,
@cname varchar(24)OUTPUT AS
SELECT @sname = SNAME, @cname = CNAME
FROM S, C, SC
WHERE S.SNO = SC.SNO AND C.CNO = SC.CNO AND SC.SNO = @sno AND SC.CNO =
@cno
```

该存储过程根据提供的参数学号、课程号，返回相应的学生姓名、课程名。如图 11.3 所示，单击“确定”按钮即可完成存储过程的创建。

（2）使用创建的存储过程 get_sc_name

创建 get_sc_name 存储过程后，用户可以在 SQL 查询分析器中执行该存储过程。

在 Windows 开始菜单中执行“所有程序 | Microsoft SQL Server | 查询分析器”命令，输入用户登录名和密码后连接到 SQL Server，进入“SQL Server 查询分析器”界面，在数据库组合框中选择 studb，在“SQL 查询分析器”界面命令窗口输入执行创建的 get_sc_name 存储过程的 SQL 语句如下：

```
DECLARE @sname char (8),
        @cname varchar (24)
```

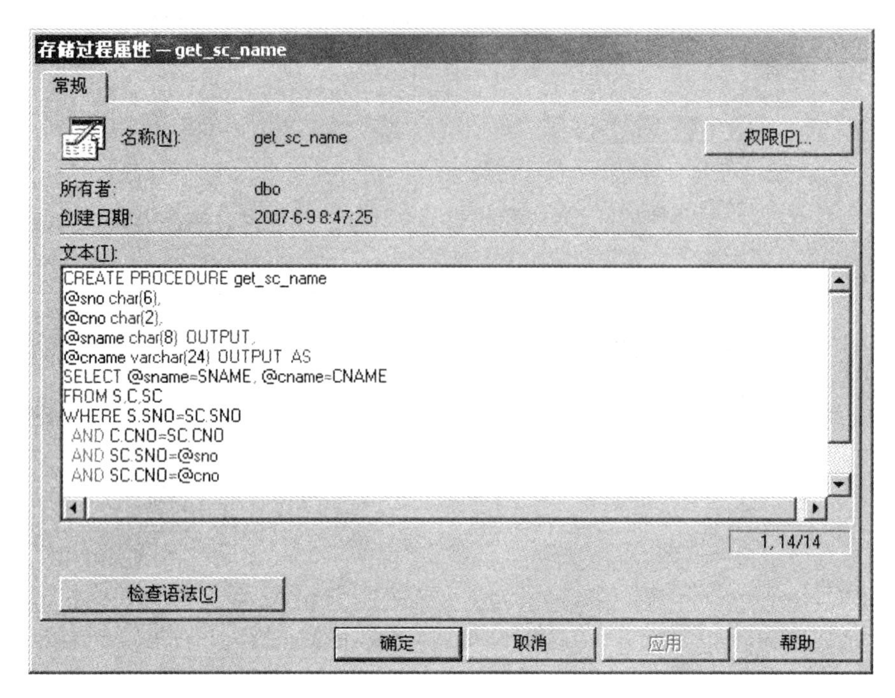

图 11.3 创建存储过程“get_sc_name”对话框

EXEC get_sc_name 'S1', 'C3', @ sname OUTPUT, @ cname OUTPUT;

SELECT SNAME = @ sname, CNAME = @ cname

单击“执行查询”按钮，就可以在输出窗口中直接看到使用 get_sc_name 存储过程的执行结果，如图 11.4 所示。

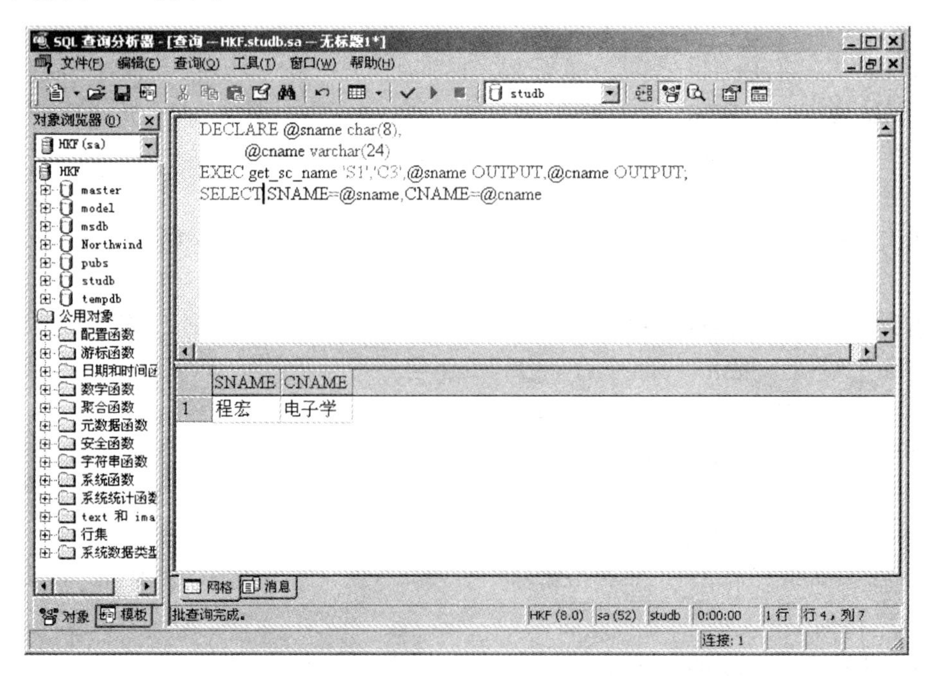

图 11.4 “存储过程（get_sc_name）”执行 SQL 语句和运行结果

2. 用企业管理器创建触发器

（1）在 Windows 开始菜单中执行“所有程序 | Microsoft SQL Server | 企业管理器”命令，进入“SQL Server Enterprise Manager 企业管理器”界面，在 SQL Server Enterprise Manager 界面中展开 SQL Server 组，再展开数据库项，选择要创建存储过程的数据库 studb，再选中要创建触发器的表（如 S），右击鼠标，在弹出的菜单上选择“所有任务”菜单，再选“管理触发器”菜单项，如图 11.5 所示。

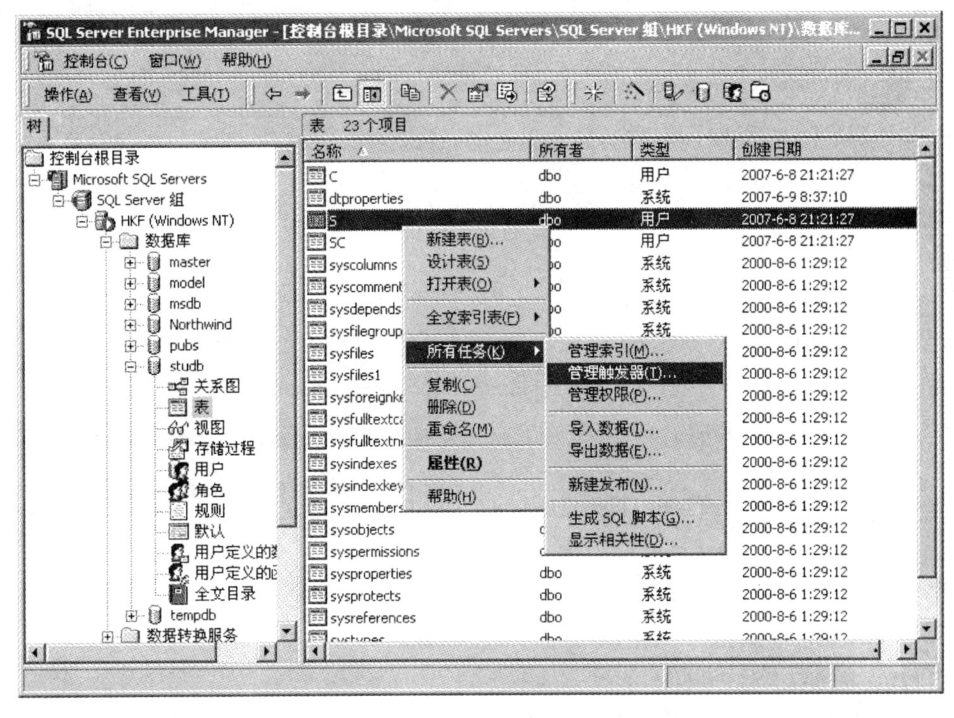

图 11.5　“管理触发器”快捷菜单

（2）在图 11.5 所示的“所有任务”操作快捷菜单中，单击“管理触发器”菜单项，出现“触发器属性”对话框，如图 11.6 所示。

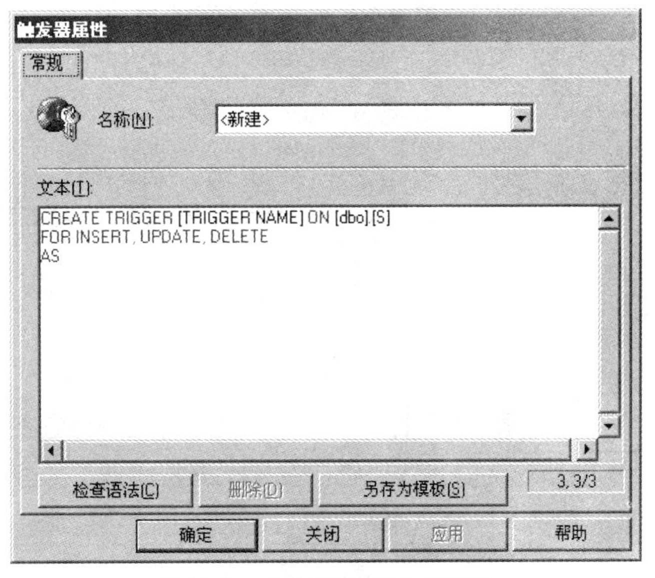

图 11.6　“触发器属性”对话框

（3）创建一个名为 Trig_S 的触发器，将删除的学生数据转移到学生存档表 SBACK 中。

1）先在 studb 数据表中创建一个与学生表 S 结构相同的学生存档表 SBACK。

2）在图 11.6 所示的“触发器属性”对话框中，输入如下的触发器定义 SQL 语句：

```
CREATE TRIGGER Trig_S ON S
```

```
FOR DELETE
AS
INSERT SBACK
    SELECT SNO, SNAME, AGE, SEX, DNAME
    FROM deleted
```

3）单击“确定”按钮，完成触发器 Trig_S 的创建，如图 11.7 所示。

图 11.7　“触发器 Trig_S”的创建

(4) 创建一个名为 Trig_SC_UPDATE_SCORE 的触发器，在修改成绩表（SC）的成绩 SCORE 时，要求修改后的成绩一定要比修改前的成绩高。

1）在图 11.6 所示的“触发器属性”对话框中，输入如下的触发器定义 SQL 语句：

```
CREATE TRIGGER Trig_SC_UPDATE_SCORE ON SC
FOR  UPDATE
AS IF (SELECT COUNT (*)
        FROM deleted, inserted
        WHERE deleted. SCORE <= inserted. SCORE) =0
ROLLBACK TRANSACTION
```

2）单击“确定”按钮，完成触发器 Trig_SC_UPDATE_SCORE 的创建，如图 11.8 所示。

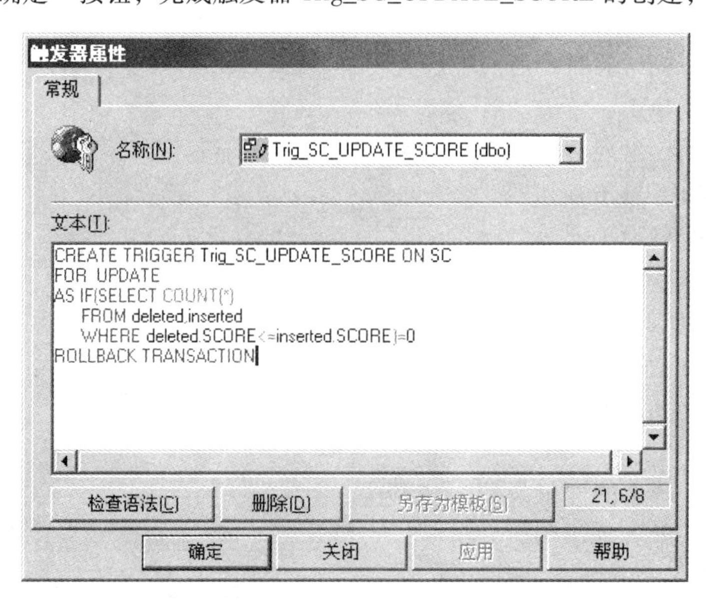

图 11.8　“触发器 Trig_SC_UPDATE_SCORE”的创建

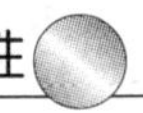

3. 用户的创建和权限设置

（1）使用 SQL Server 企业管理器进行用户的创建和权限的授予和回收操作

1）在 Windows 开始菜单中执行“所有程序｜Microsoft SQL Server｜企业管理器”命令，进入“SQL Server Enterprise Manager 企业管理器”界面，在 SQL Server 企业管理器界面中展开 SQL Server 组，再展开“安全性”项，在“登录”选项上右击鼠标，弹出的“登录”操作快捷菜单，如图 11.9 所示。

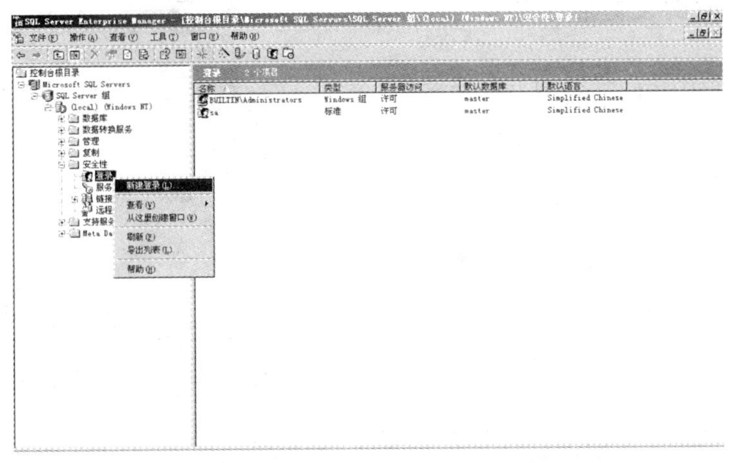

图 11.9　“登录”操作快捷菜单

2）在“登录”操作快捷菜单中，单击“新建登录”菜单项，出现“新建登录”对话框，如图 11.10 所示，在对话框中的“名称”文本框中输入要创建的登录用户名（如 student），在“身份验证”项选择“SQL Sever 身份验证”单选按钮，并输入用户登录密码（这时为空），在“数据库”组合框中选择要创建登录用户的数据库 studb。

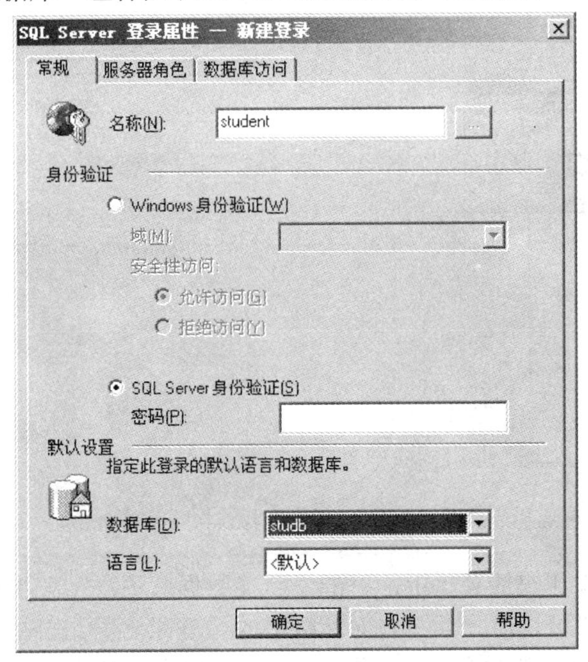

图 11.10　“新建登录”对话框

3）在图11.10输入登录用户信息后，再单击“数据库访问”选项卡，在打开的“数据库访问”选项卡中，在上侧的“指定此登录可以访问的数据库”列表框中点取数据库studb前的复选框，再在下侧的“studb的数据库角色”列表框中点取数据库角色public前的复选框，如图11.11所示。

4）在“数据库访问”选项卡中选择好数据库角色后，单击“确定”按钮，即可创建一个“student”用户登录账号。

5）在SQL Server Enterprise Manager界面中展开数据库项中的数据库studb，在“用户”选项上右击鼠标，弹出的快捷菜单，如图11.12所示。

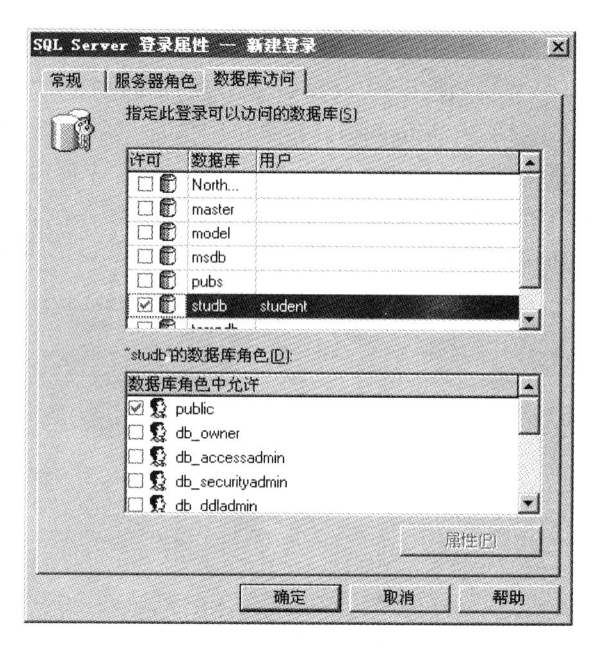

图11.11　“数据库访问”选项卡

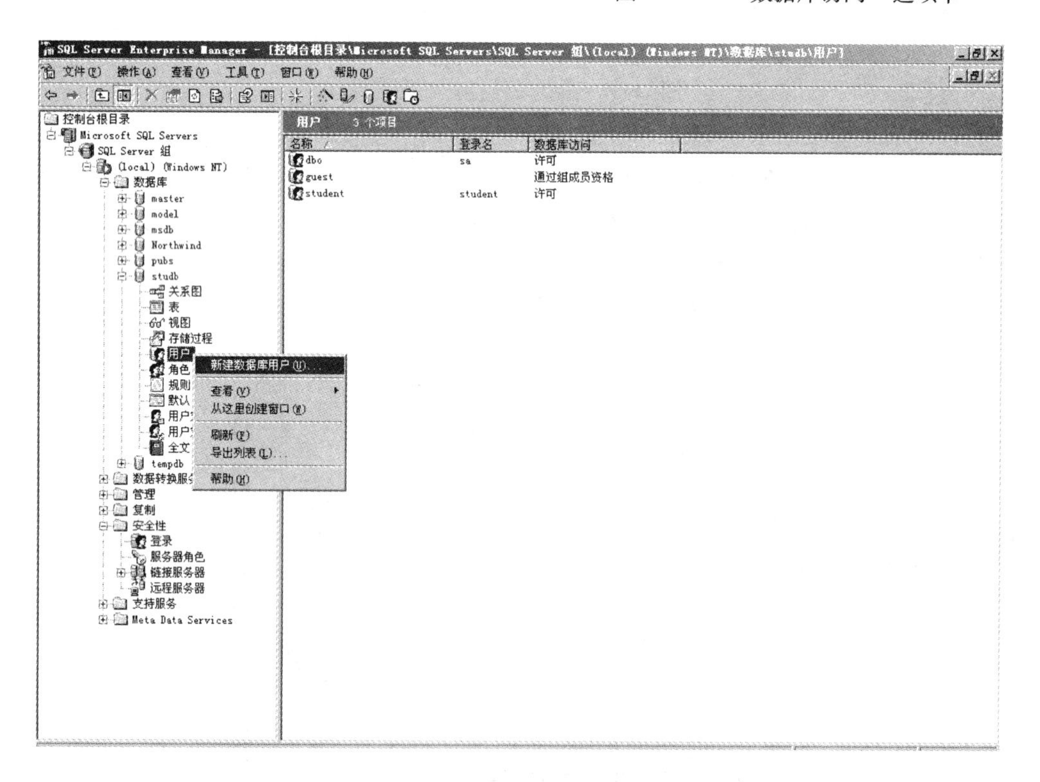

图11.12　“用户”操作快捷菜单

6）在“用户”操作快捷菜单中，单击“新建数据库用户”菜单项，出现“数据库用户属性”对话框，如图11.13所示，在对话框中的“登录名”组合框中输入刚刚创建的用户登录账号student，在“用户名”文本框中也采用相同的名字。单击“确定”按钮，即可创建一个名为“student”的数据库用户。

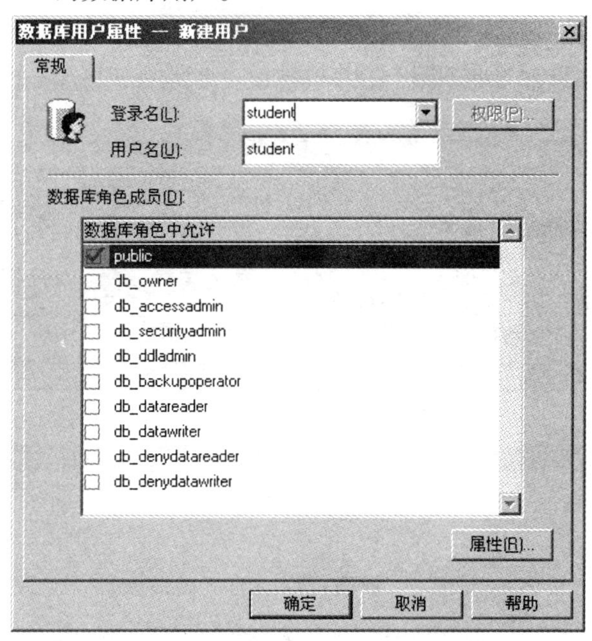

图 11.13　“数据库用户属性”对话框

7）在 SQL Server Enterprise Manager 界面中，选中数据库 studb 中 S 表，右击鼠标，在弹出的快捷菜单中选择“所有任务”菜单中的“管理权限”菜单项，“管理权限”的快捷菜单如图 11.14 所示。

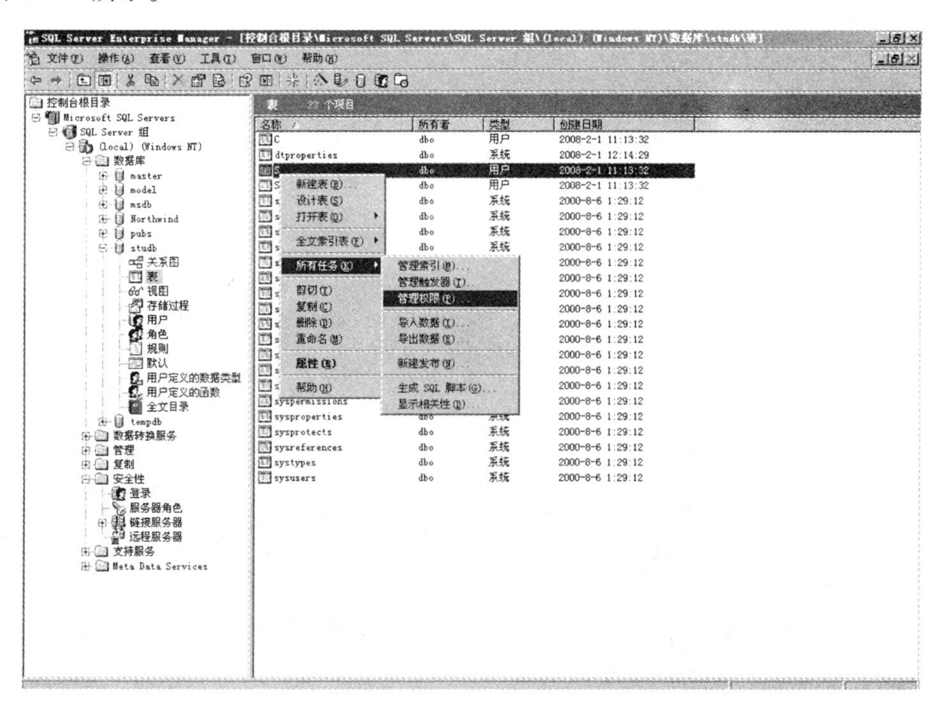

图 11.14　“管理权限”的快捷菜单

8）单击“管理权限”的快捷菜单后，出现“数据库对象权限设置”对话框，单击用户“student”后的 SELECT 项，单击“确定”按钮，即可完成对“student”账号授予在 S 表上的查询权限，操作完成后的界面如图 11.15 所示。

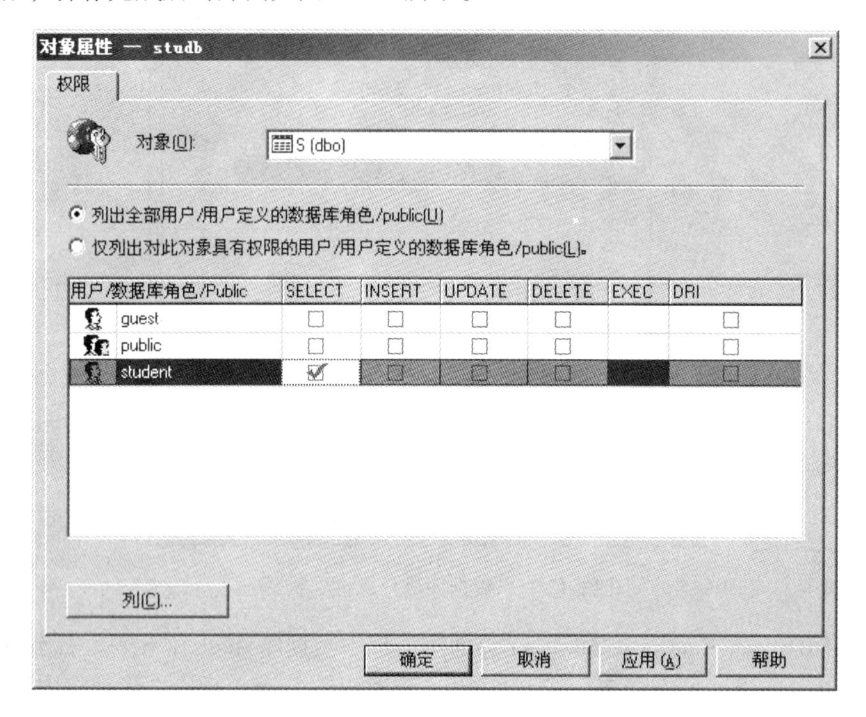

图 11.15　为用户“student”授予在 S 表上的查询权限

9）在 Windows 开始菜单中执行“所有程序｜Microsoft SQL Server｜查询分析器”命令，输入用户登录账号 student 和密码后，连接到 SQL Server，如图 11.16 所示。

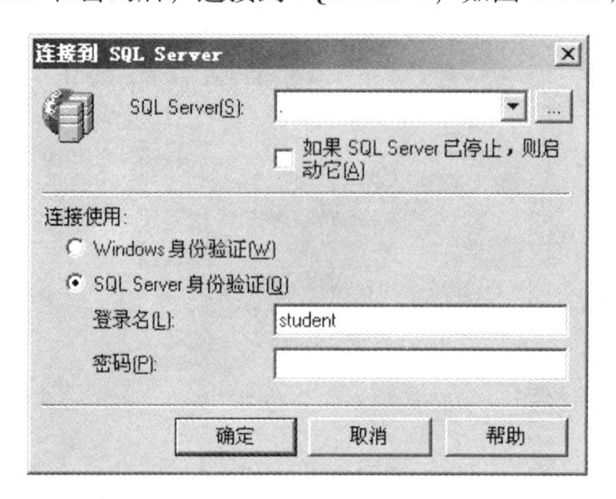

图 11.16　以用户“student”连接到 SQL Server

10）进入“SQL Server 查询分析器”界面中，在数据库组合框中选择 studb，在“SQL 查询分析器”界面命令窗口中输入“SELECT * FROM S”SQL 语句，单击“执行查询”按钮，即可查询 S 表的记录，如图 11.17 所示。

11）再在“SQL 查询分析器”界面命令窗口中输入“SELECT * FROM SC”SQL 语句，

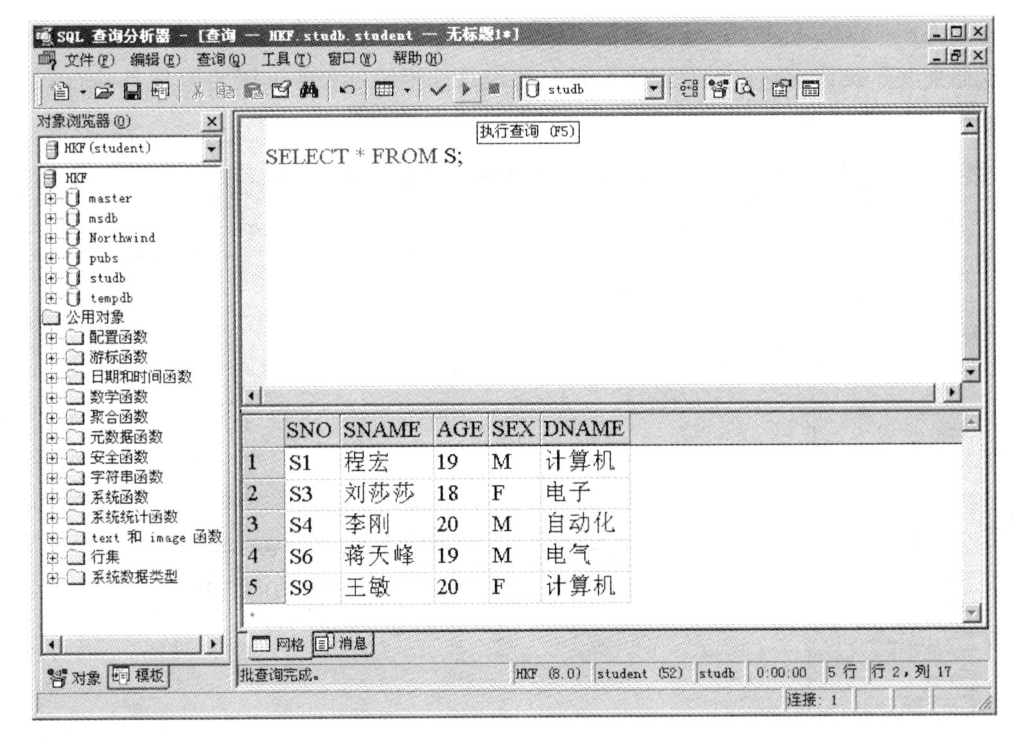

图 11.17　查询 S 表中的记录

单击“执行查询”按钮，则查询 SC 表中的记录被拒绝，因为用户 student 没有被授予该表的查询权限，将出现如图 11.18 所示的警告。

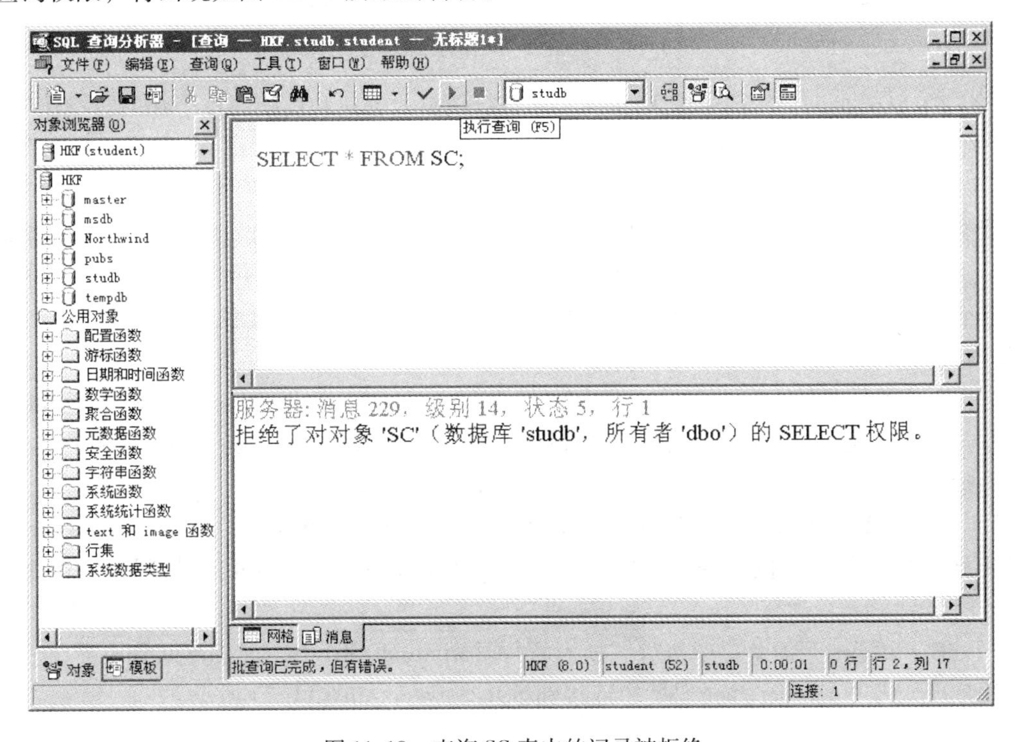

图 11.18　查询 SC 表中的记录被拒绝

12）再在“SQL 查询分析器”界面命令窗口中输入“DELETE FROM S”SQL 语句，单击“执行查询”按钮，则将出现删除 S 表中的记录被拒绝的警告，因为用户 student 没有被授予对 S 表的数据删除权限，如图 11.19 所示。

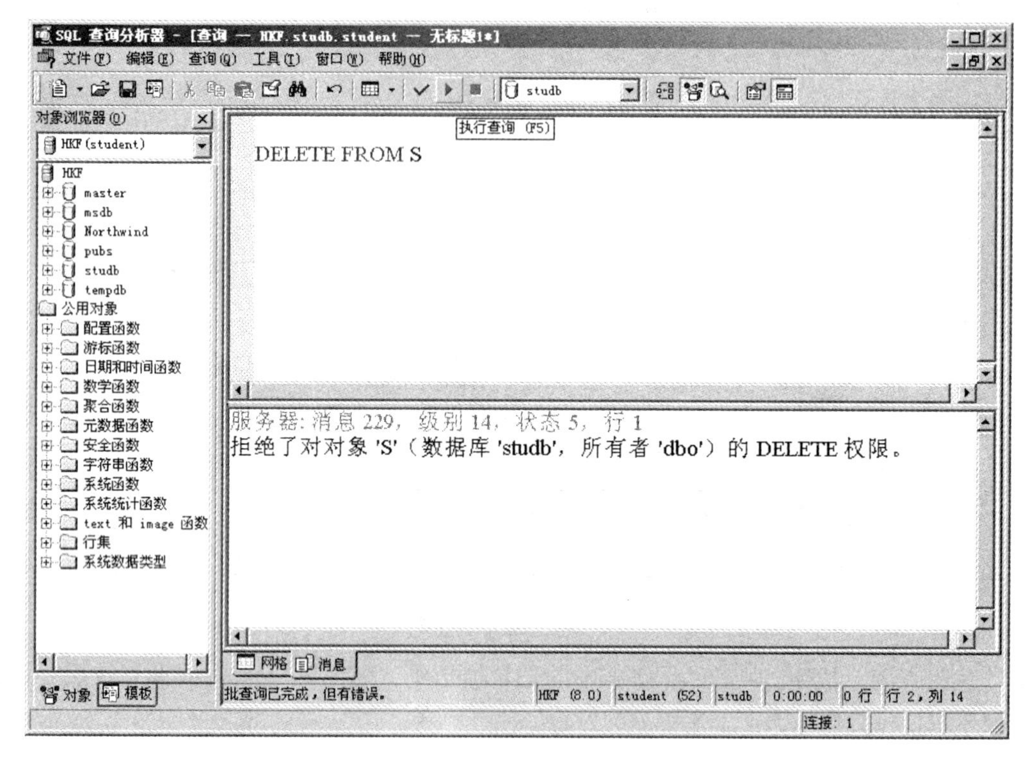

图 11.19　删除 S 表中的记录被拒绝

（2）在 SQL 查询分析器中输入 SQL 语句进行用户的创建和权限的授予和回收操作

1）在 Windows 开始菜单中执行“所有程序｜Microsoft SQL Server｜查询分析器”命令，输入 sa 用户登录名和密码后连接到 SQL Server，进入“SQL Server 查询分析器”界面，在数据库组合框中选择 studb，在“SQL 查询分析器”界面命令窗口中输入创建一个新的登录用户“sp_addlogin 'teacher', 'teacher', 'studb'”SQL 语句后，单击“执行查询”按钮，创建一个登录名为“teacher”，密码也为“teacher”的用户，登录后连接的数据库 studb，如图 11.20 所示。

2）在“SQL 查询分析器”界面命令窗口中输入“sp_grantdbaccess 'teacher'”SQL 语句后，单击“执行查询”按钮，使刚创建的登录用户 teacher 成为当前数据库用户，如图 11.21 所示。

3）在“SQL 查询分析器”界面命令窗口中输入“GRANT SELECT on SC to teacher”授权 SQL 语句后，单击“执行查询”按钮，给用户 teacher 授予查询 SC 的权限，如图 11.22 所示。

4）在 Windows 开始菜单中执行“所有程序｜Microsoft SQL Server｜查询分析器”命令，输入用户登录账号 teacher 和密码后，连接到 SQL Server，如图 11.23 所示。

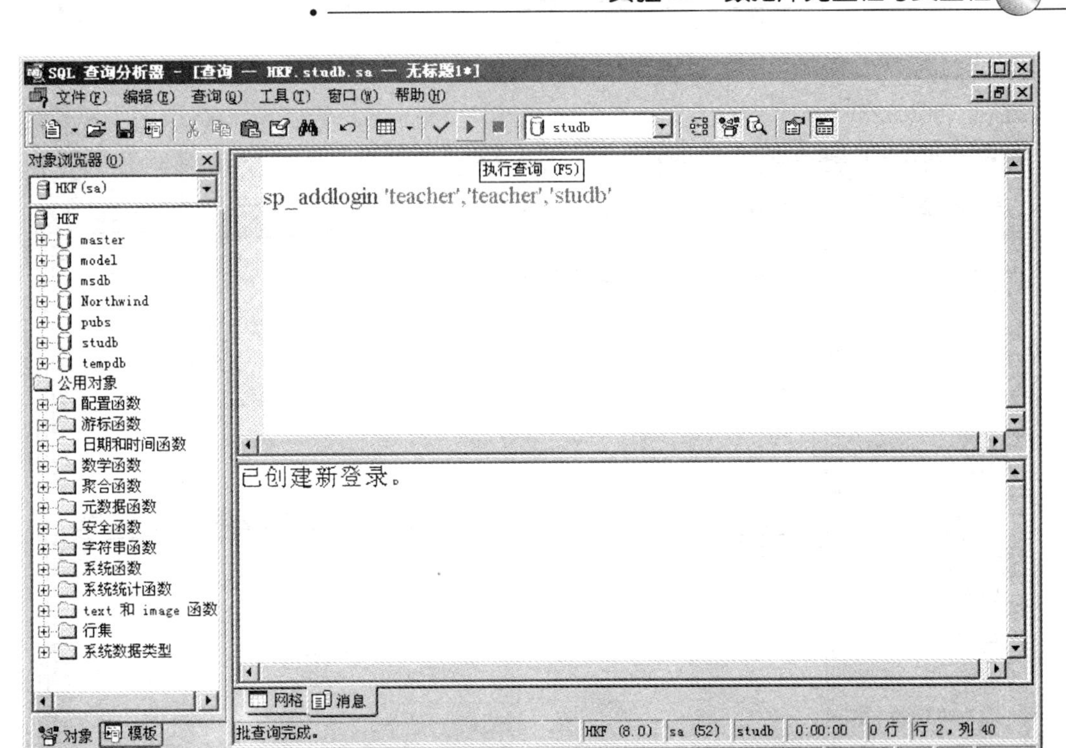

图 11.20　在 SQL 查询分析器中输入 SQL 语句创建一个新的登录用户

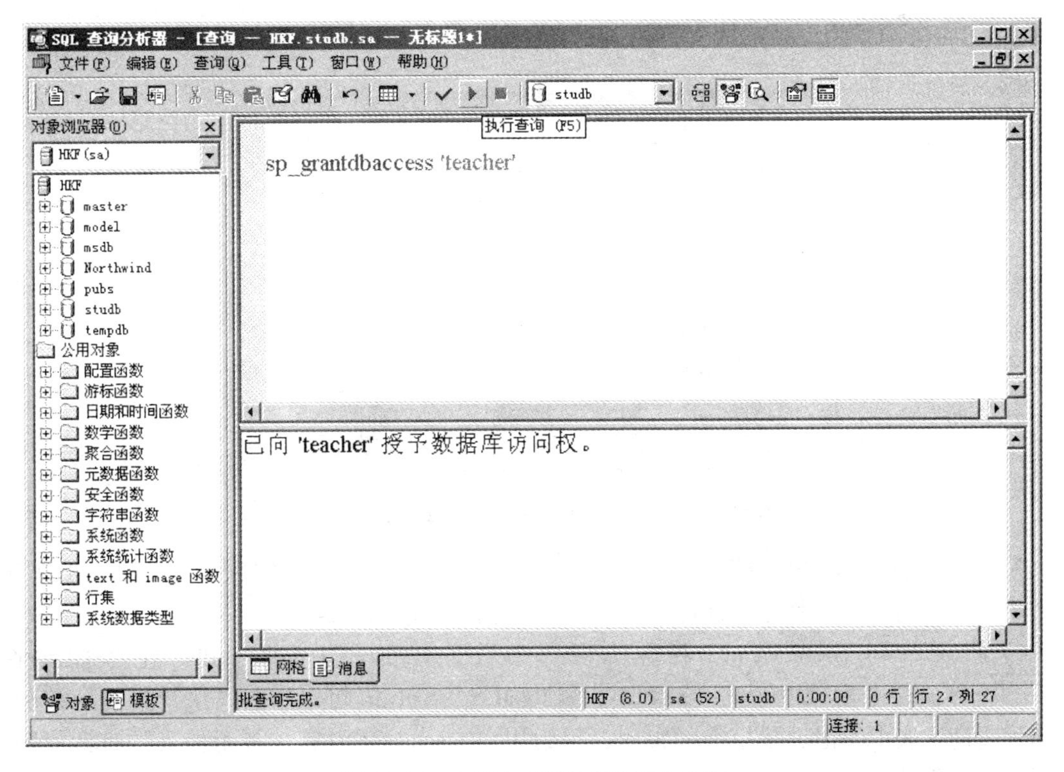

图 11.21　向用户授予数据库访问权限

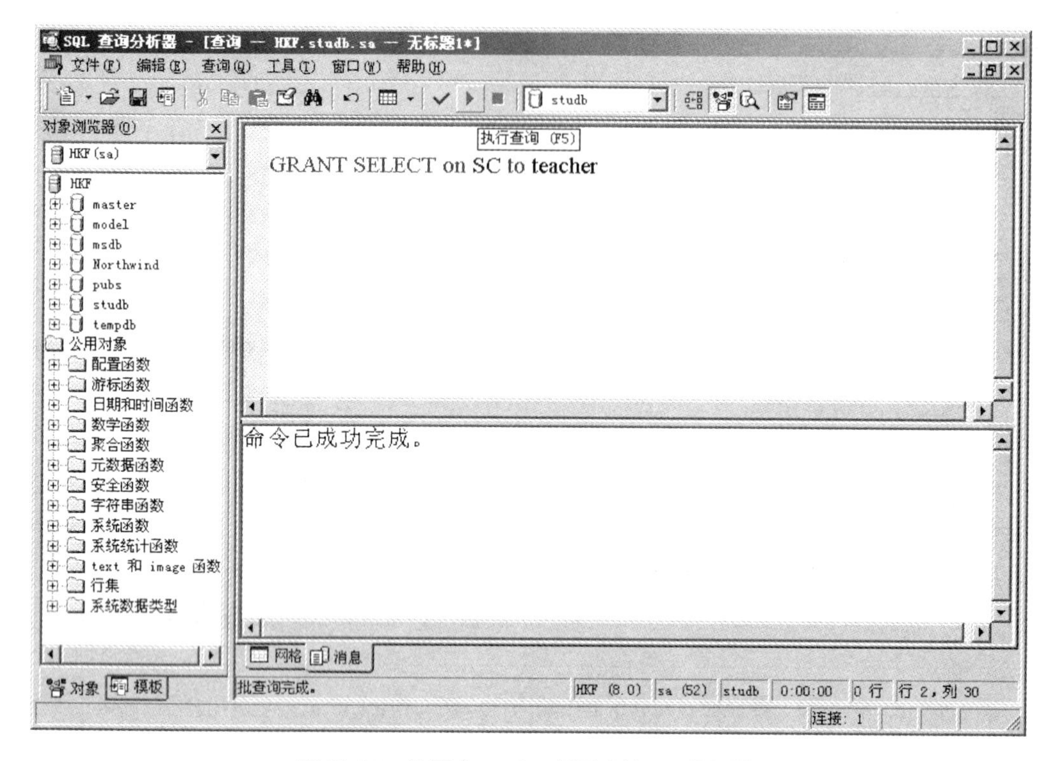

图 11.22 给用户 teacher 授予查询 SC 的权限

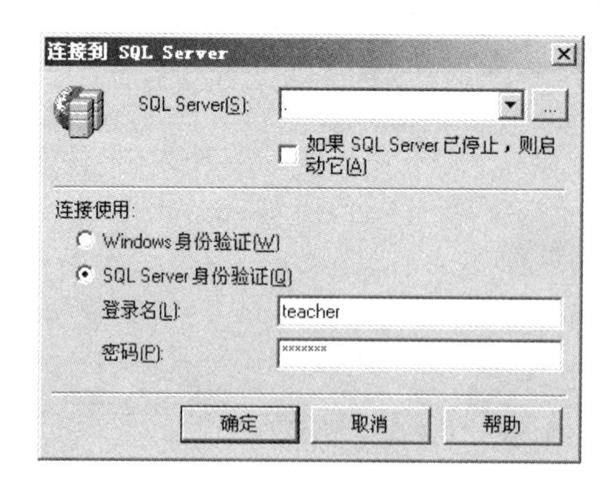

图 11.23 以用户“teacher”连接到 SQL Server

5）在“SQL 查询分析器”界面命令窗口中输入“SELECT * FROM SC”授权 SQL 语句后，单击“执行查询”按钮，即可查询 SC 表的记录，如图 11.24 所示。

6）进入“SQL Server 查询分析器”界面，在数据库组合框中选择 studb，在“SQL 查询分析器”界面命令窗口中输入“SELECT * FROM S”SQL 语句，单击“执行查询”按钮，则出现查询 S 表中的记录被拒绝的警告，因为用户 teacher 还没有被授予该表的查询权限，如图 11.25 所示。

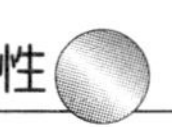

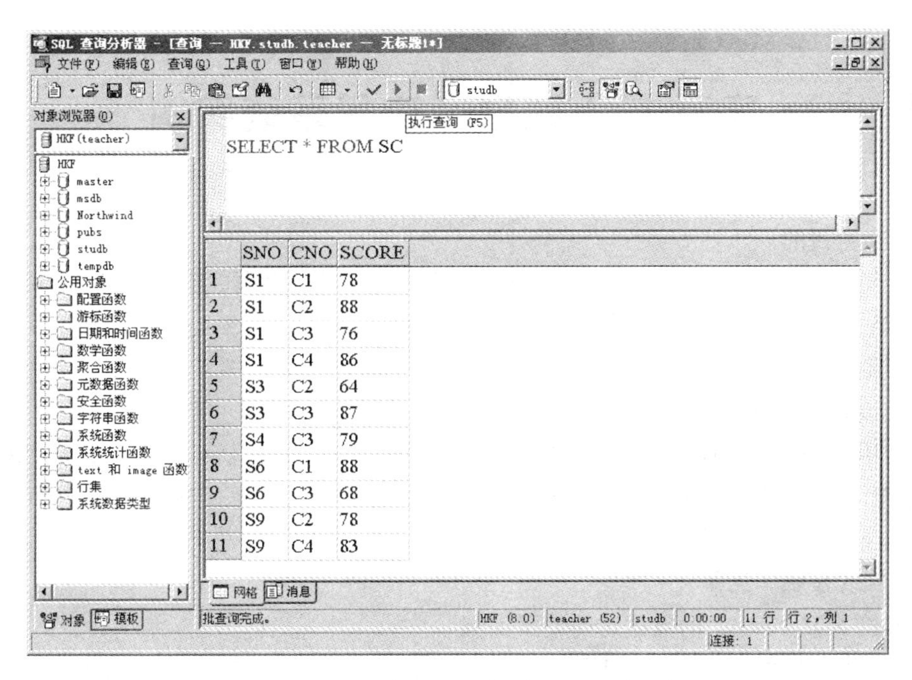

图 11.24　给用户 teacher 授予查询 SC 的权限

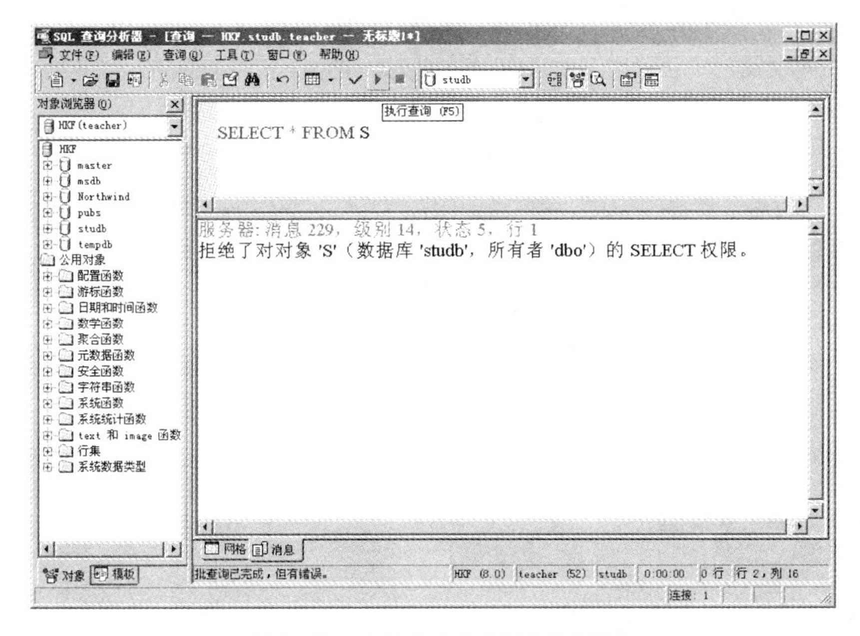

图 11.25　查询 S 表中的记录被拒绝

实验 12　数据库应用系统实例

一、实验目的

学会 ASP. NET 和 ADO. NET 数据库连接、数据操作程序编写，熟练使用 Microsoft Visual Studio 2005 开发平台开发学生学籍管理小型数据库应用系统。

二、实验内容和要求

1. 连接 SQL Server 的数据访问编程实例。

2. 利用 Microsoft Visual Studio 2005 开发平台开发一个学生学籍管理小型数据库应用系统，对前面实验所建立的 studb 学籍数据库中的数据通过应用系统界面进行更新和查询等操作。

三、实验步骤和结果

1. 连接 SQL Server 的数据访问编程实例

编写一个应用程序来连接数据库名为 studb 的 SQL Server 数据库，并根据连接结果输出一些信息。

（1）运行“开始｜Microsoft Visual Studio 2005｜ Microsoft Visual Studio 2005”，在出现的“选择默认环境设置”中选择“Visual C#开发设置”选项，单击下方的“启动 Visual Studio”命令按钮，进入“Microsoft Visual Studio”起始页。如图 12.1 所示。

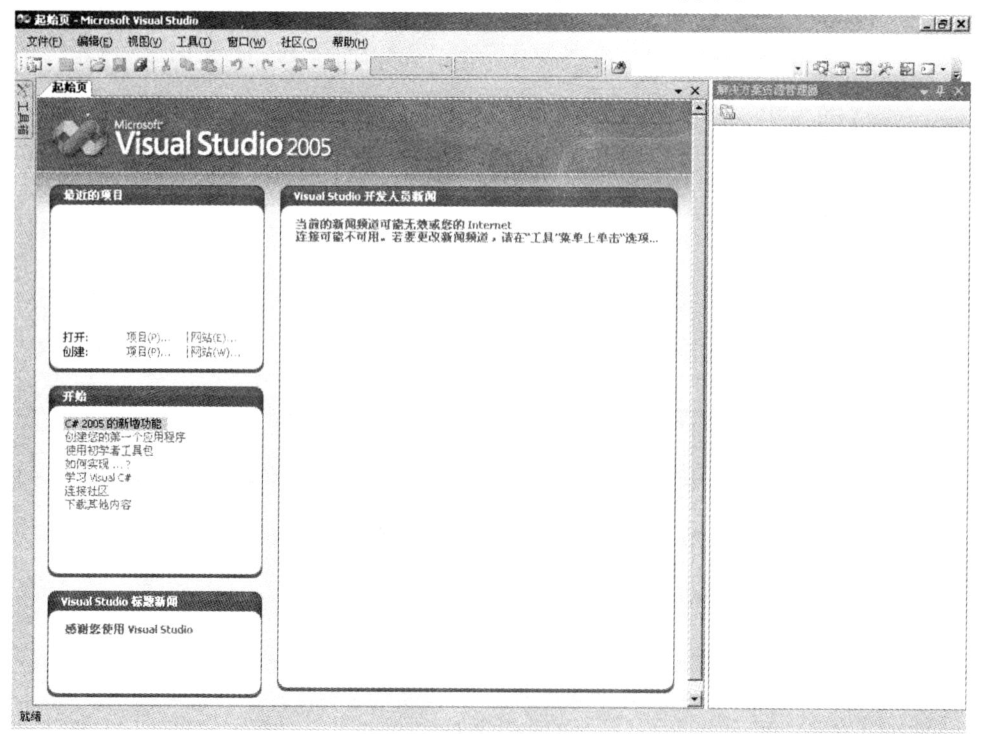

图 12.1　“Microsoft Visual Studio”起始页

(2) 从图 12.1 "Microsoft Visual Studio" 起始页的左上侧 "最近的项目" 列表中单击 "创建" 中的 "网站" 选项，进入 "新建网站" 对话框。在 "新建网站" 对话框中 "模板" 列表中点取 "ASP. NET 网站"，在 "位置" 后面的组合框中输入新建网站的路径名，例如为 inistrator \ My Documents \ Visual Studio 2005 \ sample_10. 1，如图 12. 2 所示。

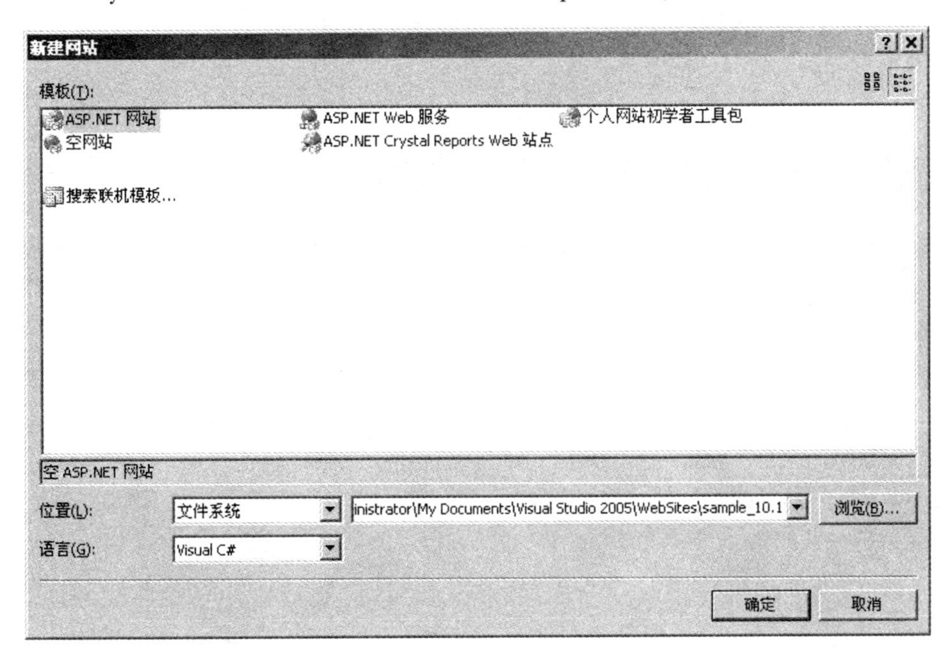

图 12.2　新建 ASP. NET 网站

(3) 再打开 Default. aspx 的设计页面，从工具箱中拖出一个 Label 控件和一个 Button 控件到设计界面，可以右击控件的快速菜单，从中选择 "样式" 菜单项，从出现 "样式生成器" 列表中选取 "位置" 选项，在 "位置模式" 组合框中选取 "绝对位置"，即可对控制的位置进行任意拖放，同时可对其他样式进行设置。在快速菜单中选择 "属性" 菜单项，在 "属性" 对话框中可以对控件属性进行设置，例如将 Button1 控件的 Text 属性修改为 "连接数据库"。如图 12. 3 所示。

(4) 双击空白页面切换到后台编码文件 Default. aspx. cs，添加如下命名空间：

```
using System. Data. SqlClient;
```

(5) 双击 Button 控件切换到后台编码文件 Default. aspx. cs，系统自动添加了与该按钮的 Click 事件相关处理程序 Button1_Click。在事件处理程序 Button1_Click 中添加如下代码：

```
try
  {
   SqlConnection coon = new SqlConnection ( );
   coon. ConnectionString = " server = localhost; uid = sa; pwd = sa; database = studb";
       //SQL Server 和 Windows 混合模式
   //coon. ConnectionString = " server = localhost; database = studb; Integrated Security =
   SSPI";
       //仅 Windows 身份验证模式
```

```
            coon. Open ( );
            Label1. Text = " 连接成功";
        }
    catch
        {
            Label1. Text = " 连接失败";
        }
```

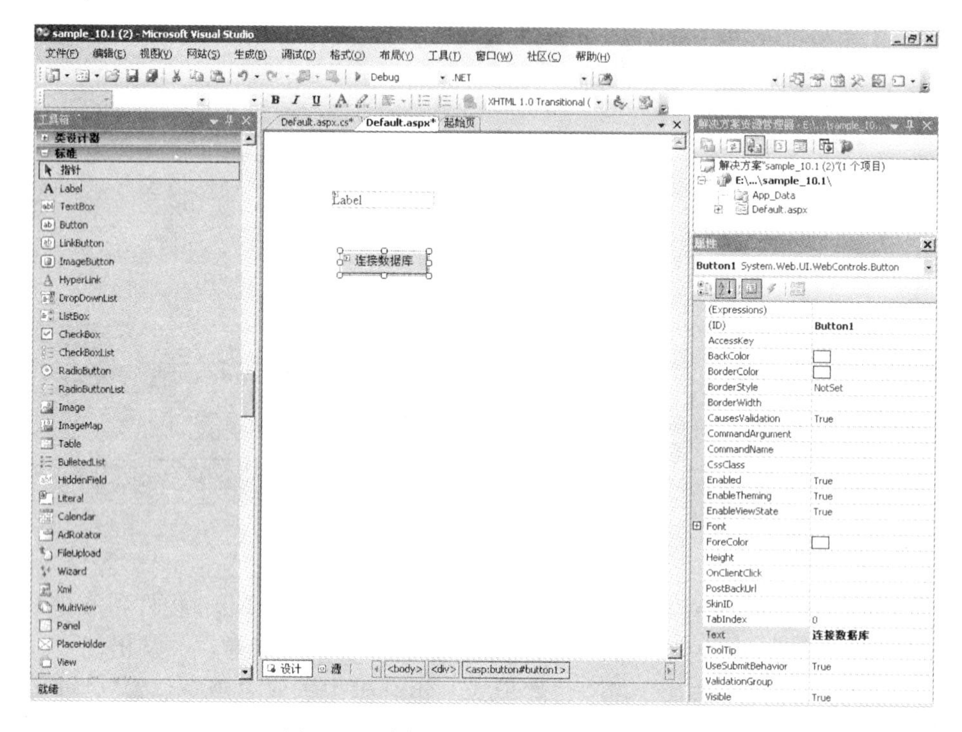

图 12.3　事例 sample_10.1 的设计界面

（6）按下 Ctrl + F5 组合键或单击“启动调试”按钮运行程序，在运行的页面中单击“连接数据库”命令按钮，如果连接成功，则显示 label 标签显示“连接成功”；如果连接不成功，则显示“连接失败”。运行结果如图 12.4 所示。

2. 读取和操作数据

编写一个程序获取 studb 数据库 S 表中学生的总人数。

（1）从图 12.1“Microsoft Visual Studio”起始页的左上侧“最近的项目”列表中单击“创建”中的“网站”选项，进入“新建网站”对话框。在“新建网站”对话框中“模板”列表中点取“ASP. NET 网站”，在“位置”后面的组合框中输入，新建网站的路径名，例如为 inistrator \ My Documents \ Visual Studio 2005 \ sample_10. 2，新建一个名为 sample_10. 2 的 ASP. NET 网站。

（2）打开 default. aspx 的设计页面，从工具箱中拖出两个 Label 和一个 Button 控件到设计界面，设置这些控件的 ID、Text 属性。如图 12.5 所示。

（3）双击空白页面切换到后台编码文件 Default. aspx. cs，添加如下命名空间：

图 12.4　事例 sample_10.1 运行结果

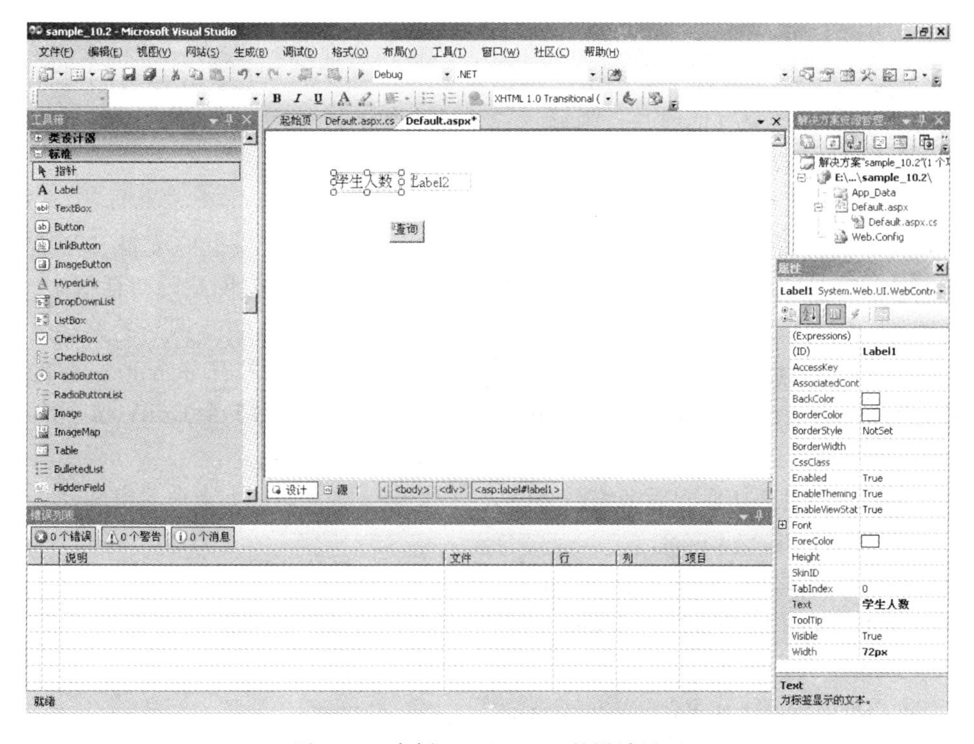

图 12.5　事例 sample_10.2 的设计界面

```
using System. Data. SqlClient;
```

（4）在事件处理程序 Button1_Click 中添加如下代码：

```
try
{
        string createdb = " use studb Select count( * ) From S;";
        string ConnectionString = " server = localhost; uid = sa; pwd = sa";
            //SQL Server 和 Windows 混合模式
            //string ConnectionString = " server = localhost; Integrated Security = SSPI";
            //仅 Windows 身份验证模式
              SqlConnection conn = new SqlConnection( ) ;
              conn. ConnectionString = ConnectionString;
              SqlCommand cmd = new SqlCommand （createdb, conn) ;
              conn. Open( ) ;
              string number = cmd. ExecuteScalar( ). ToString( ) ;
              conn. Close( ) ;
              Label2. Text = number;
        }
    catch
        {
              Label2. Text = " 查询失败";
        }
```

（5）按下 Ctrl + F5 组合键或单击“启动调试”按钮运行程序，在运行的页面中单击“查询”命令按钮，如果查询成功，则显示“学生人数 5”；如果连接不成功，显示“学生人数　查询失败”。查询成功的运行结果如图 12. 6 所示。

3. 使用数据集在数据库 studb 的 S 表中插入一条新记录

（1）从图 12. 1 “Microsoft Visual Studio” 起始页的左上侧 “最近的项目” 列表中单击“创建”中的“网站”选项，进入“新建网站”对话框。在“新建网站”对话框中“模板”列表中点取“ASP. NET 网站”，在“位置”后面的组合框中输入新建网站的路径名，例如为 sample_10. 3，新建一个名为 sample_10. 3 的 ASP. NET 网站。打开 default. aspx 的设计页面，从工具箱中拖出 5 个 Label、5 个 TextBox、1 个 Button 控件和 1 个 GridView 控件到设计界面，设置这些控件的 ID、Text 属性。如图 12. 7 所示。

（2）双击空白页面切换到后台编码文件 Default. aspx. cs，添加如下命名空间：

```
using System. Data. SqlClient;
```

（3）在事件处理程序 Button1_Click （）中添加如下代码：

```
string SQL = "use studb select * from S";
string myStr = "server = localhost; database = studb; uid = sa; pwd = sa";
        //SQL Server 和 Windows 混合模式
      //string myStr = "server = localhost; Integrated Security = SSPI";
        //仅 Windows 身份验证模式
```

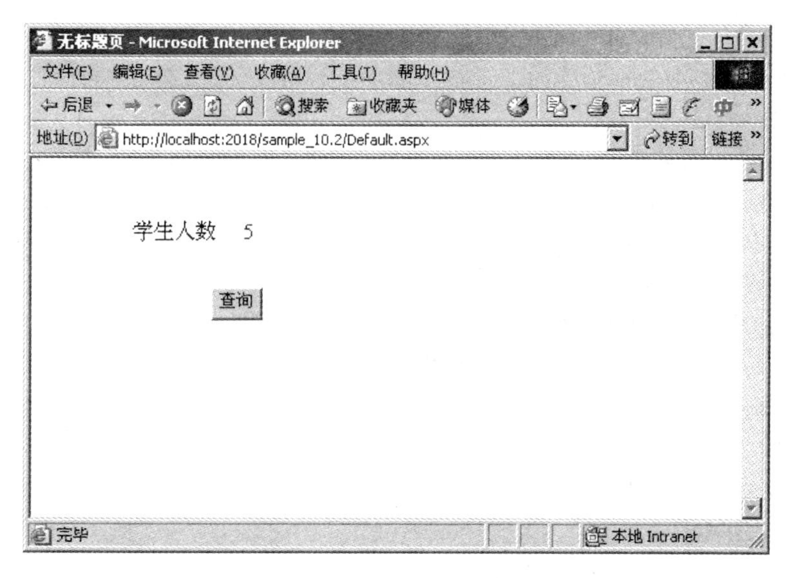

图 12.6　事例 sample_10.2 运行结果

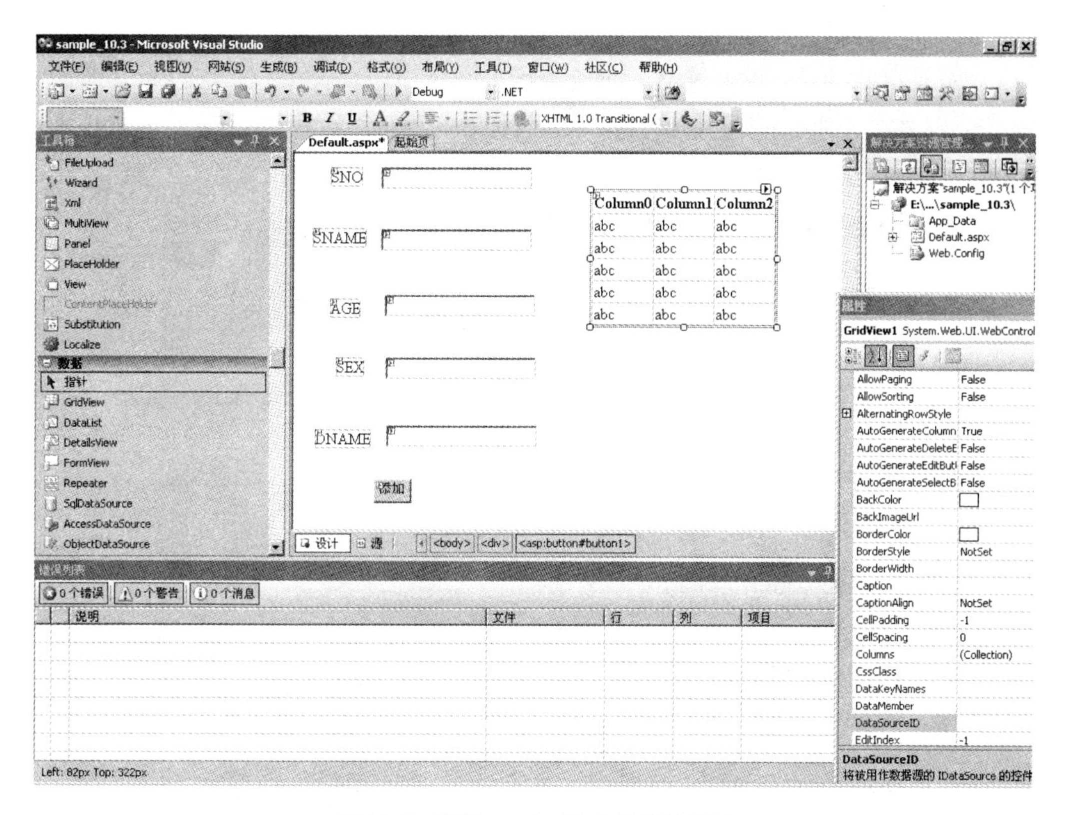

图 12.7　事例 sample_10.3 的设计界面

```
SqlConnection myConnection = new SqlConnection (myStr);
myConnection.Open();
SqlDataAdapter mySqlDA = new SqlDataAdapter (SQL, myConnection);
SqlCommandBuilder mySqlCB = new SqlCommandBuilder (mySqlDA);
```

```
DataSet myDS = new DataSet( ) ;
DataTable STable;
DataRow SRow;
mySqlDA. Fill (myDS) ;
STable = myDS. Tables [0] ;
SRow = STable. NewRow( ) ;
SRow[ "SNO" ] = TextBox1. Text;
SRow[ "SNAME" ] = TextBox2. Text;
SRow[ "AGE" ] = Convert. ToInt16 (TextBox3. Text) ;
SRow[ "SEX" ] = TextBox4. Text;
SRow[ " DNAME" ] = TextBox5. Text;
STable. Rows. Add (SRow) ;
mySqlDA. Update (myDS) ;
GridView1. DataSource = myDS. Tables [0]. DefaultView;
GridView1. DataBind( ) ;
myConnection. Close( ) ;
```

(4) 按下 Ctrl + F5 组合键或单击“启动调试”按钮运行程序，在运行的页面中单击“添加”命令按钮，则将插入的新记录添加到数据表 S 中，并在右侧的 GridView1 控件中显示表 S 信息。运行结果如图 12. 8 所示。

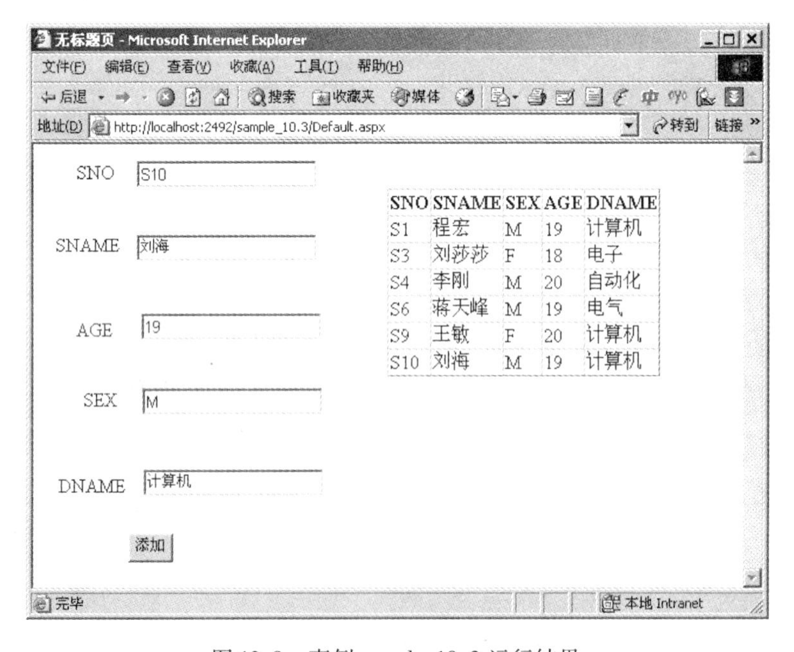

图 12. 8 事例 sample_10. 3 运行结果

4. ADO 数据控件的使用

(1) 利用 DropDownList 和 GridView 数据控件绑定数据源来组合显示 studb 数据库 SC 表中给定学生学号的课程和成绩。

1）从图 12.1 “Microsoft Visual Studio” 起始页的左上侧 “最近的项目” 列表中单击 “创建” 中的 “网站” 选项，进入 “新建网站” 对话框。在 “新建网站” 对话框中 “模板” 列表中点取 “ASP. NET 网站”，在 “位置” 后面的组合框中输入新建网站的路径名，例如为 sample（数据绑定控件），新建一个名为 sample（数据绑定控件）的 ASP. NET 网站。打开 Default. aspx 的设计页面从工具箱中 “数据” 选项拖出 1 个 SqlDataSource 控件到设计界面，如图 12.9 所示。

图 12.9　在 sample（数据绑定控件）主界面中放置 SqlDataSource 控件

2）配置 DropDownList 控件连接的数据源 SqlDataSource1

① 单击图 12.9 中的 SqlDataSource1 控件的任务框中的 “配置数据源” 超链接。从出现的图 12.10 所示的 “配置数据源” 对话框中单击 “新建连接” 命令按钮，弹出 “选择数据源” 对话框，如图 12.11 所示，从列表中选择 “Microsoft SQL Server”，单击 “继续” 按钮，出现 “添加连接” 对话框，如图 12.12 所示。

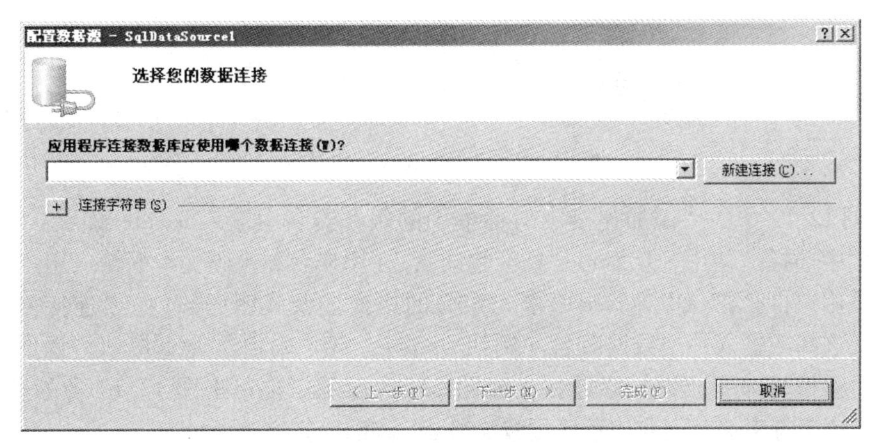

图 12.10　“配置数据源” 对话框

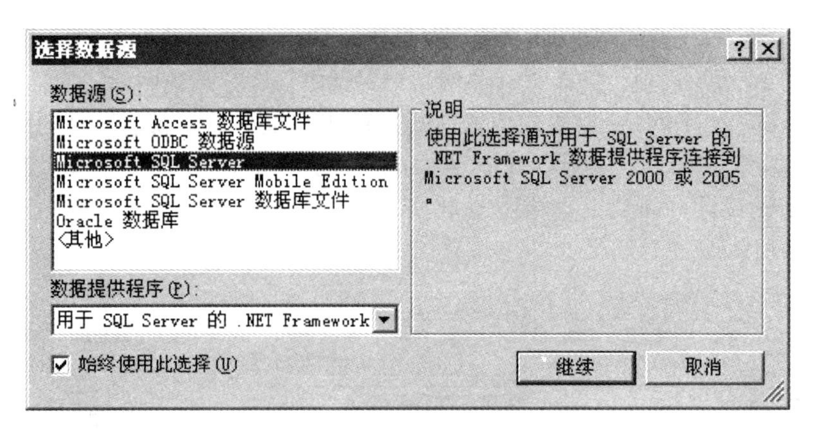

图 12.11　“选择数据源”对话框

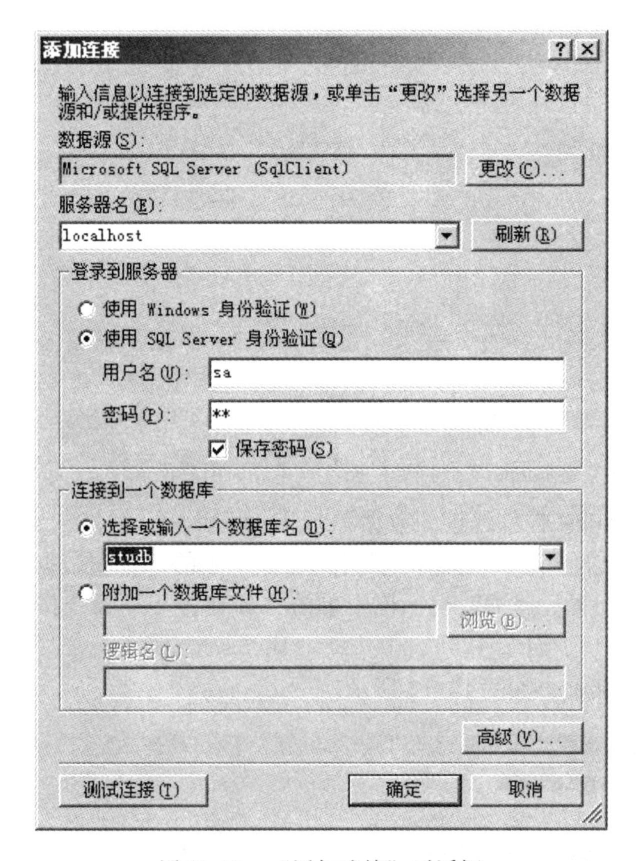

图 12.12　“添加连接”对话框

② 在图 12.12 中的“添加连接”对话框中的服务器名中输入 localhost，在“登录到服务器”选项中选择“使用 SQL Server 身份验证”，在用户名和密码文本框输入用户 sa 及其密码（或者是用户自己在 SQL Server 中事先定义的用户名及其密码），在“连接到一个数据库”选项中选择或输入一个数据库名（例如 studb），点“确定”命令按钮，返回到“配置数据源”对话框，即完成数据库连接，如图 12.13 所示。再单击图 12.13 中的“下一步”按钮，将连接字符串保存到应用程序配置文件中，如图 12.14 所示。

图 12.13 已完成数据库连接的“配置数据源”对话框

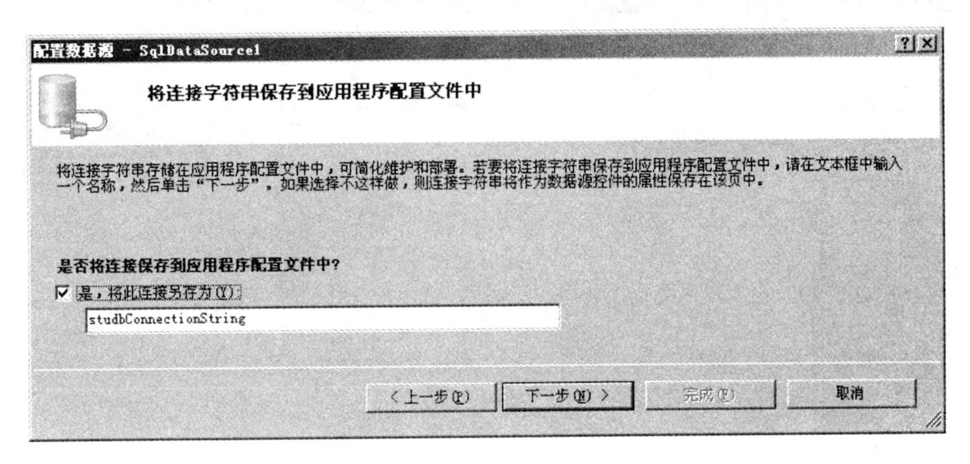

图 12.14 将连接字符串保存到应用程序配置文件中

③ 单击图 12.14 中的“下一步”按钮，进入“配置 Select 语句”对话框，如图 12.15 所示。

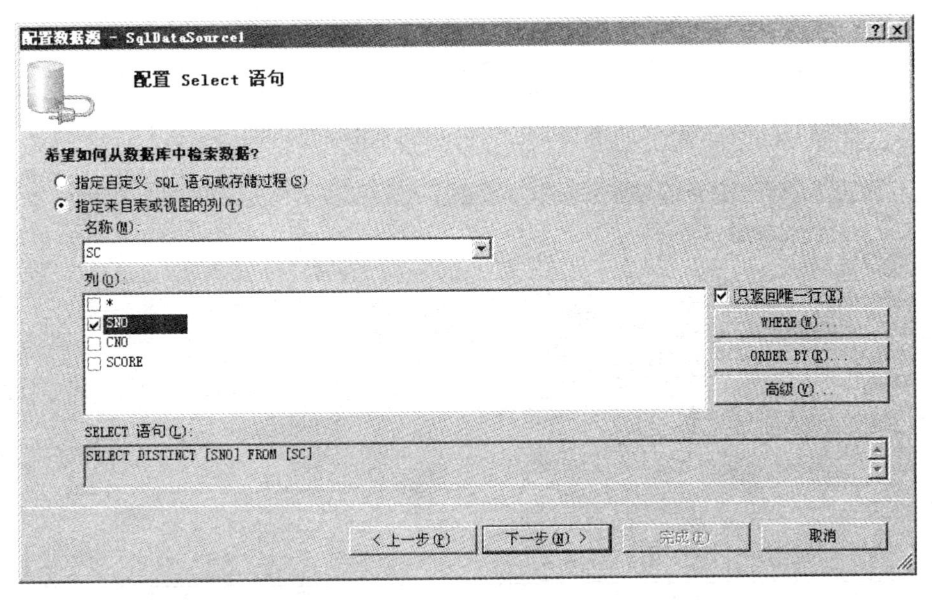

图 12.15 数据源 SqlDataSource1 的“配置 Select 语句”对话框

从中选择“指定来自表或视图的列”单选按钮，从表“名称”组合框中选择表 SC，从“列”列表框中选择要在 DropDownList 控件显示的字段 SNO。单击“下一步”按钮，再单击“完成”按钮，完成 SqlDataSource1 配置，返回到图 12.9 所示的 sample（数据绑定控件）主界面。

④ 在图 12.9 所示的 sample（数据绑定控件）主界面中，从“工具箱”的标准选项中拖出 1 个 DropDownList 控件到设计界面，如图 12.16 所示。单击图 12.16 中的 DropDownList 控件的任务框中的“选择数据源”超链接，从弹出的图 12.17 所示“选择数据源”对话框中的“选择数据源”组合框中选择 SqlDataSource1，在 DropDownList 中显示和返回值的数据字段的组合框中选择 SNO。

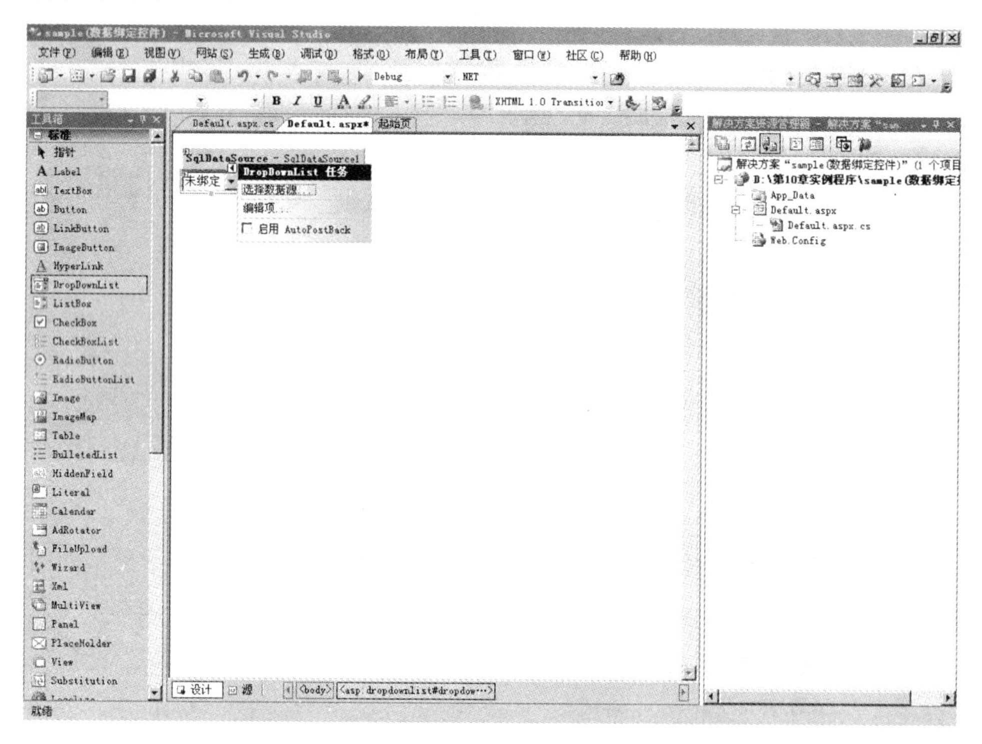

图 12.16　在 sample（数据绑定控件）主界面中放置 DropDownList 控件

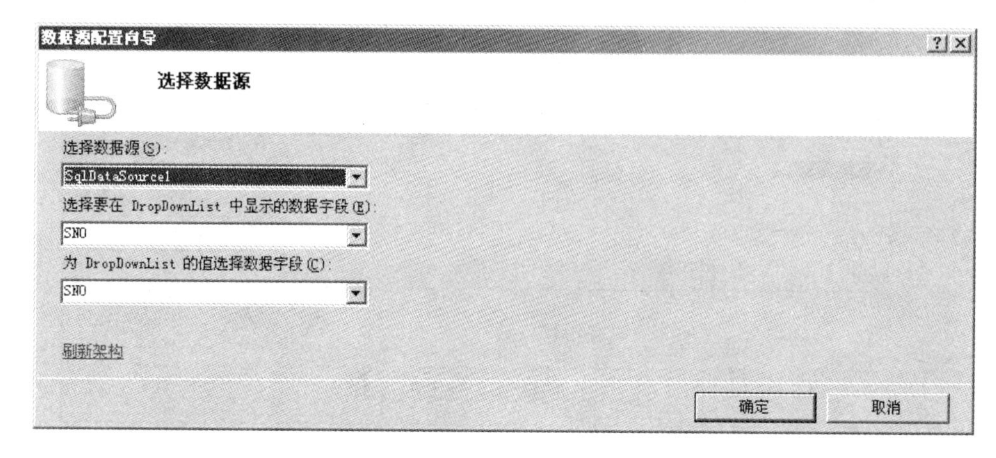

图 12.17　“选择数据源”对话框

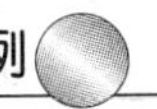

3）配置 GridView 控件连接的数据源 SqlDataSource2

① 与步骤 2）一样设置与 GridView 控件连接的数据源 SqlDataSource2。在“配置 Select 语句”对话框中，选择“指定来自表或视图的列”单选按钮，从表“名称”组合框中选择表 SC，从“列”列表框中选择要在 DropDownList 控件显示的字段 SNO、CNO、SCORE。如图 12.18 所示。

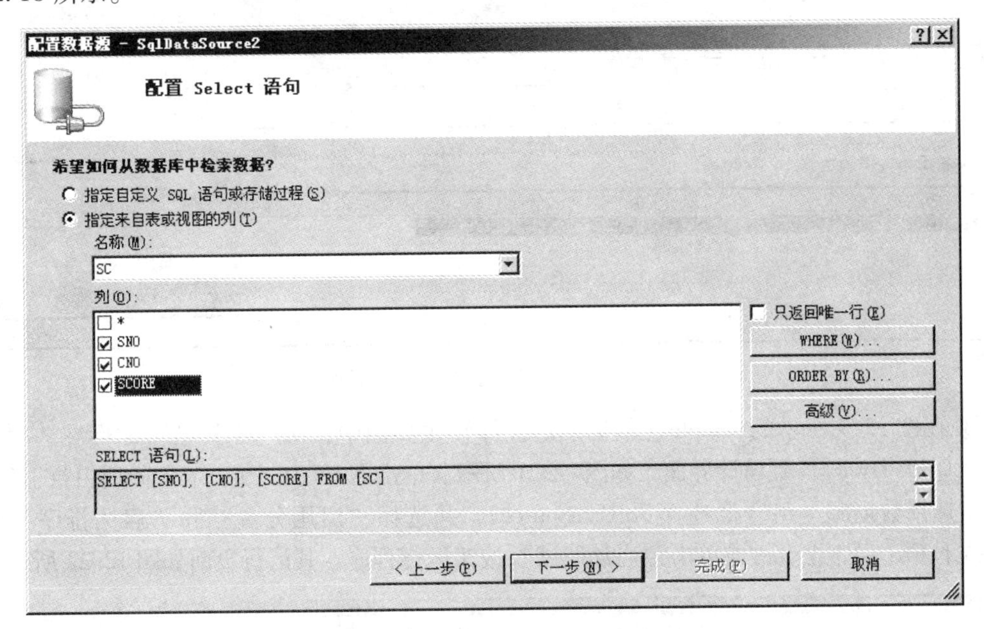

图 12.18　数据源 SqlDataSource2 的配置 Select 语句

② 单击图 12.18 中的“WHERE”命令按钮，在弹出的图 12.19 所示“添加 WHERE 子句”对话框中的“列”组合框中选择 SNO，“源”组合框中选择 Control，在“参数属性”中的“控件 ID”组合框中选择 DropDownList1 控件，单击“添加”命令按钮完成 WHERE 子句添加，如图 12.20 所示。

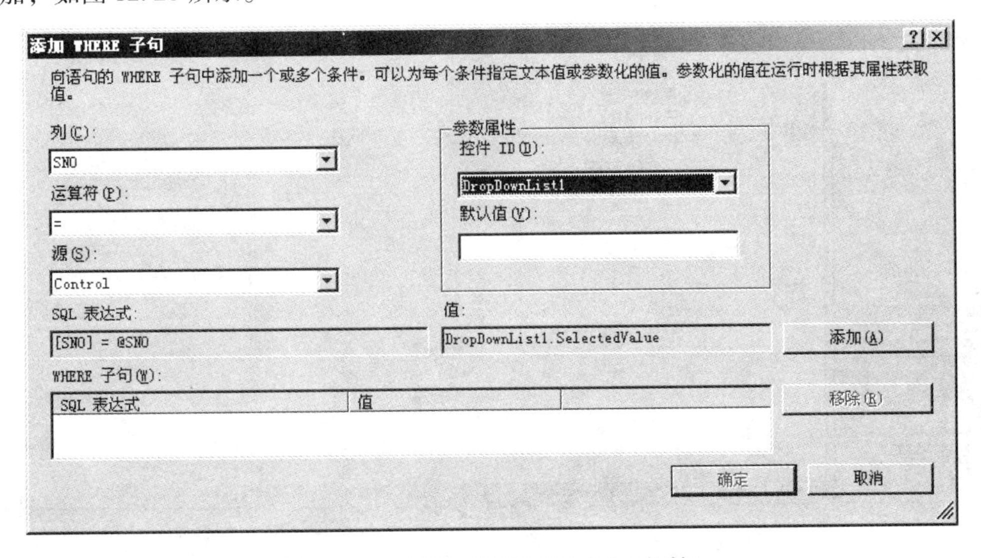

图 12.19　“添加 WHERE 子句”对话框

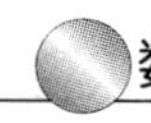

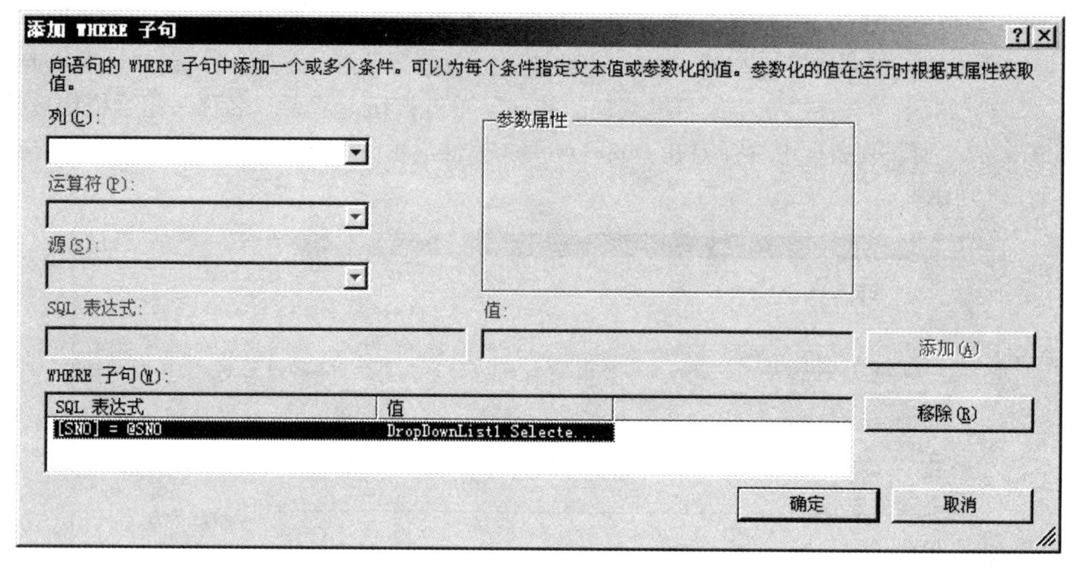

图 12.20　完成 WHERE 子句添加

③ 在图 12.9 所示的 sample（数据绑定控件）主界面中，从“工具箱”的标准选项中拖出 1 个 GridView 控件到设计界面，如图 12.21 所示。单击图 12.21 中的 GridView 控件的任务框中的“选择数据源”组合框选择 SqlDataSource2，并选择“启用分页”和“启用排序”复选框。按下 Ctrl + F5 组合键或单击“启动调试”按钮运行程序，其运行页面如图 12.22 所示。

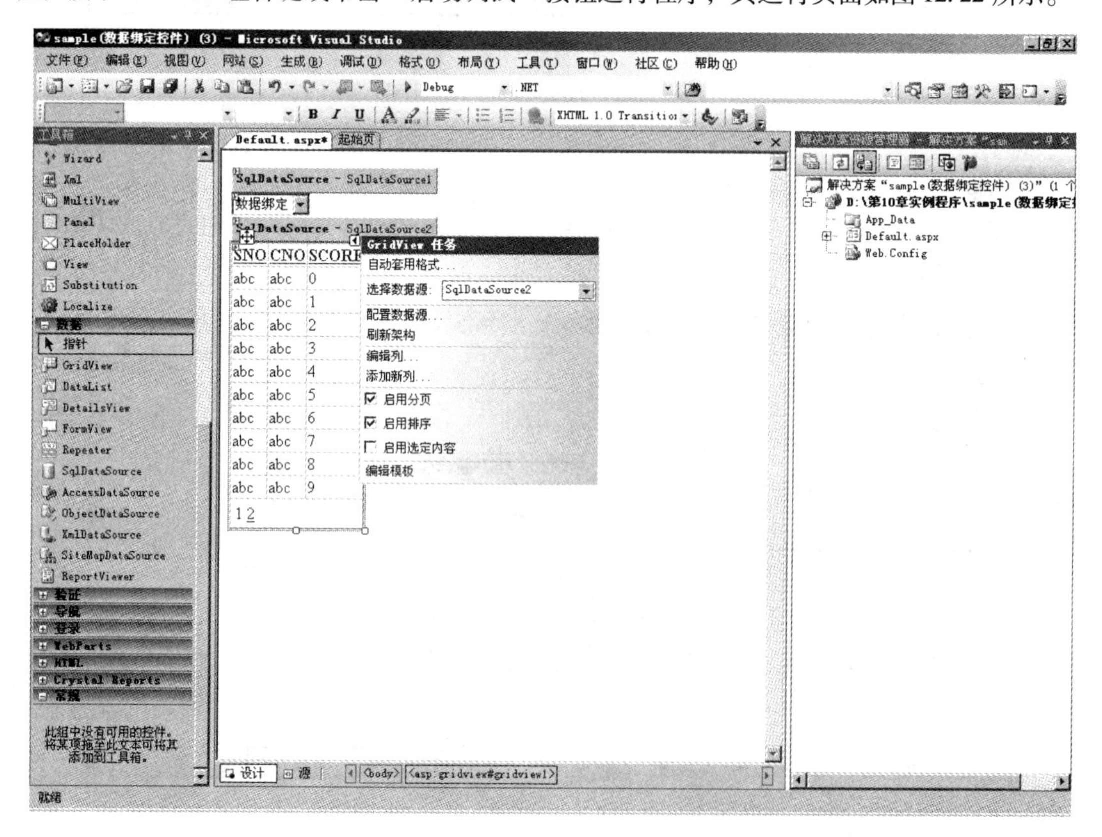

图 12.21　在 sample（数据绑定控件）主界面放置 GridView 控件

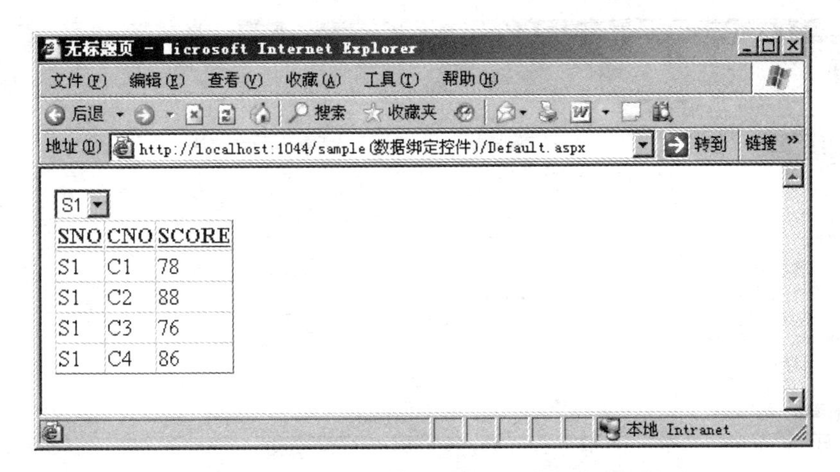

图 12.22　事例 sample（数据绑定控件）运行结果

（2）利用 GridView 数据控件绑定数据源来进行 studb 数据库 SC 表中学生成绩的修改和删除。

1）在 sample（数据绑定控件）的网站，添加一个添加新项 Default2. aspx。从“解决方案资源管理器”视图选中“sample（数据绑定控件）”，点鼠标右键，从快捷菜单中单击“添加新项”，如图 12.23 所示。

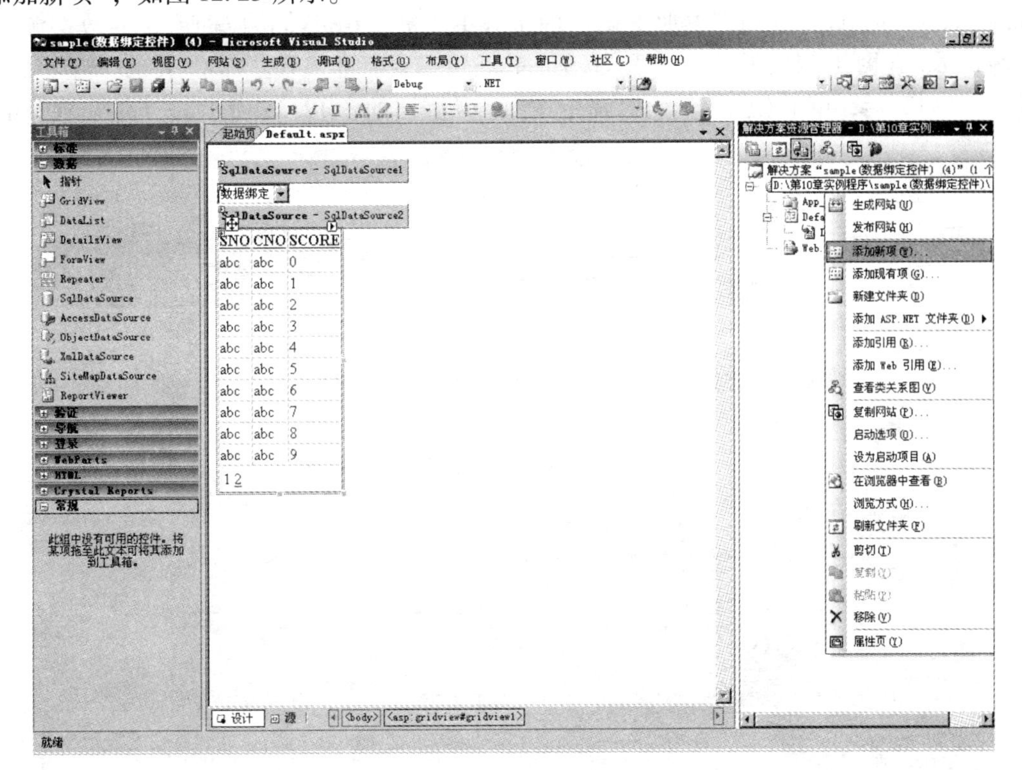

图 12.23　添加新网页

2）从弹出的图 12.24 所示的“添加新项”对话框中的模板中选择“Web 窗体”Default2. aspx。

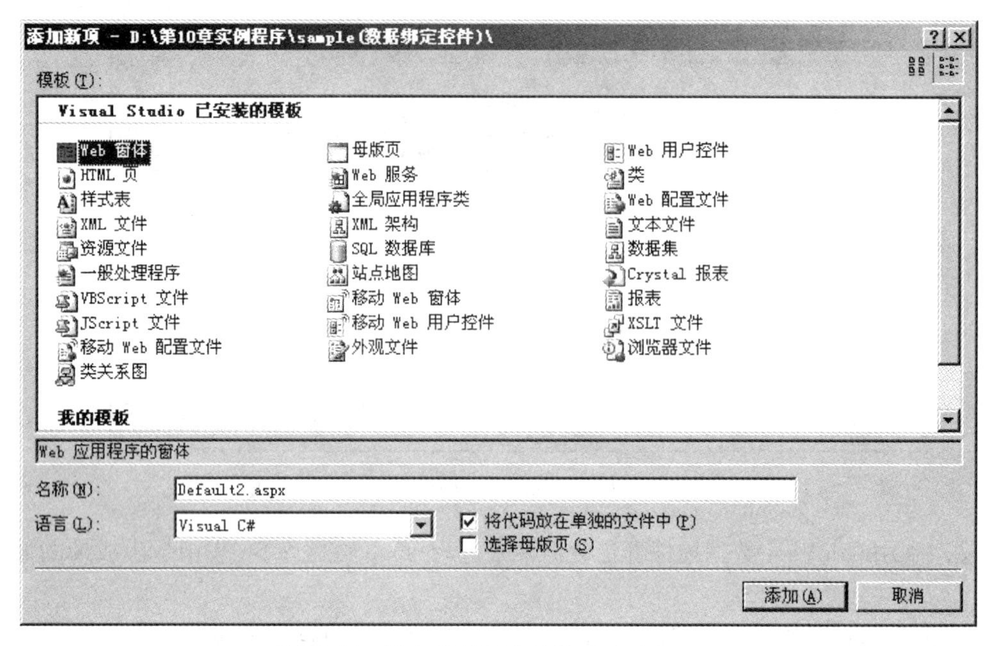

图 12.24　添加新的 Web 窗体 Default2.aspx

3）在打开 Default2.aspx 的设计页面中，从“工具箱”中“数据”选项拖出 1 个 SqlDataSource 控件到设计界面，参照上例中的步骤 1）配置 GridView 控件连接的数据源 SqlDataSource，在图 12.15 所示的“配置 Select 语句”对话框中选中 SC 表的 SNO、CNO、SCORE“列”后，单击右侧“高级”命令按钮，从弹出的图 12.25 所示的“高级 SQL 生成

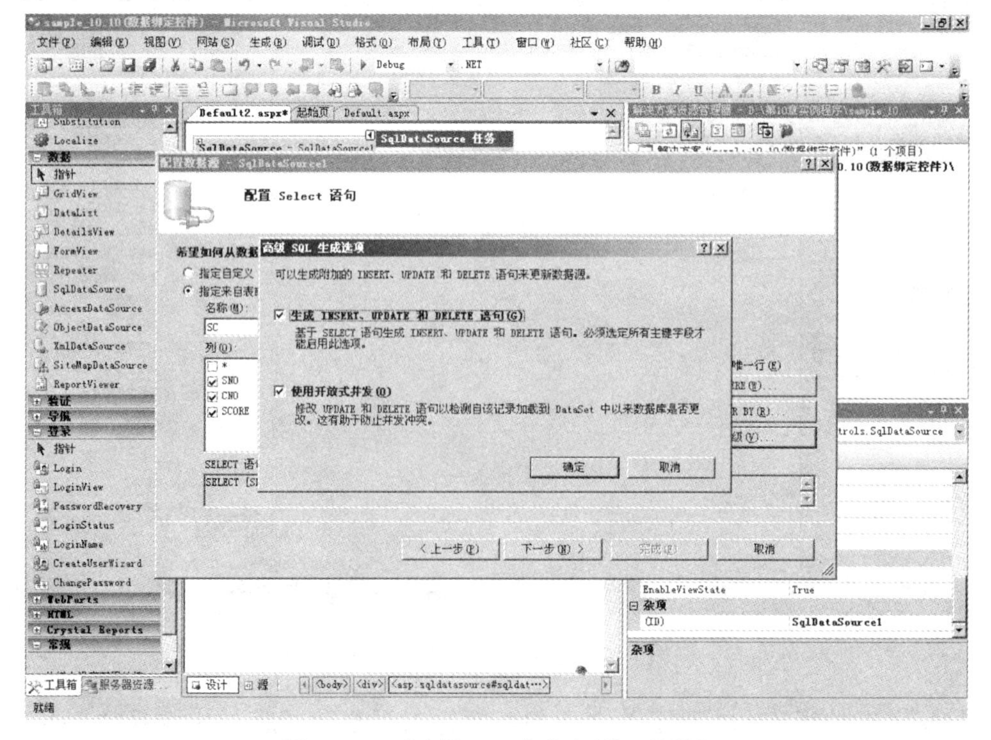

图 12.25　“高级 SQL 生成选项”对话框

选项”对话框中选中“生成 INSERT、UPDATE 和 DELETE 语句”和“使用开放式并发”复选框。单击“下一步”按钮，再单击“完成”按钮，即完成数据更新的 SqlDataSource1 配置，返回到图 12.9 所示的 sample（数据绑定控件）主界面。

4）从“工具箱”标准选项中拖出 1 个 GridView 控件到设计界面，如图 12.26 所示。单击图 12.26 中的 GridView 控件的任务框中的“选择数据源”组合框选择 SqlDataSource1，并选择“启用分页”、“启用编辑”和“启用删除”复选框。

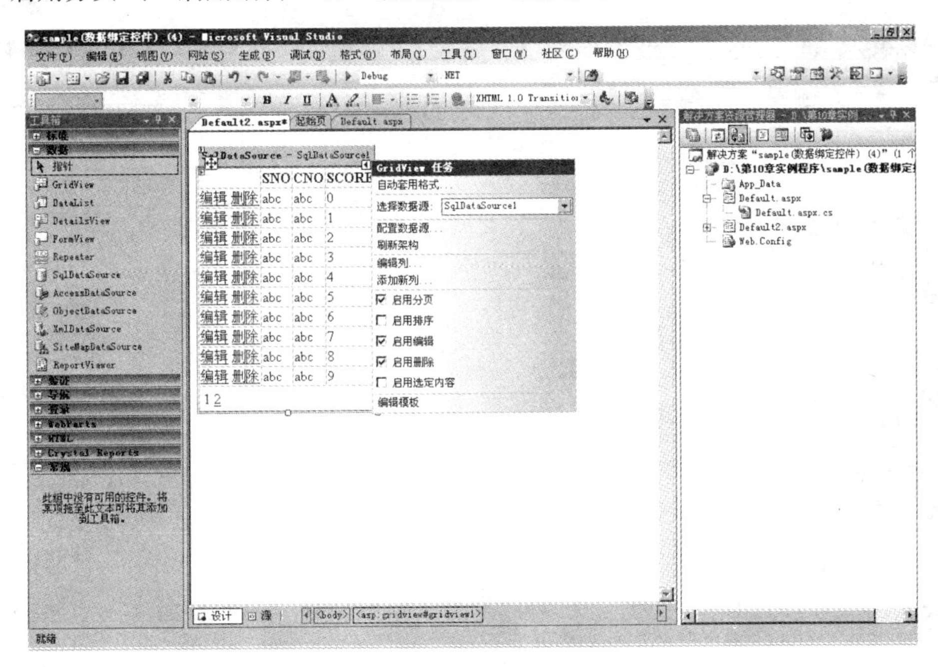

图 12.26　在主界面设置 GridView 控件

5）在 GridView 任务窗口中单击编辑列，弹出如图 12.27 所示的“字段”对话框，从

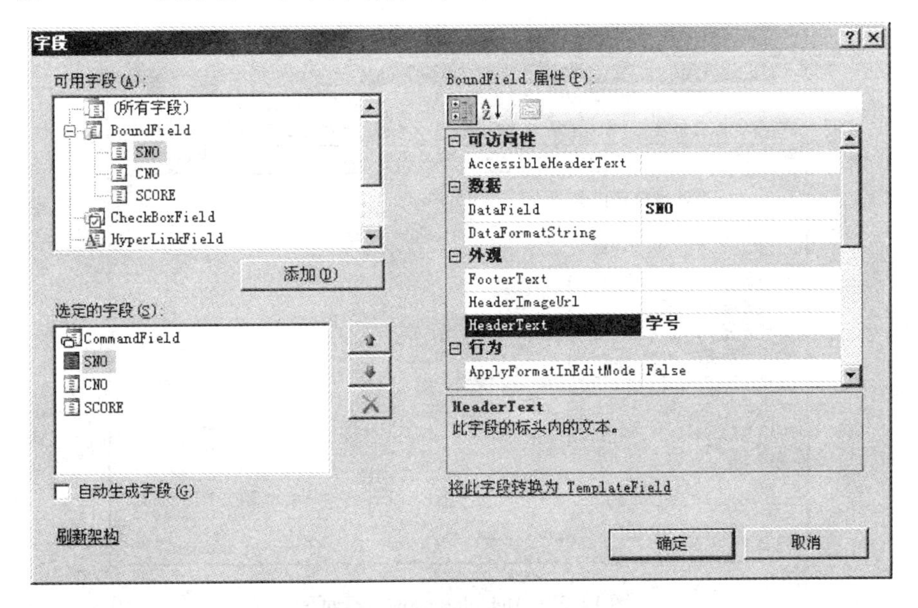

图 12.27　“字段”对话框

“字段”对话框的“选定的字段”列表中选中相应字段，在右侧的“BoundField 属性”框中设置 HeaderText 的属性为要设置的中文。

6）从“解决方案资源管理器”视图选中“sample（数据绑定控件）”的窗体 Default2. aspx，右击鼠标，从快捷菜单中单击“设为起始页”，如图 12. 28 所示。

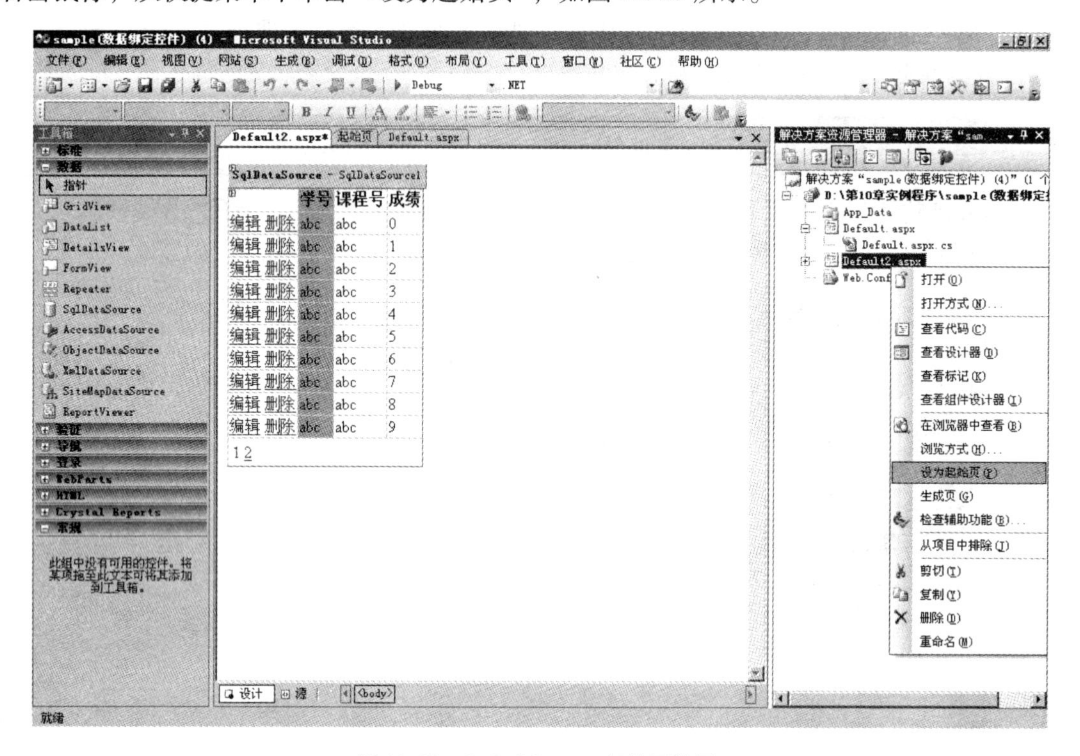

图 12. 28　Default2. aspx 起始页设置

7）按下 Ctrl + F5 组合键或单击“启动调试”按钮运行程序，其运行页面如图 12. 29 所示。数据修改和更新后的页面分别如图 12. 30 和图 12. 31 所示。

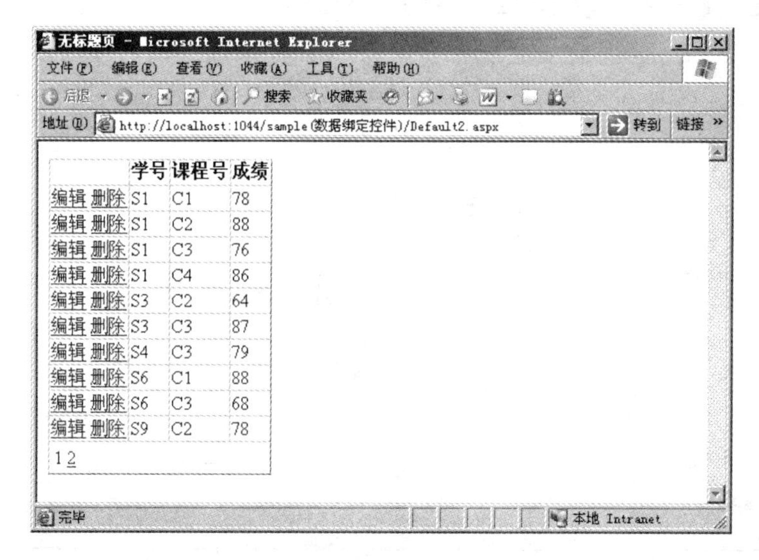

图 12. 29　Default2. aspx 运行页面

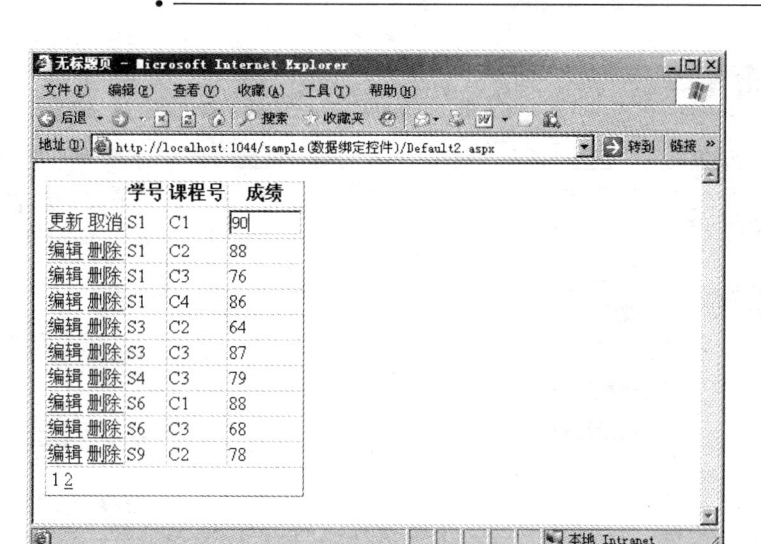

图 12.30　GridView 中数据修改页面

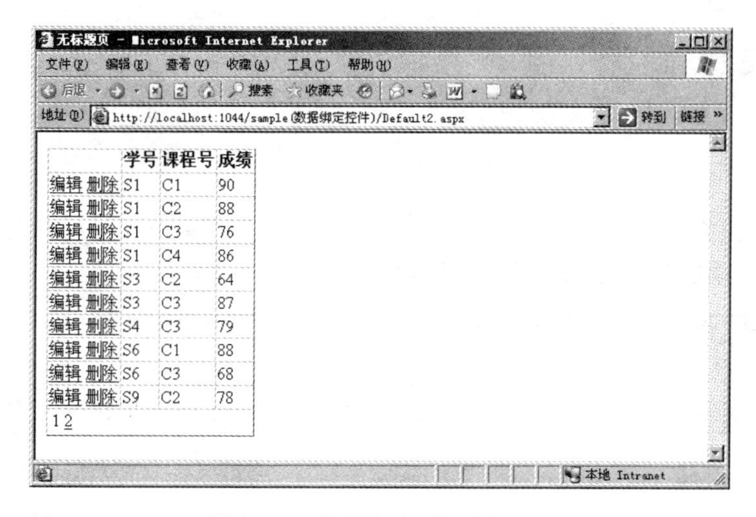

图 12.31　数据修改更新后的页面

5. 开发学生学籍管理应用系统

（1）系统主界面设计

1）从图 12.9“Microsoft Visual Studio”起始页左上侧的“最近的项目”列表中单击“创建”中的“网站”选项，进行“新建网站”对话框。在“新建网站”对话框中“模板”列表中点取“ASP. NET 网站”，在“位置”后面的组合框中输入新建网站的路径名，例如为 sample（应用系统实例），新建一个名为 sample（应用系统实例）的 ASP. NET 网站。打开 Default1. aspx 的设计页面从工具箱中拖出 1 个 Label、6 个 Button 控件到设计界面，如图 12.32 所示。

2）设置这些控件的 ID、Text 属性。

3）双击空白页面切换到后台编码文件 Default1. aspx. cs，添加如下命名空间：

```
using System. Data. SqlClient;
```

（2）“学生信息录入”界面设计

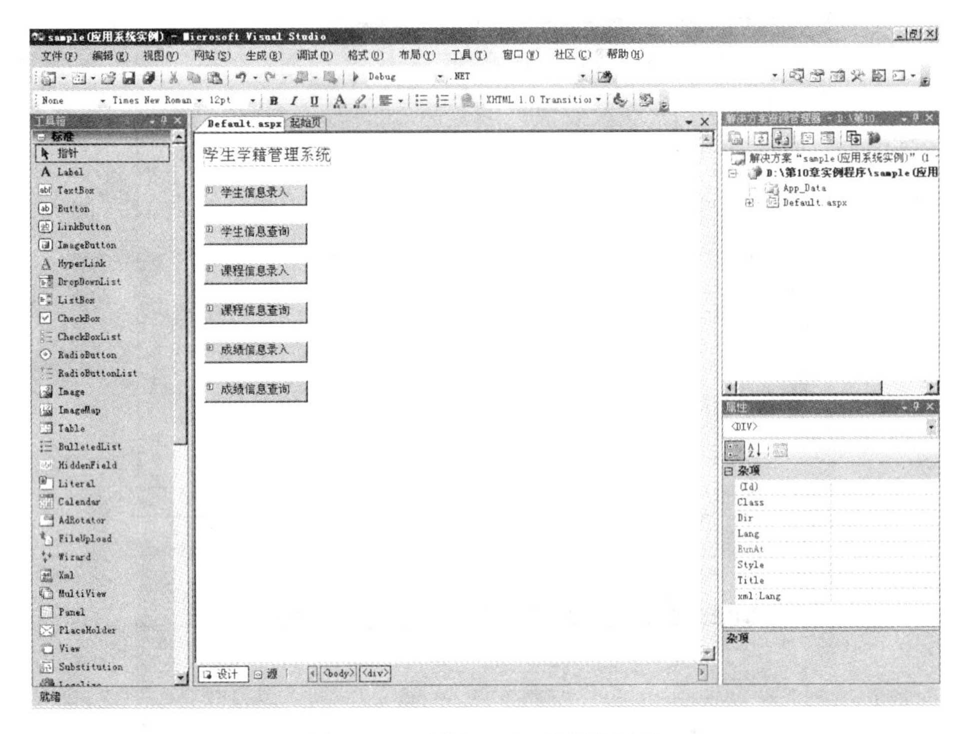

图 12.32　事例 sample 的设计界面

1）从“解决方案资源管理器”视图选中“sample（应用系统实例）”，右击鼠标，从快捷菜单中单击“添加新项”，如图 12.33 所示。

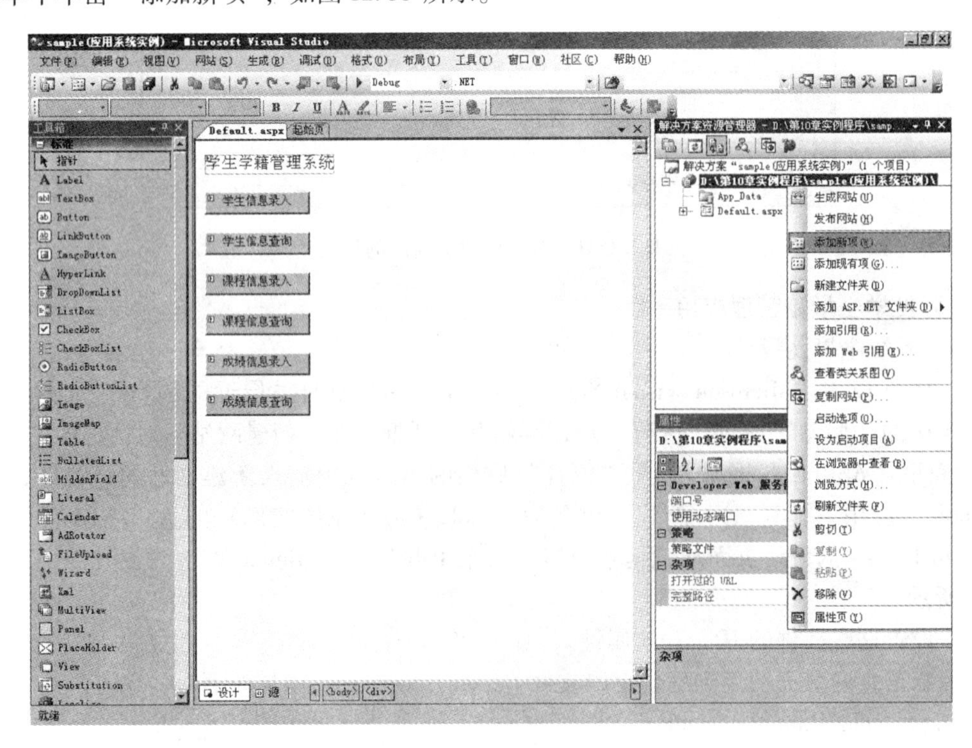

图 12.33　“添加新网页”快捷菜单

2）从弹出的图 12.34 所示的“添加新项”对话框中的模板中选择“Web 窗体”Student. aspx。

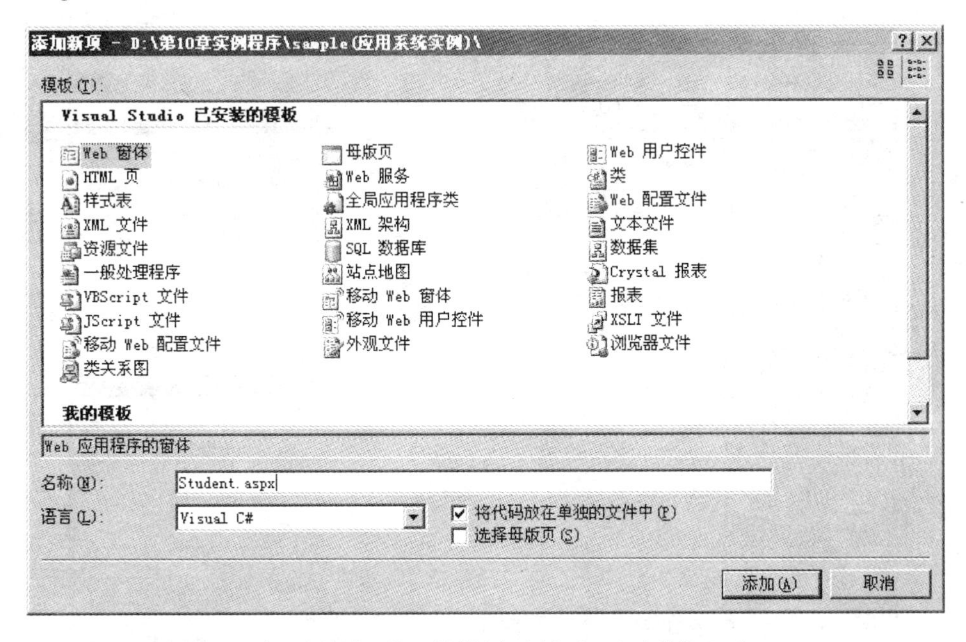

图 12.34　在“添加新项”对话框中选择“Web 窗体”Student. aspx

3）打开 Student. aspx 的设计页面，在菜单栏中选择“布局”菜单中的“插入表”，添加一个表格。在“插入表”对话框中，设置 6 行 3 例，如图 12.35 所示。

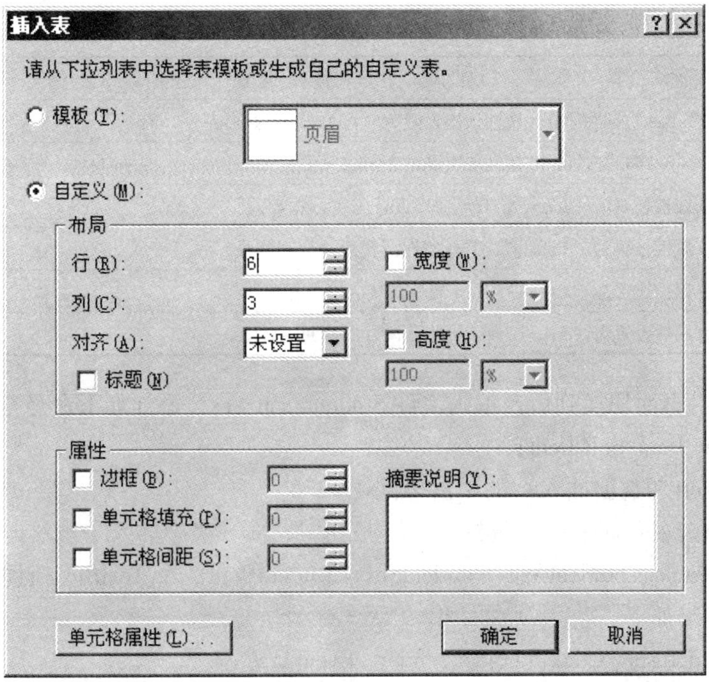

图 12.35　插入表

4）从工具箱中拖出 5 个 Label、5 个 TextBox 和 4 个 Button 控件到设计界面，“学生信息录入”设计界面如图 12.36 所示。

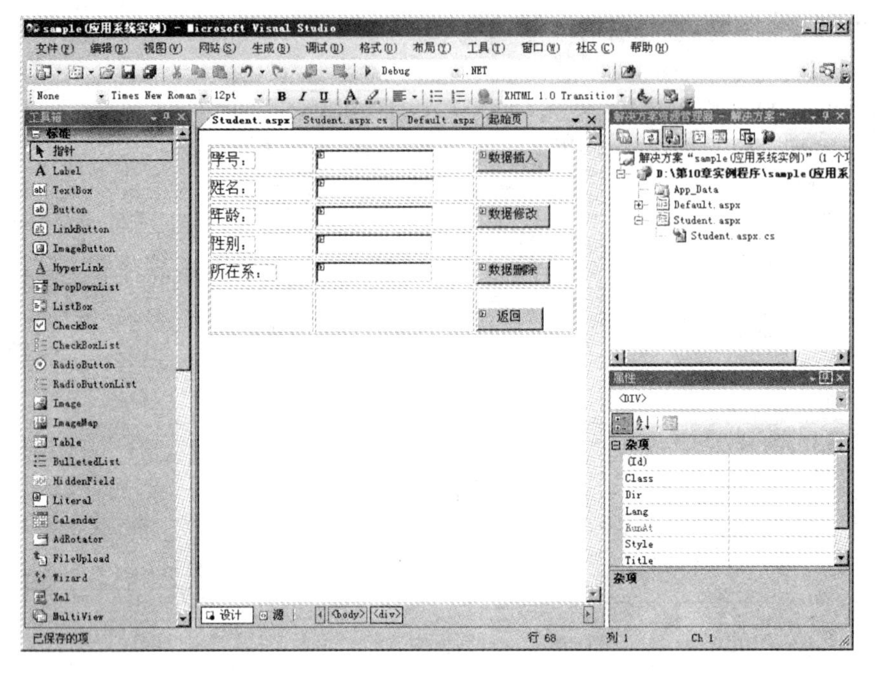

图 12.36 “学生信息录入”设计界面

5）设置这些控件的 ID、Text 属性，如表 12.1 所示。

表 12.1 “学生信息录入”界面控件属性设置

控 件 名 称	属 性 设 置
Label 控件	5 个 Label 控件的 Text 属性依次设置为“学号:”、“姓名:”、“年龄:”、“性别:”、“所在系:”
TextBox 控件	5 个 TextBox 控件的 ID 属性依次设置为 StudentID、StudentName、StudentAge、StudentSex、StudentDept
Button1 控件	ID 属性设置为“Insert”，Text 属性设置为“数据插入”
Button2 控件	ID 属性设置为“Update”，Text 属性设置为“数据修改”
Button3 控件	ID 属性设置为“Delete”，Text 属性设置为“数据删除”
Button4 控件	ID 属性设置为“Exit”，Text 属性设置为“返回”

6）双击空白页面切换到后台编码文件 Student.aspx.cs，添加如下命名空间：

```
using System.Data.SqlClient;
```

7）按钮 Insert（数据插入）的单击事件

即让用户单击主页面上的“数据插入”按钮时，向 S 表中插入一条新记录，其值是 StudentID、StudentName、StudentAge、StudentSex、StudentDept 5 个 TextBox 控件的 Text 属性值。该事件的实现代码如下：

```
protected void Insert_Click (object sender, EventArgs e)
{
  SqlConnection con = new SqlConnection ("server = localhost; uid = sa; pwd = sa; database =
```

```
studb");
    con.Open ();
    string insert = "insert into S (sno, sname, age, sex, dname) values (" + "'"+ StudentID.
Text.Trim ()
            + "'"+ "," + "'"+ StudentName.Text.Trim () + "'"+ "," + StudentAge.Text.Trim
            () + "," + "'"+
            StudentSex.Text.Trim () + "'"+ "," + "'"+ StudentDept.Text.Trim () + "'"+ ")";
    Response.Write (insert);
    SqlCommand cmd1 = new SqlCommand (insert, con);
    cmd1.ExecuteNonQuery ();
    con.Close ();
}
```

8）按钮 Update（数据修改）的单击事件

让用户单击主页面上的“数据修改”按钮时，对 S 表中记录进行修改，将属性 SNO 为 StudentID 控件的 Text 属性值的记录中 SNAME、AGE、SEX、DNAME 等属性值用 StudentName、StudentAge、StudentSex、StudentDept　4 个 TextBox 控件的 Text 属性值来修改。该事件的实现代码如下：

```
protected void Update_Click(object sender, EventArgs e)
{
    SqlConnection con = new SqlConnection("server = localhost; user id = sa; pwd = sa; database
= studb");
    con.Open ();
    string select = "select count( * )as total from S where sno = " + "'"+ StudentID.Text.Trim ()
    + "'";
    SqlCommand cmdsel = new SqlCommand(select, con);
    SqlDataReader dr = cmdsel.ExecuteReader();
    if(dr.Read ())
        {
            if (int.Parse(dr["total"].ToString()) ==0)
                {
                    Response.Write ("<script> window.alert('要修改的记录不存在!')
</script>");
                    return;
                }
        }
    dr.Close();
    string str = "Update S set sname = " + "'"+ StudentName.Text.Trim() + "'"+ "," + "age = " +
        StudentAge.Text.Trim () + "," + "sex = " + "'" + StudentSex.Text.Trim () + "'" + ",
" + "dname = " + "'"+
```

```
    StudentDept. Text. Trim( ) +"'"+ " where sno = " + "'"+ StudentID. Text. Trim( ) + "'";
  SqlCommand cmd = new SqlCommand(str, con);
  cmd. ExecuteNonQuery( );
  con. Close( );
}
```

9）按钮 Delete（数据删除）的单击事件

让用户单击主页面上的“数据删除”按钮时，删除 S 表中的一条记录，即将属性 SNO 值等于 StudentID 控件的 Text 属性值的记录删除。该事件的实现代码如下：

```
protected void Delete_Click(object sender, EventArgs e)
{
  if((StudentID. Text. Trim( )). Length <1)
      {
        Response. Write(" <script >window. alert ('没有要删除的项！') </script >");
        return;
      }
  SqlConnection con = new SqlConnection (" server = localhost; user id = sa; pwd = sa; database = studb");
  con. Open( );
  string select = " select count( * ) as total from S where sno = " + "'"+ StudentID. Text. Trim( ) + "'";
  SqlCommand cmdsel = new SqlCommand(select, con);
  SqlDataReader dr = cmdsel. ExecuteReader( );
  if(dr. Read ( ))
      {
        if(int. Parse(dr [" total" ]. ToString( )) ==0)
          {
            Response. Write ( " < script > window. alert ( '要删除的记录不存在!') </script >");
            return;
          }
      }
  dr. Close( );
  string str = " delete from S where sno = " + "'"+ StudentID. Text. Trim( ) + "'";
  SqlCommand cmd = new SqlCommand(str, con);
  cmd. ExecuteNonQuery( );
  con. Close( );
}
```

10）在“学生信息录入”界面的“返回”按钮的单击事件

用来返回到上一主界面。该事件的实现代码如下：

```
protected void Button1_Click(object sender, EventArgs e)
{
    Response. Redirect(" ~/Default. aspx");
}
```

（3）“学生信息查询”界面设计

1）同（2）“学生信息录入”界面设计一样，从“解决方案资源管理器”视图选中“sample（应用系统实例）”，右击鼠标，从快捷菜单中单击“添加新项”，添加一个“学生信息查询”的“Web 窗体”StdenntQuery. aspx。打开 StudentQuery. aspx 的设计页面，在菜单栏中选择“布局”菜单中的“插入表”，添加一个表格。在“插入表”对话框中，设置 7 行 4 列。

2）从工具箱中拖出 6 个 Label、6 个 TextBox 和 6 个 Button 控件到设计界面，“学生信息查询”设计界面如图 12. 37 所示。

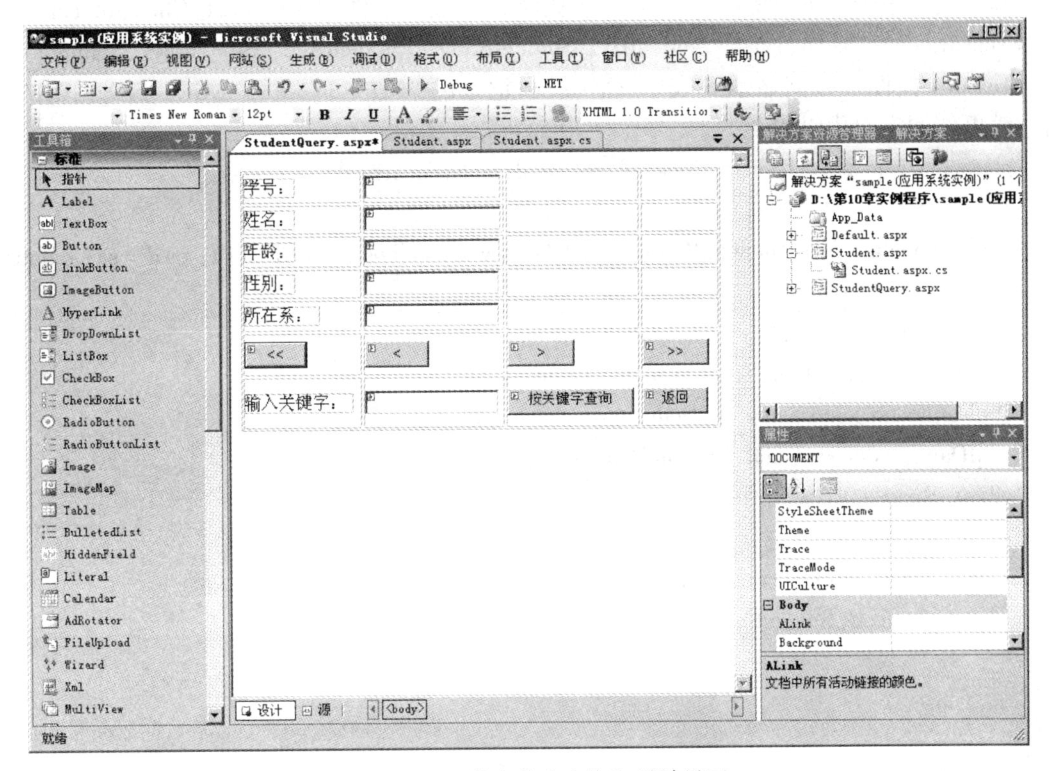

图 12. 37　“学生信息查询”设计界面

3）设置这些控件的 ID、Text 属性，如表 12. 2 所示。

表 12. 2　“学生信息查询”界面控件属性设置

控件名称	属性设置
Label 控件	6 个 Label 控件的 Text 属性依次设置为“学号:”、“姓名:”、“年龄:”、“性别:”、“所在系:”、“输入关键字:”
TextBox 控件	6 个 TextBox 控件的 ID 属性依次设置为 StudentID、StudentName、StudentAge、StudentSex、StudentDept、Select
Button1 控件	ID 属性设置为“MoveToFirst”，Text 属性设置为“ < < ”

（续）

控件名称	属性设置
Button2 控件	ID 属性设置为“MoveToPre”，Text 属性设置为“<”
Button3 控件	ID 属性设置为“MoveToNext”，Text 属性设置为“>”
Button4 控件	ID 属性设置为“MoveToLast”，Text 属性设置为“>>”
Button5 控件	ID 属性设置为“KeySelect”，Text 属性设置为“按关键字查询”
Button6 控件	ID 属性设置为“Exit”，Text 属性设置为“返回”

4）双击空白页面切换到后台编码文件 StdenntQuery. aspx. cs，添加如下命名空间：

```
using System. Data. SqlClient;
```

5）按钮 MoveToFirst（<<）的单击事件

即当用户单击主页面上的“<<”按钮时，将触发事件 MoveToFirst_Click(object sender, EventArgs e)，该事件将在 StudentID、StudentName、StudentAge、StudentSex、StudentDept 5 个 TextBox 控件中分别显示 S 表中 SNO 最小记录的 SNO、SNAME、AGE、SEX、DNAME 值。该事件的实现代码如下：

```
protected void MoveToFirst_Click(object sender, EventArgs e)
{
 SqlConnection con = new SqlConnection("server = localhost; user id = sa; pwd = sa; database = studb");
 con. Open();
 string str = "select sno from S order by sno asc";
 SqlCommand cmd = new SqlCommand(str, con);
 SqlDataReader sr = cmd. ExecuteReader();
 if(sr. Read ())
     {
       string Student = sr["sno"] . ToString ();
       Refresh(Student);
     }
 sr. Close();
}
```

6）用户自定义函数 Refresh(Student)

定义一个用户自定义函数 Refresh(Student) 来显示查询到的学号 SNO 的相应记录值。其代码如下：

```
private void Refresh (string studentId)
{
 SqlConnection con = new SqlConnection("server = localhost; user id = sa; pwd = sa; database = studb");
 con. Open();
 string str = "select * from S where sno = " + "'"+ studentId. ToString() + "'";
 SqlCommand cmd = new SqlCommand(str, con);
```

```
    SqlDataReader sr = cmd. ExecuteReader( ) ;
    if( sr. Read( ) )
        {
          StudentID. Text = studentId. ToString( ) ;
          StudentName. Text = sr[ "sname" ]. ToString( ) ;
          StudentAge. Text = sr[ "age" ]. ToString( ) ;
          StudentSex. Text = sr[ "sex" ]. ToString( ) ;
          StudentDept. Text = sr[ "dname" ]. ToString( ) ;
        }
    }
```

7）按钮 MoveToPre（<）的单击事件

即当用户单击主页面上的“<”按钮时，将触发事件 MoveToPre_Click（object sender, EventArgs e)，该事件将在 StudentID、StudentName、StudentAge、StudentSex、StudentDept 5 个 TextBox 控件中分别显示 S 表中当前记录的前一条记录的 SNO、SNAME、AGE、SEX、DNAME 值（即以 SNO 排序，小于当前 SNO 值的最大的 SNO 所对应的记录被视为当前 SNO 的前一条记录）。该事件的实现代码如下：

```
protected void MoveToPre_Click( object sender, EventArgs e)
  {
    if( ( StudentID. Text. Trim( ) ) . Length < 1 )
        {
          Response. Write （" <script >window. alert （'请选择一个当前项！') </script > " ) ;
          return;
        }
    string studentid = " " ;
    SqlConnection con = new SqlConnection( " server = localhost; user id = sa; pwd = sa; database
 = studb" ) ;
    con. Open( ) ;
    string str = " select sno from S order by sno asc" ;
    SqlCommand cmd = new SqlCommand( str, con) ;
    SqlDataReader sr = cmd. ExecuteReader( ) ;
    if( sr. Read( ) )
        {
          studentid = sr[ "sno" ]. ToString （) ;
        }
    sr. Close( ) ;
    if( studentid = = StudentID. Text. Trim( ) )
        {
          Response. Write ( " < script > window. alert ( '当前数据项已经是第一个了！')
 </script > " ) ;
```

```
            return;
        }
    else
        {
            string tempstr = "select max(sno)as maxid from S where sno < " + "'"+ StudentID. Text.
Trim( ) + "'";
            cmd. CommandText = tempstr;
            SqlDataReader dr = cmd. ExecuteReader( );
            if( dr. Read( ) )
                {
                  string stuId = dr[ "maxid" ]. ToString( );
                  Refresh （stuId);
                }
        }
    con. Close( );
    }
```

8）按钮 MoveToNext(>)的单击事件

即当用户单击主页面上的“ > ”按钮时，将触发事件 MoveToNext_Click(object sender, EventArgs e)，该事件将在 StudentID、StudentName、StudentAge、StudentSex、StudentDept 5 个 TextBox 控件中分别显示 S 表中当前记录的下一条记录的 SNO、SNAME、AGE、SEX、DNAME 值（即以 SNO 排序，大于当前 SNO 值的最小的 SNO 所对应的记录被视为当前 SNO 的下一条记录）。该事件的实现代码如下：

```
    protected void MoveToNext_Click( object sender, EventArgs e)
    {
     if （( StudentID. Text. Trim( ) ). Length < 1)
        {
          Response. Write （" <script >window. alert （'请选择一个当前项!'） </script >" );
          return;
        }
     string studentid = " " ;
     SqlConnection con = new SqlConnection( " server = localhost; user id = sa; pwd = sa; data-
base = studb" ) ;
     con. Open( ) ;
     string str = " select sno from S order by sno desc" ;
     SqlCommand cmd = new SqlCommand( str, con) ;
     SqlDataReader sr = cmd. ExecuteReader( ) ;
     if( sr. Read( ) )
        {
          studentid = sr[ "sno" ]. ToString( ) ;
```

```
            }
        sr. Close( ) ;
        if( studentid = = StudentID. Text. Trim( ) )
            {
                Response. Write( " < script > window. alert('当前数据项已经是最后一个了!')
</script > " ) ;
            return;
            }
        else
            {
                string tempstr = "select min(sno)as maxid from S where sno > " + "'"+ StudentID. Text.
Trim( ) +"'";
                cmd. CommandText = tempstr;
                SqlDataReader dr = cmd. ExecuteReader( ) ;
                if( dr. Read( ) )
                    {
                        string stuId = dr[ "maxid" ]. ToString( ) ;
                        Refresh( stuId) ;
                    }
            }
        con. Close( ) ;
    }
```

9）按钮 MoveToLast（> >）的单击事件

即当用户单击主页面上的“> >”按钮时，将触发事件 MoveToLast_Click（object sender, EventArgs e），该事件将在 StudentID、StudentName、StudentAge、StudentSex、StudentDept 5 个 TextBox 控件中分别显示 S 表中 SNO 最大记录的 SNO、SNAME、AGE、SEX、DNAME 值。该事件的实现代码如下：

```
    protected void MoveToLast_Click( object sender, EventArgs e)
    {
        SqlConnection con = new SqlConnection( "server = localhost; user id = sa; pwd = sa; database
 = studb" ) ;
        con. Open( ) ;
        string str = "select sno from S order by sno desc" ;
        SqlCommand cmd = new SqlCommand( str, con) ;
        SqlDataReader sr = cmd. ExecuteReader( ) ;
        if( sr. Read( ) )
            {
                string Student = sr[ "sno" ]. ToString( ) ;
                Refresh( Student) ;
```

```
        }
    sr. Close( ) ;
    con. Close( ) ;
}
```

10）按钮 KeySelect（按关键字查询）的单击事件

即当用户单击主页面上的“按关键字查询”按钮时，将触发事件 KeySelect_Click（object sender, EventArgs e），该事件在 S 表中中查找满足输入条件的记录，并将结果显示在 StudentID、StudentName、StudentAge、StudentSex、StudentDept 5 个 TextBox 控件中。该事件的实现代码如下：

```
protected void KeySelect_Click( object sender, EventArgs e)
{
    bool find = false;
    SqlConnection con = new SqlConnection( "server = localhost; user id = sa; pwd = sa; database = studb" ) ;
    con. Open( ) ;
    string cmdstr = "select * from S" ;
    SqlDataAdapter da = new SqlDataAdapter( cmdstr, con) ;
    DataSet ds = new DataSet( ) ;
    da. Fill( ds) ;
    for( int i =0; i < ds. Tables[0]. Rows. Count; i ++ )
        {
            for( int j =0; j < ds. Tables[0]. Columns. Count; j ++ )
                {
                    string data = ( ds. Tables[0]. Rows[i] [j]. ToString( ) ). Trim( ) ;
                    if( data == Select. Text. Trim( ) )
                        {
                            StudentID. Text = ds. Tables[0]. Rows[i] ["sno"]. ToString( ) ;
                            StudentName. Text = ds. Tables[0]. Rows[i] ["sname"]. ToString( ) ;
                            StudentAge. Text = ds. Tables[0]. Rows[i] ["age"]. ToString( ) ;
                            StudentSex. Text = ds. Tables[0]. Rows[i] ["sex"]. ToString( ) ;
                            StudentDept. Text = ds. Tables[0]. Rows[i] ["dname"] . ToString( ) ;
                            find = true;
                        }
                }
        }
    if( find == false)
        {
            Response. Write( " <script> window. alert ('没有相关记录！') </script> " ) ;
        }
```

```
con. Close ( );
}
```

11) 在“学生信息查询”界面的“返回”按钮的单击事件

当用户单击页面上“返回”按钮时，用来返回到上一主界面。该事件的实现代码如下：

```
protected void Button1_Click( object sender, EventArgs e)
{
    Response. Redirect( " ~/Default. aspx" ) ;
}
```

类似地，可设计“课程信息录入”、“课程信息查询”、“成绩信息录入”、“成绩信息查询”等界面。

(4) 系统主界面中命令单击事件

1)“学生信息录入”按钮的单击事件

用来显示“学生信息录入”页面 Student. aspx。该事件的实现代码如下：

```
protected void Button1_Click( object sender, EventArgs e)
{
    Response. Redirect( " ~/Student. aspx" ) ;
}
```

2)“学生信息查询”按钮的单击事件

用来显示“学生信息查询”页面 StudentQuery. aspx。该事件的实现代码如下：

```
protected void Button2_Click( object sender, EventArgs e)
{
    Response. Redirect( " ~/StudentQuery. aspx" ) ;
}
```

(5) 在“解决方案资源管理器”视图中选“sample（应用系统实例）”的窗体 Default. aspx，右击鼠标，从快捷菜单中单击“设为起始页”，按下 Ctrl + F5 组合键或单击“启动调试”按钮运行程序，其运行页面如图 12. 38 所示。单击“学生信息录入”按钮，进

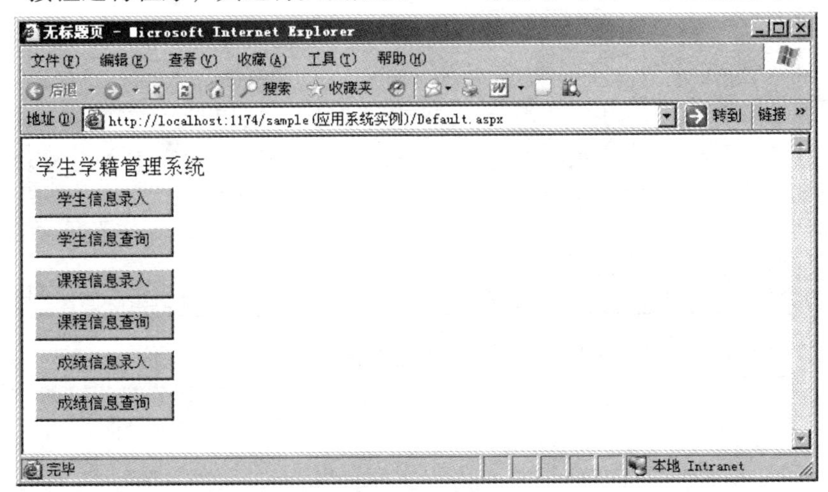

图 12. 38　“学生学籍管理系统”运行主页面

入“学生信息录入”运行页面，如图 12.39 所示，对学生信息进行录入修改后，点击“学生信息录入”运行页面中的“返回”按钮，再返回到“学生学籍管理系统”运行主页面。单击“学生信息查询”按钮，进入“学生信息查询”运行页面，如图 12.40 所示。

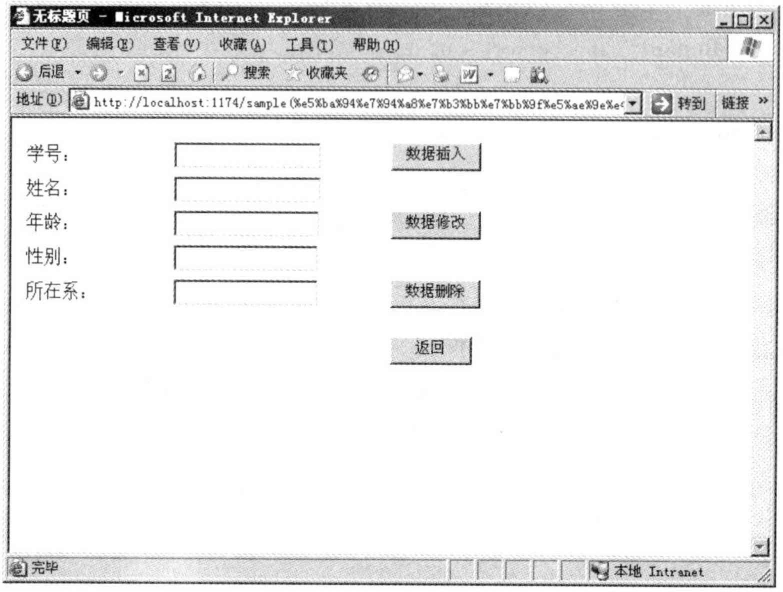

图 12.39　“学生信息录入”运行页面

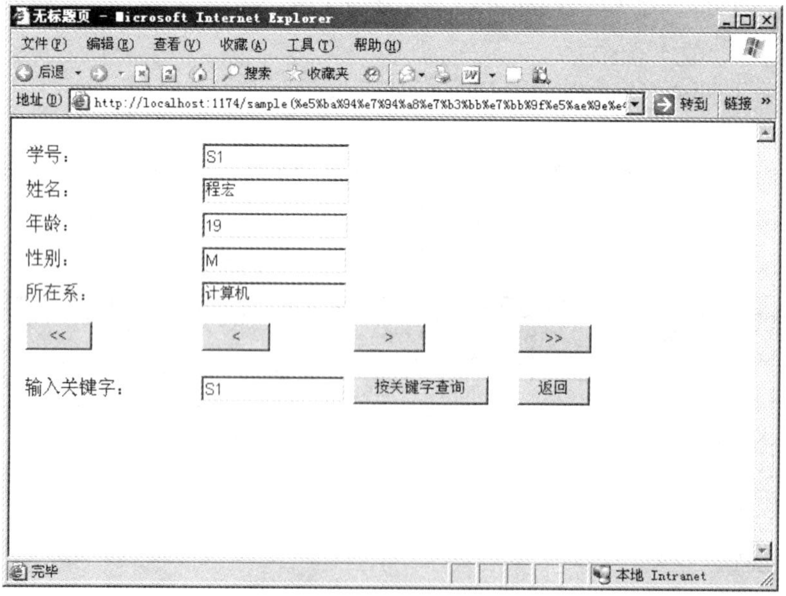

图 12.40　“学生信息查询”运行页面

第3部分　附　　录

附录A　各章习题答案

习题1答案

一、单项选择题

1. A　2. B　3. C　4. D　5. A　6. C　7. B　8. B　9. B　10. B

11. D　12. C　13. A　14. B　15. A　16. C　17. C　18. B　19. B　20. C

二、填空题

1. 人工管理、文件系统、数据库系统

2. 硬件系统、数据库、数据库管理系统及相关软件、数据库管理员、用户

3. 操作系统

4. 相同的数据重复出现

5. 同时

三、简答题

1. 答：数据库（DB）是长期存储在计算机内、有组织的、统一管理的相关数据的集合。DB能为各种用户共享，具有较小冗余度、数据间联系紧密而又有较高的数据独立性等特点。

2. 答：数据库管理系统（DBMS）是位于用户与操作系统（OS）之间的一层数据管理软件，它为用户或应用程序提供访问DB的方法，包括DB的建立、查询、更新及各种数据控制。DBMS总是基于某种数据模型，可以分为层次型、网状型、关系型和面向对象型等。

3. 答：文件系统中的文件是面向应用的，一个文件基本上对应于一个应用程序，文件之间不存在联系，数据冗余大，数据共享性差，数据独立性差；数据库系统中的文件不再面向特定的某个或多个应用，而是面向整个应用系统，文件之间是相互联系的，减少了数据冗余，实现了数据共享，数据独立性高。

4. 答：①实现数据的集中化控制；②数据的冗余度小，易扩充；③采用一定的数据模型实现数据结构化；④避免了数据的不一致性；⑤实现数据共享；⑥提供数据库保护；⑦数据独立性；⑧数据由DBMS统一管理和控制。

5. 答：数据独立性是指数据库中的数据独立于应用程序，即数据的逻辑结构、存储结构与存取方式的改变不影响应用程序。数据独立性一般分为数据的逻辑独立性和数据的物理独立性。

数据逻辑独立性是指数据库总体逻辑结构的改变（如修改数据定义、增加新的数据类型、改变数据间的联系等）不需要修改应用程序。

数据物理独立性是指数据的物理结构（存储结构、存取方式等）的改变，如存储设备

的更换、物理存储格式和存取方式的改变等不影响数据库的逻辑结构，因而不会引起应用程序的变化。

习题 2 答案

一、单项选择题

1. A　2. D　3. D　4. D　5. B　6. C　7. C　8. D　9. A　10. B

11. D　12. C　13. C　14. D　15. B　16. D　17. D　18. B　19. D　20. C

二、填空题

1. 数据结构、数据操作、完整性约束

2. 根节点

3. 1

4. 1∶1、1∶n、m∶n

5. 树、有向图、二维表

三、简答题

1. 答：层次数据模型是用树形结构来表示各类实体型及实体间联系的数据模型；网状数据模型是用有向图来表示各类实体型及实体间联系的数据模型；关系数据模型是用二维表来表示各类实体型及实体间联系的数据模型。

2. 答：结构数据模型应包含数据结构、数据操作和数据完整性约束三个部分。数据结构是指对实体类型和实体间联系的表达和实现；数据操作是指对数据库的检索和更新两类操作的实现；数据完整性约束给出数据及其联系应具有的制约和依赖规则。

3. 答：层次、网状模型中，数据联系是通过指针实现的。

关系模型中，数据联系是通过外键与主键相联系实现的。

面向对象模型中，数据联系是通过引用类型实现的，引用类型是指引用的不是对象本身，而是对象标识符。

4. 答：关系数据模型的优点：

（1）关系数据模型是建立在严格的数学理论基础上，有坚实的理论基础。

（2）在关系模型中，数据结构简单，数据以及数据间的联系都用二维表来表示。

关系数据模型的缺点：存取路径对用户透明，查询效率常常不如非关系数据模型。关系数据模型等传统数据模型还存在不能以自然的方式表示实体集间的联系、语义信息不足、数据类型过少等缺点。

5. 答：概念模型实际上是现实世界到机器世界的一个中间层次。概念模型用于信息世界的建模，是现实世界到信息世界的第一抽象，是数据库设计人员进行数据库设计的有力工具，也是数据库设计人员和用户之间进行交流所使用的语言。

习题 3 答案

一、单项选择题

1. C　2. C　3. A　4. C　5. B　6. D　7. D　8. B　9. D　10. B

11. B　12. D　13. A　14. A　15. A　16. C　17. D　18. C　19. A　20. C

二、填空题

1. 数据定义、数据库操纵功能、数据库的运行管理、数据库的建立和维护
2. 数据描述语言、数据操纵语言
3. 数据逻辑独立性、数据物理独立性
4. 外模式、模式、内模式
5. 外模式/模式、模式/内模式

三、简答题

1. 答：数据独立性是由 DBMS 的二级映像功能来实现的。数据库系统通常采用外模式、模式和内模式三级结构，数据库管理系统在这三级模式之间提供了外模式/模式和模式/内模式两层映像。当整个系统要求改变模式时（增加记录类型、增加数据项），由 DBMS 对各个外模式/模式的映像作相应改变，使无关的外模式保持不变，而应用程序是依据数据库的外模式编写的，所以应用程序不必修改，从而保证了数据的逻辑独立性。当数据的存储结构改变时，由 DBMS 对模式/内模式映像作相应改变，可以使模式不变，从而应用程序也不必改变，保证了数据的物理独立性。

数据独立性的好处是：①减轻了应用程序的维护工作量；②对同一数据库的逻辑模式，可以建立不同的用户模式，从而提高数据共享性，使数据库系统有较好的可扩充性，给 DBA 维护、改变数据库的物理存储提供了方便。

2. 答：数据库管理系统（DBMS）是位于操作系统与用户之间的一个数据管理软件，它的主要功能包括以下几个方面：①数据库定义功能；②数据库操纵功能；③数据库的运行管理；④数据库的建立和维护功能。

3. 答：DBA 的职责是：①参与数据库系统的设计与建立；②对系统的运行实行监控；③定义数据的安全性要求和完整性约束条件；④负责数据库性能的改进和数据库的重组及重构工作。

4. 答：可分为以下几类：①DBA：控制数据整体结构的人员；②最终用户：使用应用程序的非计算机人员；③应用程序员：使用 DML 语言编写应用程序的计算机工作者；④专业用户。

5. 答：从模块结构看，DBMS 是由查询处理器和存储管理器两大部分组成。

1）查询处理器有四个主要成分：DDL 编译器、DML 编译器、嵌入式 DML 预编译器、查询运行核心程序。

2）存储管理器有四个主要成分：授权和完整性管理器、事务管理器、文件管理器、缓冲区管理器。

习题 4 答案

一、单项选择题

1. A　2. D　3. C　4. D　5. A　6. C　7. A　8. D　9. B　10. C

11. D　12. D　13. C　14. B　15. D　16. A　17. C　18. C　19. D　20. B

二、填空题

1. 集合
2. 实体完整性、参照完整性、用户定义的完整性规则
3. 笛卡尔积、选择
4. 笛卡尔积、选择、投影
5. 差运算
6. 属性名
7. 并、差、笛卡尔积、选择、投影
8. 关系代数、关系演算
9. 系编号
10. 投影

三、简答题

1. 答：由于关系定义为元组的集合，而集合中的元素是没有顺序的，因此关系中的元组也就没有先后顺序（对用户而言）。这样既能减少逻辑排序，又便于在关系数据库中引进集合论的理论。

2. 答：每个关系模式都有一个主键，在关系中主键值是不允许重复的，否则起不了唯一标识作用。如果关系中有重复元组，那么其主键值肯定相等，因此关系中不允许有重复元组。

3. 答：与表格、文件相比，关系有下列几个不同点：

（1）关系中属性值是原子的，不可分解。

（2）关系中没有重复元组。

（3）关系中属性的顺序没有列序。

（4）关系中元组的顺序是无关紧要的。

4. 答：连接是由笛卡尔积和选择操作组合而成的，而等值连接是 θ 为等号“=”的连接；一般自然连接使用在两个关系有公共属性的情况下，如果两个关系没有公共属性，那么其自然连接就转化为笛卡尔积操作。

5. 答：自然连接和半连接之间的联系可用下面两点来表示：

（1）半连接是用自然连接操作来定义的：$R \ltimes S = \prod_R (R \bowtie S)$；

（2）连接操作用半连接方法来求的：$R \bowtie S = (R \ltimes S) \bowtie S$。

四、应用题

1. 答：本题各小题的结果如图所示。

（1）R1 = R − S

A	B	C
1	2	3
3	2	4

（2）R2 = R∪S

A	B	C
1	2	3
2	1	5
3	2	4
3	1	4

（3）R3 = R∩S

A	B	C
2	1	5

（4）R4 = R × S

R. A	R. B	R. C	S. A	S. B	S. C
1	2	3	2	1	5
1	2	3	3	1	4
2	1	5	2	1	5
2	1	5	3	1	4
3	2	4	2	1	5
3	2	4	3	1	4

2. 答：本题各小题的结果如图所示。

(1) $R1 = R - S$

A	B	C
A1	B1	C1

(2) $R2 = R \cup S$

A	B	C
A1	B1	C1
A2	B2	C1
A2	B2	C2
A3	B3	C3

(3) $R3 = R \cap S$

A	B	C
A2	B2	C1
A2	B2	C2

(4) $R4 = \Pi_{A,B}(\sigma_{B='b1'}(R))$

A	B
A1	B1

3. 答：本题各小题的结果如图所示。

(1) $R1 = R - S$

A	B
2	5
3	3

(2) $R2 = R \bowtie T$

A	B	C
1	2	2
1	2	4
3	3	3

(3) $R3 = \Pi_A(R)$

A
1
2
3

(4) $R4 = \sigma_{A=c}(R \times T)$

A	R. B	T. B	C
2	5	2	2
3	3	3	3

4. 答：本题各小题的结果如图所示。

(1) $R1 = R \cup S$

A	B	C
c	f	g
b	e	g
g	b	c
d	d	c
c	d	e

(2) $R2 = R \cap S$

A	B	C
g	b	c

(3) $R3 = R \times S$

R. A	R. B	R. C	S. A	S. B	S. C
c	f	g	c	d	e
c	f	g	g	b	c
b	e	g	c	d	e
b	e	g	g	b	c
g	b	c	c	d	e
g	b	c	g	b	c
d	d	c	c	d	e
d	d	c	g	b	c

(4) $R4 = \Pi_{3,2}(S)$

C	B
e	d
c	b

5. 本题各个查询操作对应的关系代数表达式表示如下：

(1) $\Pi_{C\#,CNAME}(\sigma_{TEACHER='陈军'}(C))$

(2) $\Pi_{S\#,SNAME}(\sigma_{AGE<20 \wedge SEX='男'}(S))$

(3) $\Pi_{SNAME}(S \bowtie (\Pi_{S\#,C\#}(SC) \div \Pi_{C\#}(\sigma_{TEACHER='陈军'}(C)))$

(4) $\Pi_{C\#}(C) - \Pi_{C\#}(\sigma_{SNAME='李强'}(S) \bowtie SC)$

(5) $\Pi_{S\#}(\sigma_{1=4 \wedge 2 \neq 5}(SC \times SC))$

(6) $\Pi_{C\#,CNAME}(C \bowtie (\Pi_{S\#,C\#}(SC) \div \Pi_{S\#}(S)))$

(7) $\Pi_{S\#}(SC \bowtie \Pi_{C\#}(\sigma_{TEACHER='陈军'}(C)))$

(8) $\Pi_{S\#,C\#}(SC) \div \Pi_{C\#}(\sigma_{C\#='C1' \vee C\#='C5'}(C))$

(9) $\Pi_{SNAME}(S \bowtie (\Pi_{S\#,C\#}(SC) \div \Pi_{C\#}(C)))$

(10) $\Pi_{S\#,C\#}(SC) \div \Pi_{C\#}(\sigma_{S\#='S2'}(SC))$

(11) $\Pi_{S\#,SNAME}(S \bowtie (\Pi_{S\#}(SC \bowtie (\sigma_{CNAME='C语言'}(C)))))$

6. 本题各个查询操作对应的关系代数表达式表示如下：

(1) $\Pi_{SNO}(\sigma_{JNO='J10'}(SPJ))$

(2) $\Pi_{SNO}(\sigma_{JNO='J9' \wedge SNO='P9'}(SPJ))$

(3) $\Pi_{SNO}(\sigma_{JNO='J8' \wedge COLOR='黄'}(SPJ \bowtie P))$

(4) $\Pi_{JNO}(J) - \Pi_{JNO}(\sigma_{SCITY='南京' \wedge COLOR='黄'}(S \bowtie SPJ \bowtie P))$

习题5答案

一、单项选择题

1. B　2. D　3. A　4. C　5. C　6. D　7. D　8. C　9. D　10. B

11. A　12. B　13. D　14. C　15. B　16. B　17. A　18. B　19. B　20. C

二、填空题

1. 结构化查询语言
2. 过程化、非过程化
3. 基本表、视图、数据、定义
4. 基本表、视图、存储文件
5. 数据定义、数据操纵、数据控制

三、简答题

1. 答：有以下规定：①在程序中要区分SQL语句与宿主语言语句，即在所有SQL语句前加上前缀标识：EXEC　SQL；②允许嵌入的SQL语句引用宿主语言的程序变量；③SQL的集合处理方式与宿主语言单记录处理方式之间的协调，采用游标机制。

2. 答：视图机制使系统具有三个优点：数据安全性、数据独立性和操作简便性。

3. 答：使用游标机制，把集合操作转换成单记录处理方式。与游标有关的语句有：游标定义语句DECLARE；游标打开语句OPEN；游标推进语句FETCH；游标关闭语句CLOSE。

4. 答：如果是INSERT、DELETE、UPDATE语句，那么不必涉及游标，加上前缀EXEC SQL就能嵌入在宿主语言程序中使用，对于SELECT语句，如果已知查询结果肯定是单元组时，也可直接嵌入在主程序中使用，但应在SELECT语句中增加一个INTO子句；当SELECT语句查询结果是多个元组时，一定要用游标机制把多个元组一次一次地传送给宿主语言程序处理。

5. 答：①DDL、DML、DCL一体化；②两种使用方式，一种语法规则；③高度非过程化；④简单易学，只有九个基本语句。

SQL支持三级模式结构。

四、程序设计题

1. 答：对应的SQL命令如下：

(1)
```
SELECT *
FROM SC
WHERE CNO = 'C1';
```

(2)
```
SELECT CNO, CNAME
FROM C;
```

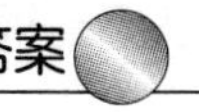

```
(3) SELECT C. CNO, C. CNAME, C. PCNO, SC. SNO, SC. SCORE
    FROM C, SC
    WHERE C. CNO = SC. CNO;
(4) SELECT first. CNO, second. PCNO
    FROM C  As  first, C  As  second
    WHERE first. PCNO = second. CNO;
(5) UPDATE S SET AGE = 20 WHERE SNO = 'S1';
(6) CREATE VIEW S_ZCJ (学号, 姓名, 总成绩)
      AS SELECT S. SNO, SNAME, SUM (SCORE)
        FROM S, SC WHERE S. SNO = SC. SNO GROUP BY SNO;
```

2. 答:

```
(1) CREATE  TABLE  图书 (书号  CHAR (5)  PRIMARY KEY,
                        书名 CHAR (10),
                        定价 DECIMAL (8, 2));
(2) SELECT 图书. 书名, 图书. 定价
    FROM 图书
    WHERE 定价 = (SELECT MAX (定价)
                 FROM 图书, 图书发行
                 WHERE 图书. 书号 = 图书发行. 书号)
    UNION
    SELECT 图书. 书名, 图书. 定价
    FROM 图书
    WHERE 定价 = (SELECT MIN (定价)
                 FROM 图书, 图书发行
                 WHERE 图书. 书号 = 图书发行. 书号);
(3) INSERT INTO 图书 VALUES ('B1001', '数据库原理及应用', 32);
```

(4) 查询拥有已发行的"数据库原理及应用"一书的图书馆馆名。

3. 答: 对应的 SQL 命令如下:

```
(1) SELECT CNO, CN
    FROM C
    WHERE TEACHER = '胡恒';
(2) SELECT CN
    FROM C
    WHERE NOT EXISTS
        (SELECT *
         FROM S, SC
         WHERE S. SNO = SC. SNO AND SC. CNO = C. CNO AND SN = '李立');
(3) SELECT C. CNO, AVG(G)
    FROM  SC, C
    WHERE SC. CNO = C. CNO AND TEACHER = '胡恒'
```

```
    GROUP BY C. CNO;
(4) SELECT COUNT(DISTINCT TEACHER)
    FROM C;
(5) CREATE VIEW V_SSC(SNO, SN, CNO, CN, G)
      AS SELECT S. SNO, S. SN, SC. CNO, C. CN, SC. G
        FROM S, SC, C
        WHERE S. SNO = SC. SNO AND C. CNO = SC. SNO
        ORDER BY CNO;
(6) SELECT SN, CN, G
    FROM V_SSC
    GROUP BY SNO
    HAVING AVG(G) >90;
```

4. 答：对应的 SQL 语句如下：

```
(1) SELECT *
    FROM J;
(2) SELECT *
    FROM J
    WHERE CITY ='上海';
(3) SELECT PN
    FROM P
    WHERE WEIGHT =
                (SELECT MIN(WEIGHT)
                 FROM P);
(4) SELECT SN
    FROM SPJ
    WHERE JN ='J1' AND PN ='P1';
(5) SELECT JNAME
    FROM J
    WHERE JN IN
            (SELECT DISTINCT JN
             FROM SPJ
             WHERE SN ='S1');
(6) SELECT COLOR
    FROM P
    WHERE PN IN
            (SELECT DISTINCT PN
             FROM SPJ
             WHERE SN ='S1');
(7) SELECT SN
```

```
    FROM SPJ
    WHERE JN = 'J1' AND SN IN
                    (SELECT SN
                     FROM SPJ
                     WHERE JN = 'J2');
(8) SELECT SN
    FROM SPJ
    WHERE JN = 'J1' AND PN IN
                    (SELECT PN
                      FROM P
                      WHERE COLOR = '红');
(9) SELECT DISTINCT SN
    FROM SPJ
    WHERE JN IN
             (SELECT JN
              FROM J
              WHERE CITY = '南京');
(10) SELECT SN
     FROM SPJ
     WHERE JN IN
              (SELECT JN
               FROM J
               WHERE CITY = '上海'OR CITY = '北京')
          AND PN IN
              (SELECT PN
               FROM P
               WHERE COLOR = '红');
(11) SELECT SPJ. PN
     FROM S, J, SPJ
     WHERE S. SN = SPJ. SN AND J. JN = SPJ. JN AND S. CITY = J. CITY;
(12) SELECT PN
     FROM SPJ
     WHERE JN IN
              (SELECT JN
               FROM J
               WHERE CITY = '上海')
           AND SN IN
                (SELECT SN
                 FROM S
```

```
                    WHERE CITY = '上海');
```

(13)
```
SELECT JN
FROM J
WHERE JN NOT IN
          (SELECT DISTINCT JN
           FROM SPJ
           WHERE SN IN
                 (SELECT SN
                  FROM S
                  WHERE CITY = '南京'));
```

(14)
```
SELECT DISTINCT SPJ. SN
FROM P, SPJ
WHERE SPJ. PN IN
         (SELECT SPJ. PN
          FROM SPJ, S, P
          WHERE S. SN = SPJ. SN AND P. PN = SPJ. PN AND P. COLOR = '红');
```

(15)
```
SELECT S. CITY, J. CITY
FROM S, J, SPJ
WHERE S. SN = SPJ. SN AND J. JN = SPJ. JN;
```

(16)
```
SELECT PN
FROM P
WHERE NOT EXISTS
        (SELECT *
         FROM SPJ, J
         WHERE SPJ. SN = J. SN AND SPJ. PN = P. PN AND J. CITY = '北京');
```

(17)
```
SELECT JN, SUM(QTY)
FROM SPJ
GROUP BY JNO
ORDER BY JNO ASC;
```

(18)
```
SELECT DISTINCT SPJ. JN
FROM S, J, SPJ
WHERE S. SN = SPJ. SN AND J. JN = SPJ. JN AND S. CITY < > J. CITY;
```

5. 答：对应的SQL语句如下：

(1)
```
SELECT C#, CNAME
FROM C
WHERE TEACHER = '王立';
```

(2)
```
SELECT CNAME, TEACHER
FROM SC, C
WHERE SC. C# = C. C# AND S# = '10001';
```

（3）采用连接查询方式：

```
SELECT SNAME
FROM S, SC, C
WHERE S. S# = SC. S# AND SC. C# = C. C# AND SEX = 'F' AND TEACHER = '王立';
```

采用嵌套查询方式：

```
SELECT SNAME
FROM S
WHERE SEX = 'F' AND S# IN
            (SELECT S#
             FROM SC
             WHERE C# IN
                  (SELECT C#
                   FROM C
                   WHERE TEACHER = '王立'));
```

采用存在量词查询方式：

```
SELECT SNAME
FROM S
WHERE SEX = 'F' AND EXISTS
            (SELECT *
             FROM SC
             WHERE SC. S# = S. S# AND EXISTS
                      (SELECT *
                       FROM C
                       WHERE C. C# = SC. C# AND TEACHER = '王立'));
```

（4）

```
SELECT C#
FROM C
WHERE NOT EXISTS
         (SELECT *
          FROM S, SC
          WHERE S. S# = SC. S# AND SC. C# = C. C# AND SNAME = '张伟');
```

（5）

```
SELECT C#, CNAME
FROM C
WHERE NOT EXISTS
         (SELECT *
          FROM S
          WHERE NOT EXISTS
                  (SELECT *
                   FROM SC
                   WHERE S# = S. S# AND C# = C. C#));
```

```
(6) SELECT DISTINCT S#
    FROM SC X
    WHERE NOT EXISTS
          (SELECT *
           FROM C
           WHERE TEACHER = '王立'AND NOT EXISTS
                       (SELECT *
                        FROM SC Y
                        WHERE Y. S# = X. S# AND Y. C# = C. C#);
(7) SELECT COUNT(DISTINCT TEACHER)
    FROM C;
(8) SELECT C. C#, AVG(GRADE)
     FROM   SC, C
     WHERE SC. C# = C. C# AND TEACHER = 'LIU'
     GROUP BY C. C#;
(9) SELECT AVG(AGE)
    FROM S, SC
    WHERE S. S# = SC. S# AND C# = 'C4' AND SEX = 'F';
(10) SELECT S#, COUNT(C#)
     FROM SC
     GROUP BY S#
            HAVING COUNT( * ) >5
     ORDER BY 2 DESC, 1;
(11) SELECT S#, C#
     FROM SC
     WHERE GRADE IS NULL;
(12) SELECT SNAME, AGE
     FROM S
     WHERE SEX = 'M'
         AND AGE > (SELECT AVG (AGE)
                    FROM S
                    WHERE SEX = 'F');
```

习题6答案

一、单项选择题

1. A　2. B　3. D　4. C　5. B　6. B　7. B　8. A　9. B　10. B

11. B　12. C　13. B　14. C　15. C　16. B　17. C　18. B　19. B　20. D

二、填空题

1. 保持原有的依赖关系、无损连接

2. 数据冗余
3. 自反律、增广律、传递律
4. 自反律、伪传递律
5. 元组演算、域演算

三、简答题

1. 答：由于数据之间存在着联系和约束，在关系模式的关系中可能会存在数据冗余和操作异常现象，因此需把关系模式进行分解，以消除冗余和异常现象。

分解的依据是数据依赖和模式的标准（范式）。

2. 答：分解有两个优点：①消除冗余和异常；②在分解了的关系中可存储悬挂元组。

但分解有两个缺点：①可能分解了的关系不存在泛关系；②做查询操作，需做连接操作，增加了查询时间。

3. 答：（1）F 中每一个函数依赖的右部都是单属性；（2）F 中的任一函数依赖都不是可从 F 中其他函数依赖导出的；（3）Z 为 X 的子集，$(F-\{X\rightarrow A\})\cup\{Z\rightarrow A\}$与 F 不等价。

4. 答：在关系数据库设计中，要考虑怎样合理地设计关系模式，如设计多少关系模式、每个关系模式要由哪些属性组成等，这些问题需要利用关系规范化理论来解决。通常，关系模式必须满足第一范式，但有些关系模式还存在数据冗余、插入异常、删除异常以及修改异常等各种异常现象。为了解决这些问题，就必须使关系模式满足更强的约束条件，即规范化为更高范式，以改善数据的完整性、一致性和存储效率。

5. 答：关系规范化的实质是对关系模式不断分解的过程，直到关系模式达到某一范式。

四、证明题

1. 证：$X\rightarrow Z \models WX\rightarrow WZ$ （A2 扩展律）

$WX\rightarrow Z$ （A5 分解规则）

2. 证：$X\rightarrow Y \models WX\rightarrow WY$ （A2 扩展律）

$WY\rightarrow Z$ （给定条件）

由上可得 $XW\rightarrow Z$ （A3 传递律）

3. 解：因为 $R1\cap R2=A$，$R1-R2=BC$，$A\rightarrow BC$ 属于 F，故 $R1\cap R2\rightarrow R1-R2$，所以该分解具有无损连接性。

4. 解：初始化 ρ = {R}

求得候选关键字为{SNO，CNO}。首先从 R 中分解出关系（TNO，DNAME），得

ρ = {R1（TNO，DNAME），R2（SNO，CNO，SCORE，TNO）}

其中，R1 为 BCNF，R2 不是 BCNF。

再求出 R2 的候选关键字为{SNO，CNO}，从 R2 中分解出关系（CNO，TNO），则

ρ = {R1（TNO，DNAME），R3（CNO，TNO），R4（SCO，CNO，SCORE）}

R1、R3、R4 都属于 BCNF，分解完成。

习题7答案

一、单项选择题

1. A　2. D　3. B　4. D　5. D　6. B　7. B　8. A　9. B　10. C

二、填空题

1. 属性冲突、命名冲突、结构冲突
2. 需求分析
3. 需求分析、概念设计、逻辑设计、物理设计、实现、运行与维护
4. 结构特性、行为特性
5. 数据项、数据结构、数据流、数据存储、处理过程

三、简答题

1. 答：实现阶段的主要工作有：①建立实际数据库结构；②试运行，装入试验数据，实际运行应用程序，进入数据库的试运行阶段；③装入数据（数据库加载）。

2. 答：①维护数据库的安全性与完整性控制及系统的转储和恢复；②性能的监督、分析与改进；③增加新功能；④发现错误，修改错误；⑤数据库的重组重构。

3. 答：由于各类应用不同，不同的应用通常又由不同的设计人员设计，因此局部 E-R 模型之间不可避免地会有不一致的地方，称之为冲突；通常，把冲突分为属性冲突、结构冲突、命名冲突。

4. 答：①需求分析；②概念结构设计；③逻辑结构设计；④数据库物理设计；⑤数据库的实现；⑥数据库运行与维护。

5. 答：重要性：数据库概念设计是整个数据库设计的关键，将在需求分析阶段所得到的应用需求先抽象到概念结构，以此作为各种数据模型的基础，从而能更好地、更准确地用 DBMS 实现这些需求。

设计步骤主要分三步：进行数据抽象，设计局部概念模式；将局部概念模式综合成全局概念模式；评审。

四、应用题

1. 答：(1) 学生选课 E-R 图如图所示：

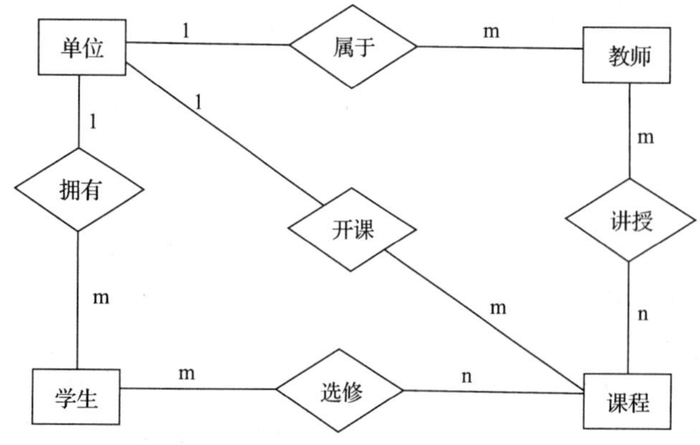

(2) 该全局 E-R 图转换为等价的关系模式表示的数据库逻辑结构如下：

单位（单位名称，电话）

教师（教师号，姓名，性别，职称，单位名称）

课程（课程编号，课程名，单位名称）

学生（学号，姓名，性别，年龄，单位名称）

讲授（教师号，课程编号）

选修（学号，课程编号）

2. 答：（1）满足上述需求的 E-R 图如图所示：

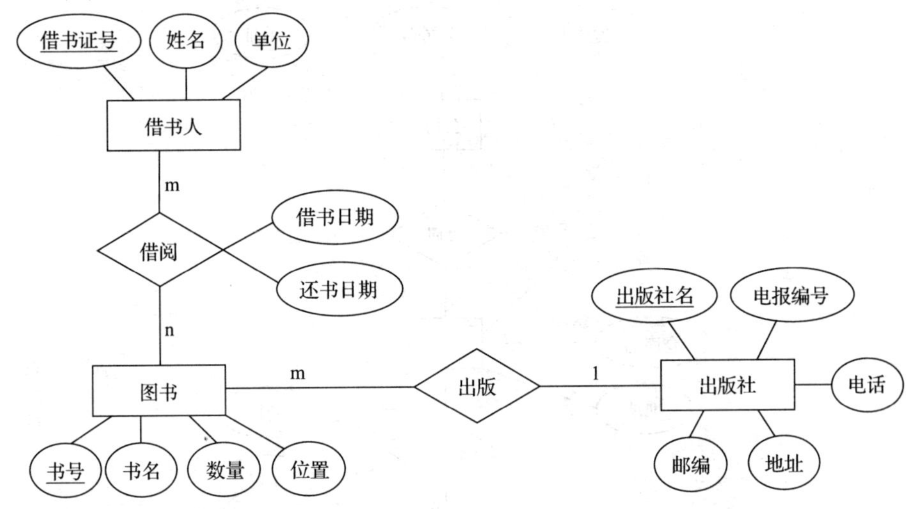

（2）转换为等价的关系模式结构如下：

借书人（借书证号，姓名，单位）

出版社（出版社名，电报编号，电话，邮编，地址）

图书（书号，书名，数量，位置，出版社名）

借阅（借书证号，书号，借书日期，还书日期）

3. 答：（1）对应的 E-R 图如图所示：

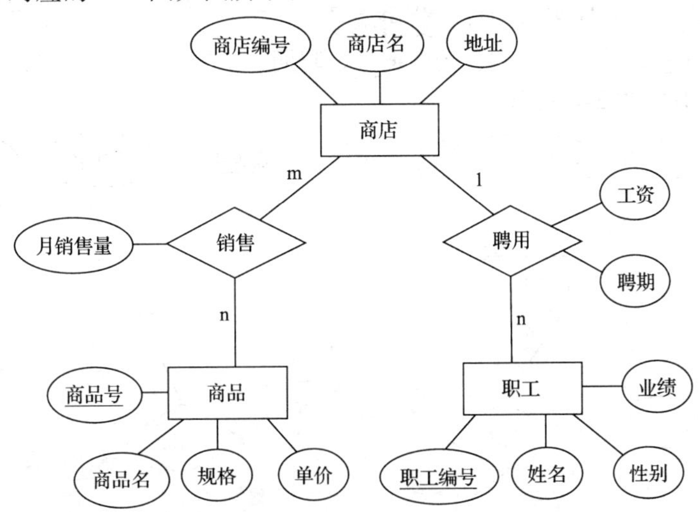

（2）这个 E-R 图可转换为如下关系模式：

商店（商店编号，商店名，地址）　商店编号为主码

职工（职工编号，姓名，性别，业绩，商店编号，聘期，工资）　职工编号为主键，商店编号为外键

商品（商品号，商品名，规格，单价）　商品号为主键

销售（商店编号，商品号，月销售量）　商店编号 + 商品号为主键，商店编号、商品

号均为外键

4. 解：（1）对应的 E-R 图如图所示：

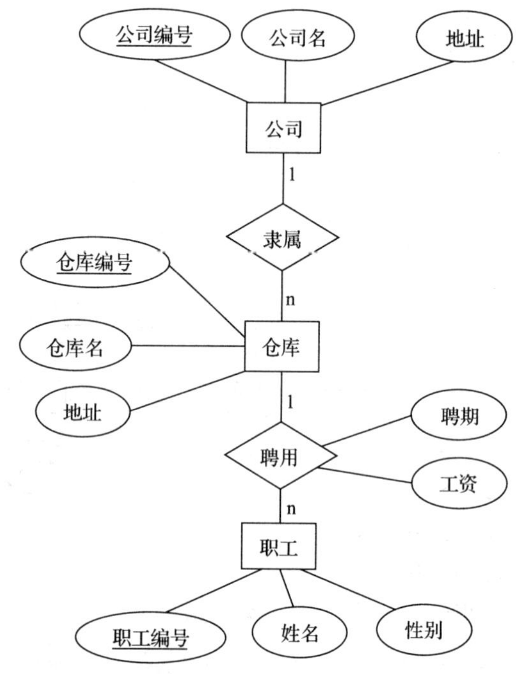

（2）这个 E-R 图可转换 3 个关系模式：

公司（公司编号，公司名，地址）

仓库（仓库编号，仓库名，地址，公司编号）

职工（职工编号，姓名，性别，仓库编号，聘期，工资）

5. 解：（1）对应的 E-R 图如图所示：

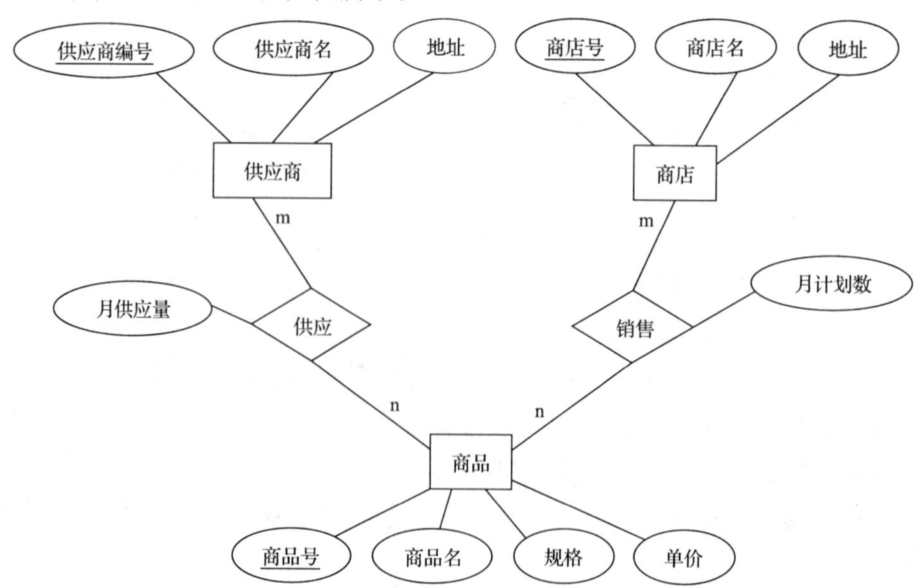

（2）这个 E-R 图可转换 5 个关系模式：

供应商（供应商编号，供应商名，地址）

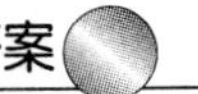

商店（商店号，商店名，地址）
商品（商品号，商品名，规格，单价）
供应（供应商编号，商品号，月供应量）
销售（商店号，商品号，月计划数）
6. 解：(1) 对应的E-R图如图所示：

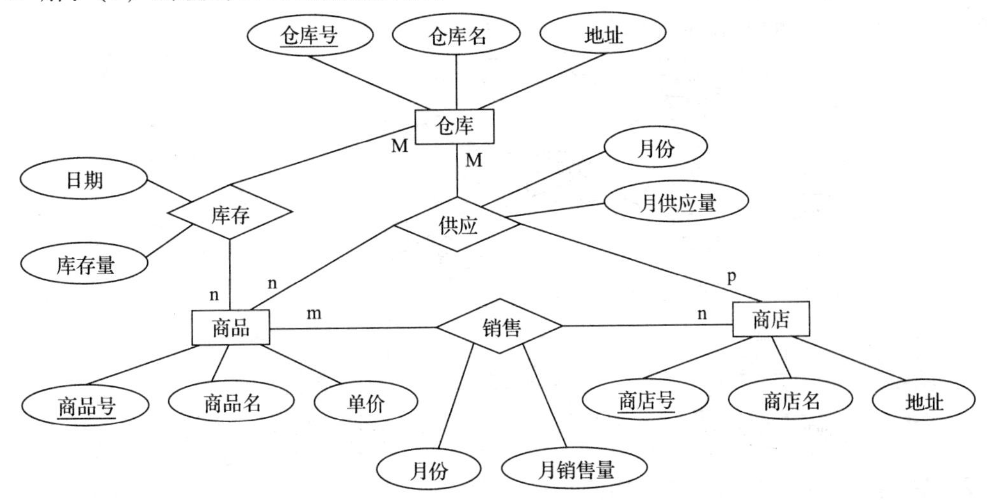

(2) 这个E-R图可转换成6个关系模式：
仓库（仓库号，仓库名，地址）
商品（商品号，商品名，单价）
商店（商店号，商店名，地址）
库存（仓库号，商品号，日期，库存量）
销售（商店号，商品号，月份，月销售量）
供应（仓库号，商店号，商品号，月份，月供应量）
7. 解：(1) 对应的E-R图如图所示：

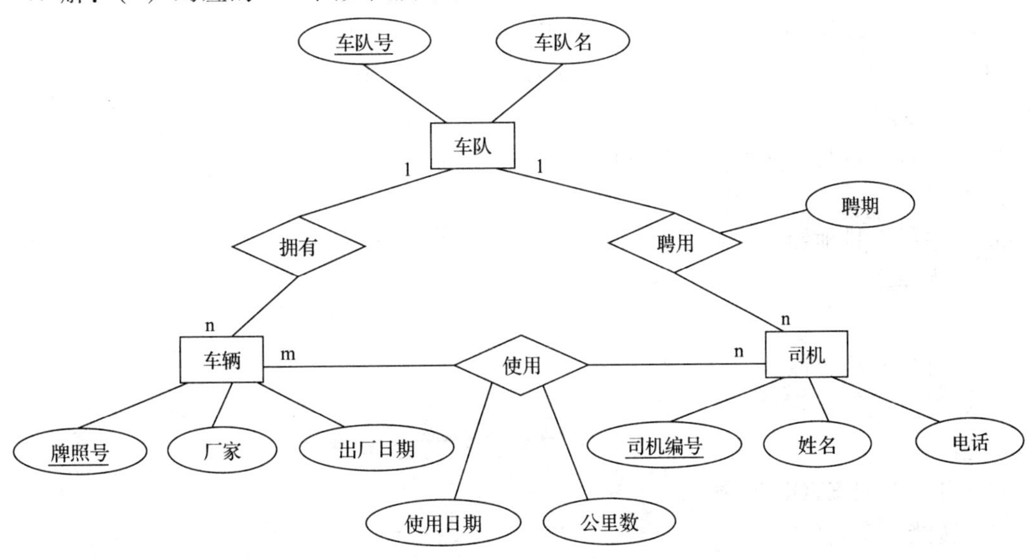

（2）转换成的关系模型应具有4个关系模式：

车队（车队号，车队名）

车辆（牌照号，厂家，生产日期，车队号）

司机（司机编号，姓名，电话，车队号，聘期）

使用（司机编号，牌照号，使用日期，公里数）

8. 解：（1）对应的E-R图如图所示：

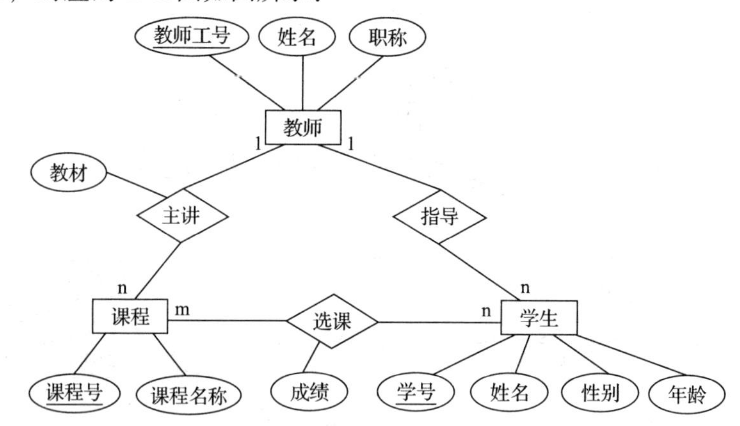

（2）转换为等价的关系模式结构如下：

教师（教师工号，姓名，职称）

学生（学号，姓名，性别，年龄，教师工号）

课程（课程号，课程名称，教师工号）

选课（学号，课程号，成绩）

习题8答案

一、单项选择题

1. B　2. A　3. B　4. C　5. B　6. C　7. D　8. A　9. C　10. B

11. D　12. A　13. D　14. C　15. B　16. C　17. D　18. D　19. C　20. D

二、填空题

1. 安全性、恢复、完整性、并发控制
2. 事务
3. 共享锁、排他锁
4. 并发操作
5. 串行
6. 正确性和相容性
7. 死锁
8. 授权
9. GRANT、REVOKE
10. 转储、建立日志

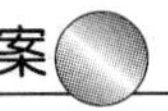

三、简答题

1. 答：X锁与S锁的区别如下表所示。

X锁	S锁
只允许一个事务独锁数据	允许多个事务并发S锁某一数据
获准X锁的事务可以修改数据	获准S锁的事务只能读数据，但不能修改数据
事务的并发度低	事务的并发度高，但增加了死锁的可能性
X锁必须保留到事务终点	根据需要，可随时解除S锁
解决“丢失更新”问题	解决“读不一致性”问题

2. 答：1）事务的原子性，是指一个事务对DB的所有操作，是一个不可分割的工作单元。原子性是由DBMS的事务管理子系统实现的。事务的原子性保证了DBS的完整性。

2）事务的一致性，是指数据不会因事务的执行而遭受破坏。事务的一致性是由DBMS的完整性子系统实现的。事务的一致性保证数据库的完整性。

3）事务的隔离性，是指事务的并发执行与这些事务单独执行时结果一样。事务的隔离性是由DBMS的并发控制子系统实现的。隔离性使并发执行的事务不必关心其他事务，如同在单用户环境下执行一样。

4）事务的持久性，是指事务对DB的更新应永久地反映在DB中。持久性是由DBMS的恢复管理子系统实现的。持久性能保证DB具有可恢复性。

3. 答：恢复的基本原则是“冗余”，即数据重复存储。

为了做好恢复工作，在平时应做好两件事：定时对DB进行备份；建立日志文件，记录事务对DB的更新操作。

4. 答：在数据库运行时，把未提交随后又被撤销的数据称为“脏数据”。

为了避免读取“脏数据”，事务可以对数据实行加S锁的方法，以防止其他事务对该数据进行修改。

5. 答：①触发条件：什么时候使用规则进行检查；②约束条件：要检查什么样的错误；③若检查出错误，该怎样处理。

习题9答案

一、单项选择题

1. D　2. A　3. A　4. D　5. A　6. D　7. B　8. A　9. C　10. B

二、填空题

1. 服务管理器、企业管理器、查询分析器
2. 企业管理器、Transact-SQL语句
3. 字段
4. INSERT、UPDATE、DELETE
5. SQL Server和Windows混合模式、仅Windows身份验证模式

三、简答题

1. 答：①对操作系统的要求低；②管理自动化；③新的Enterprise Manager；④简化了

SQL Server 2000 数据库与 Windows 文件系统之间的关系，具有更好的可伸缩性；⑤提供数据库挖掘功能。

2. 答：1）服务管理器（Service Manager）；

2）企业管理器（Enterprise Manager）；

3）查询分析器（Query Analyzer）；

4）其他工具：①事件探查器；②客户端网络实用工具；③服务器网络实用工具（Server Network Utility）；④导入和导出数据（Import and Export Data）；⑤OLAP Services。

3. 答：①用企业管理器来创建数据库；②利用 SQL 查询分析器来创建数据库；③利用“向导”来创建数据库。

4. 答：①存储过程具有对数据库即时的访问，这使得信息处理极为迅速；②可以将客户端和服务器端的开发任务分离，可减少完成项目需要的时间；③使用存储过程作为一种工具来加强安全性；④面向数据规则的服务器端措施。

5. 答：触发器是 SQL Server 提供给程序员和数据库分析员确保数据完整性的一种方法。这些方法对于那些经常被大量的不同应用程序访问的数据库相当有用。触发器在数据更新后执行的“后置过滤器”，它发生在对于一个给定表的插入、修改或删除操作执行后才被运行，在修改中它们代表“最后动作”。假如触发器导致的一个请求失败的话，SQL Server 将拒绝信息更新，并且对那些倾向于事务处理的应用程序返回一个错误消息。触发器最普遍的应用是实施数据库中的商务规则，经常被用于增强那些在其他的表和行上进行很多级联操作的应用程序的功能。

习题 10 答案

简答题

1. 答：NET Framework 中提供了 SQL Server. NET Framework 数据提供程序、OLE DB. NET Framework 数据提供程序、ODBC. NET Framework 数据提供程序、Oracle. NET Framework 数据提供程序。

2. 答：①根据使用的数据源，确定使用 . NET 框架数据提供程序；②建立与数据源的连接，需要使用 Connection 对象；③执行对数据源的操作命令，通常是 SQL 命令，需要使用 Command 对象；④使用数据集对获得的数据进行操作，需要使用 DataReader、DataSet 等对象；⑤通过数据控件向用户显示数据。

3. 答：为了连接 SQL Server，必须实例化 SqlConnection 对象，并调用此对象的 Open（）方法。当不再需要连接时，应该调用这个对象的 Close（）方法关闭连接。可以通过下面两种方法连接实例化。

1）如果是 SQL Server 和 Windows 混合模式，ConnectionString 中 server 为 SQL Server 服务器名，uid、pwd、database 分别为 SQL Server 用户名、密码、数据库名。

```
SqlConnection coon = new SqlConnection ( );
coon. ConnectionString = "server = localhost; uid = sa; pwd = sa; database = studb";
coon. Open ( );
⋮
```

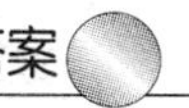

conn. Close( );

2）如果是仅 Windows 身份验证模式，则不用写 uid、pwd，而是用 Integrated Security = SSPI 连接字符串代替用户名和密码。

```
SqlConnection coon = new SqlConnection( );
coon. ConnectionString = " server = localhost; database = studb; Integrated Security = SSPI";
coon. Open( );
  ⋮
conn. Close( );
```

4. 答：ADO. NET 提供两种数据访问模式：直接访问模式和数据集模式。直接访问模式使用包含 SQL 语句或对存储过程引用的数据命令对象，打开一个连接，执行命令和操作，接着关闭数据库。如果该命令返回结果集（即该命令执行 SELECT 语句），则可以使用数据读取器（DataReader）读取数据，然后读取器作为数据绑定来源。

数据集模式使用数据集对象缓冲数据，使用数据适配器（DataAdapter）将从数据源获得的数据加载到数据集对象（DataSet），然后可以断开和数据源的连接。当对数据集中的数据操作完毕，可以选择使用数据适配器将数据修改结果写回数据库。

5. 答：ASP. NET 的应用程序由多个文件组成，通常包括以下 5 部分：①一个在 IIS 服务器中的虚拟目录，这个虚拟目录被配置为应用程序的根目录；②一个或多个带 aspx 扩展名的网页文件，还允许放入若干 htm 或 asp 网页文件；③一个或多个 Web. config 配置文件；④一个以 Global. aspx 命名的全局文件；⑤App_Code 和 App_Data 共享目录。

习题 11 答案

简答题

1. 答：数据独立性在文件系统中表现为设备独立性；在数据库阶段表现为物理独立性和逻辑独立性；在分布式数据库阶段中表现为分布透明性。

2. 答：DDB 中数据分片必须遵守三个条件：

1）完备性条件：指全局关系中所有数据均应映射到片段中。目的是保证所有数据均在 DB 中存储，不会丢失数据。

2）重构条件：由各个片段可以重建全局关系。目的是可以像无损连接那样不丢失信息。

3）不相交条件：数据片段相互之间不应该重叠（主键除外）。目的是为了防止数据冗余。

3. 答：DDBS 的分布透明性是指用户不必关心数据的逻辑分片，不必关心数据物理位置分配的细节，也不必关心各个场地上数据库的数据模型。

上述定义中的“三个不必”就是分布透明性的三个层次，即分片透明性、位置透明性和局部数据模型透明性。

分布透明性可以归入物理独立性范围。

4. 答：具有灵活的体系结构；适应分布式的管理和控制机构；经济性能优越；系统的可靠性高、可用性好；局部应用的响应速度快；可扩展性好。

5. 答：1）前端部分：由一些应用程序构成，例如，格式处理、报表输出、数据输入、图形界面等。

2）后端部分：包括存取结构、查询优化、并发控制、恢复等系统程序，完成事务处理和数据访问控制。

前端部分由客户机完成，后端部分由数据库服务器完成。前端和后端间的界面是 SQL 语句或应用程序。

6. 答：在集中式 DBS 中，影响查询的主要因素是对磁盘的访问次数。而在 DDBS 中，影响查询的主要因素是通过网络传递信息的次数和传送的数据量。

7. 答：DDBS 有四个基本特点：物理分布性、逻辑整体性、场地自治性、场地之间协作性。

由此还可导出其他四个特点：数据独立性、集中与自治相结合的控制机制、适当增加数据冗余度、事务管理的分布性。

8. 答：数据分片有水平分片、垂直分片、导出分片和混合分片等四种方式。

数据分片时必须遵守三条规则：完备性条件，可重构条件，不相交条件。

9. 答：数据分配有集中式、分割式、全复制式和混合式等四种分配策略。

10. 答：（1）用连接的方法执行，就是直接把关系 R 从场地 1 传输到场地 2，在场地 2 执行自然连接，见下图。

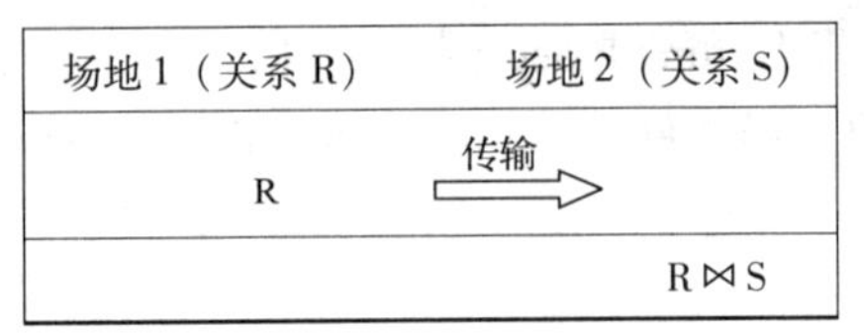

（2）用半连接方法执行的过程如下：

1）在场地 2，求$\Pi_C(S)$的值。

2）把$\Pi_C(S)$的值从场地 2 传输到场地 1。

3）在场地 1 执行 $R \bowtie \Pi_C(S)$操作。

4）把（$R \bowtie \Pi_C(S)$）的值从场地 1 传输到场地 2。

5）在场地 2 执行（$R \bowtie \Pi_C(S)$）$\bowtie$ S 操作，即求得 $R \bowtie S$ 的值。

即 $R \bowtie S = (R \bowtie \Pi_C(S)) \bowtie S = (R \ltimes S) \bowtie S$

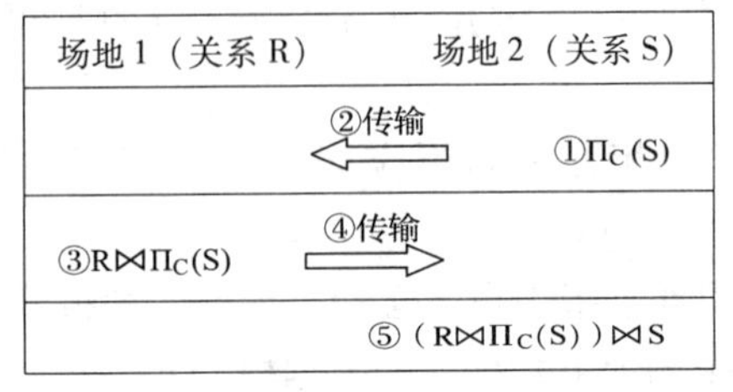

习题 12 答案

简答题

1. 答：①数据仓库的数据是面向主题的；②数据仓库的数据是集成的；③数据仓库的

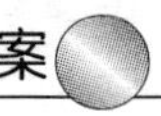

数据是不可更新的；④数据仓库的数据是随时间在不断变化的。

2. 答：操作型数据与分析型数据的区别如下表：

操作型数据	分析型数据
细节的	综合的（提炼的）
当前数据	历史及周边相关数据
可更新	不更新（可周期性刷新）
面向应用，事务驱动	面向分析，分析驱动
操作需求事先可知道	不知道
一次操作数据量小	一次操作数据量大
支持日常操作	支持管理需求
性能要求高	对性能要求较宽松

3. 答：OLAP 是一种数据分析技术，用于支持复杂的查询和分析操作，它使分析人员能够快速、一致、交互地从多种角度观察信息，以达到对数据进行更深入地理解，具有快速性、可分析性、多维性、信息性等特点。

在数据仓库建立之后，即可利用 OLAP 复杂的查询能力、数据对比、数据抽取和报表来进行探测式数据分析了。之所以称其为探测式数据分析，是因为用户在选择相关数据后，通过切片、切块、上钻、下钻、旋转等操作，可以在不同的粒度上对数据进行分析尝试，得到不同形式的知识和结果。

4. 答：数据仓库系统的设计必须遵循三个原则：①面向主题原则；②原型法原则；③数据驱动原则。

数据仓库设计步骤：①概念模型设计；②逻辑模型设计；③物理模型设计；④数据仓库生成；⑤数据仓库运行与维护。

5. 答：数据挖掘是一种挖掘型工具，它能够自动地发现隐藏在数据中的模式，从而作出一些预测性分析。数据挖掘与其他分析型工具的不同在于：

1）DM 的分析过程是自动的。DM 的用户不必提出确切的问题，就可以利用数据挖掘工具去挖掘隐藏在数据中的模式并预测未来的趋势，这样更有利于发现未知的事实。

2）所发现的是隐藏的知识。DM 所发现的是用户未知的、或没有意识到的知识。在数据挖掘之前或过程中，我们无法知道最终的挖掘结果是什么，随着时间的推移和数据集的变化，也可能得到不同的挖掘结果。

3）可以发现更为复杂而细致的信息。DM 可以发现 OLAP 所不能发现的更为复杂而细致的信息。

习题 13 答案

简答题

1. 答：1）HTML：用于万维网的标记语言 HTML 可以看做是一个非正统的 DTD。HTML 针对 SGML 过于复杂的问题，指定很小的一组结构和语义标记，使其适合相对简单的文档的书写，另外还增加了对超文本的支持。

2）XML：XML 是 SGML 的一个子集。XML 的设计目的明确地定位为万维网上的应用。设计工作基于两个重要的准则：易于编写处理 XML 的计算机程序，以及人和系统能花费极少的代价将 HTML 移植到 XML 中。

2. 答：一个 XML 文档由序言和文档实例两个部分组成。序言包括一个 XML 声明和一个文档类型声明，二者都是可选的。文档类型声明由 DTD 定义，它定义了文档类型结构。序言之后是文档实例，它是文档的主体，它是 DTD 的一个实现。

3. 答：XML 数据库有两种形式：

1）纯粹的 XML 存取方法：它是专门针对 XML 格式文档进行存取管理和数据操作的数据库，数据库中的数据和元数据完全采用 XML 结构表示，其底层针对 XML 数据的特点，采用相应的存储结构，而不是采用现有的数据存储工具。

2）基于关系数据库的存取方法：它是在关系数据库基础之上扩展了 XML 支持模块，它将 XML 数据存储在关系数据库中，在查询时将 XML 数据查询语言转换成关系数据数据库查询语言。

这两种方法各有优缺点。就前者而言，XML 文档存取无需模式转换，存取速度快；对格式复杂的 XML 文档有很好的支持；支持大多数最新的 XML 技术标准；支持层次化的数据模型；支持基于标签和路径的操作；支持对位置特征的查询。这是传统的查询语言所不具备的。但是这种方法技术比较新，还没有经过时间的考验。而后者的优势在于其重发利用了传统数据库的成熟技术，如并发控制、事务处理、结构化查询等。但劣势在于 XML 文档存入到数据库时需要将其分解并进行数据映射，取出时需要重新组合，开销大，且有可能丢失某些信息。

4. 答：基于模板方法的原理是首先定义一个模板，然后在模板中嵌入对数据库访问的命令，这些命令将交给数据库关系系统进行执行。

在基于模型驱动的方法中，数据从数据库到 XML 文档的传送用一个具体的模型，而不是用户定义的模型实现的。用户可以将相应的格式直接定义到这个模型上，从而将数据库中的数据展示各种各样的形式。

其中前者更为灵活，可以定义各种格式，但后者对用户的使用更为方便，用户不用操心数据具体的格式。

5. 答：①可扩展性；②易于创建和阅读；③自描述性；④XML 支持对文档内容的验证；⑤支持高级搜索。

附录 B　模拟试卷及答案

模拟试卷一

一、选择题（每题 1 分，共 20 分）

1. 在数据管理技术的发展过程中，经历了人工管理阶段、文件系统阶段和数据库系统阶段。在这几个阶段中，数据独立性最高的是（　　）阶段。

   A. 数据库系统　　B. 文件系统　　C. 人工管理　　D. 数据项管理

2. 数据库三级视图，反映了三种不同角度看待数据库的观点，用户眼中的数据库称为（　　）。

   A. 存储视图　　B. 概念视图　　C. 内部视图　　D. 外部视图

3. 数据库的概念模型独立于（　　）。

   A. 具体的机器和 DBMS　　B. E-R 图

   C. 信息世界　　D. 现实世界

4. 数据库中，数据的物理独立性是指（　　）。

   A. 数据库与数据库管理系统的相互独立

   B. 用户程序与 DBMS 的相互独立

   C. 用户的应用程序与存储在磁盘上的数据库中的数据是相互独立的

   D. 应用程序与数据库中数据的逻辑结构相互独立

5. 关系模式的任何属性（　　）。

   A. 不可再分　　B. 可再分

   C. 命名在该关系模式中可以不惟一　　D. 以上都不是

6. 下面的两个关系中，职工号和设备号分别为职工关系和设备关系的关键字：

   职工（职工号，职工名，部门号，职务，工资）

   设备（设备号，职工号，设备名，数量）

   两个关系的属性中，存在一个外关键字为（　　）。

   A. 职工关系的“职工号”　　B. 职工关系的“设备号”

   C. 设备关系的“职工号”　　D. 设备关系的“设备号”

7. 以下四个叙述中，哪一个不是对关系模式进行规范化的主要目的（　　）。

   A. 减少数据冗余　　B. 解决更新异常问题

   C. 加快查询速度　　D. 提高存储空间效率

8. 关系模式中各级范式之间的关系为（　　）。

   A. 3NF⊂2NF⊂1NF　　B. 3NF⊂1NF⊂2NF

   C. 1NF⊂2NF⊂3NF　　D. 2NF⊂1NF⊂3NF

9. 保护数据库，防止未经授权或不合法的使用造成的数据泄漏、非法更改或破坏。这是指数据的（　　）。

A. 安全性　　B. 完整性　　C. 并发控制　　D. 恢复

10. 事务的原子性是指（　　）。
    A. 事务一旦提交，对数据库的改变是永久的
    B. 事务中包括的所有操作要么都做，要么都不做
    C. 一个事务内部的操作及使用的数据对并发的其他事务是隔离的
    D. 事务必须使数据库从一个一致性状态变到另一个一致性状态
11. 下列哪些运算是关系代数的基本运算（　　）。
    A. 交、并、差　　B. 投影、选择、除、联结
    C. 联结、自然联结、笛卡尔乘积　　D. 投影、选择、笛卡尔乘积、差运算
12. 现实世界"特征"术语，对应于数据世界的（　　）。
    A. 属性　　B. 联系　　C. 记录　　D. 数据项
13. 关系模型中 3NF 是指（　　）。
    A. 满足 2NF 且不存在传递依赖现象　　B. 满足 2NF 且不存在部分依赖现象
    C. 满足 2NF 且不存在非主属性　　D. 满足 2NF 且不存在组合属性
14. 下面关于关系性质的叙述中，不正确的是（　　）。
    A. 关系中元组的次序不重要　　B. 关系中列的次序不重要
    C. 关系中元组不可以重复　　D. 关系不可以为空关系
15. 数据库管理系统能实现对数据库中数据的查询、插入、修改和删除，这类功能称为（　　）。
    A. 数据定义功能　　B. 数据管理功能
    C. 数据操纵功能　　D. 数据控制功能
16. 候选码中的属性可以有（　　）。
    A. 0 个　　B. 1 个　　C. 1 个或多个　　D. 多个
17. 取出关系中的某些列，并消去重复元组的关系代数运算称为（　　）。
    A. 取列运算　　B. 投影运算　　C. 连接运算　　D. 选择运算
18. 候选码中的属性称为（　　）。
    A. 非主属性　　B. 主属性　　C. 复合属性　　D. 关键属性
19. 对现实世界进行第二层抽象的模型是（　　）。
    A. 概念数据模型　　B. 用户数据模型
    C. 结构数据模型　　D. 物理数据模型
20. 在关系模式 R（A，B，C，D）中，有函数依赖集 F = {B→C，C→D，D→A}，则 R 能达到（　　）。
    A. 1NF　　B. 2NF
    C. 3NF　　D. 以上三者都不行

二、填空题（每空 1 分，共 20 分）

1. 数据库保护包括________、________、________、________四个方面内容。
2. 实体间的联系通常可分为________、________、________三种。
3. 数据库系统中数据的独立性包括________和________两个方面。
4. 数据库设计通常包括________和________两方面内容。

5. 根据数学理论，关系操作通常有＿＿＿＿＿＿和＿＿＿＿＿＿两类。

6. 构成 E-R 图的三个基本要素为＿＿＿＿＿、＿＿＿＿＿、＿＿＿＿＿。

7. 若商品关系 G（GNO，GN，GQ，GC）中，GNO、GN、GQ、GC 分别表示商品编号、商品名称、数量、生产厂家，若要查询“上海电器厂生产的其数量小于 100 的商品名称”用关系代数可表示为＿＿＿＿＿＿＿＿＿＿＿＿＿。

8. IBM 公司的研究员 E. F. Codd 于 1970 年发表了一篇著名论文，主要是论述＿＿＿＿＿模型。

9. 判断分解后的关系模式是否合理的两个重要标志是分解是否满足关系的＿＿＿＿＿和＿＿＿＿＿。

三、计算题（8 分）

若关系 X、Y、Z 如图所示，求：

1. $R1 = \prod_{A,C}(X)$
2. $R2 = \sigma_{B<'B2'}(X)$
3. $R3 = X \bowtie Y$
4. $R4 = X \div Z$

X

A	B	C
A1	B1	C1
A1	B2	C4
A2	B3	C1
A3	B1	C2
A3	B2	C4
A4	B1	C2
A1	B1	C2

Y

C	D
C1	D1
C2	D2
C3	D3

Z

B	C
B1	C2
B2	C4
B1	C1

四、应用题（12 分）

设有三个关系：

S（S#，SNAME，AGE，SEX）

C（C#，CNAME，TEACHER）

SC（S#，C#，GRADE）

试用关系代数表达式表示下列查询语句：

（1）检索至少选修两门课程的学生学号（S#）。

（2）检索全部学生都选修的课程的课程号（C#）和课程名（CNAME）。

（3）检索选修课程包含“陈军”老师所授课程之一的学生学号（S#）。

（4）检索选修课程号为 k1 和 k5 的学生学号（S#）。

五、证明题（10 分）

1. 设 R = {A，B，C}，F = {A→C，B→C}，ρ = {AB，AC}。分解是否无损联接分解？试说明理由（5 分）。

2. 设关系模式 R(ABC)，函数依赖 F = {A→B，B→A，A→C} 满足 3NF 还是满足

BCNF，试说明理由（5分）。

六、程序设计题（20分）

设有如下4个关系模式：

S（SN，SNAME，CITY）

P（PN，PNAME，COLOR，WEIGHT）

J（JN，JNAME，CITY）

SPJ（SN，PN，JN，QTY）

其中：S表示供应商，SN为供应商编码，SNAME为供应商名字，CITY为供应商所在城市；P表示零件，PN为零件编码，PNAME为零件名字，COLOR为零件颜色，WEIGHT为零件重量；J表示工程，JN为工程编码，JNAME为工程名字，CITY为工程所在城市；SPJ表示供应关系，QTY表示提供的零件数量。

写出实现以下各功能的SQL语句：

（1）取出所有工程的全部细节。

（2）取出工程所在城市为上海的所有工程的全部细节。

（3）取出为工程所在城市为上海的工程提供零件的供应商编码。

（4）取出为工程所在城市为上海或北京的工程提供红色零件的供应商编码。

（5）取出供应商与工程所在城市相同的供应商提供的零件编码。

（6）取出至少有一个和工程不在同一城市的供应商提供零件的工程编码。

（7）取出上海供应商不提供任何零件的工程编码。

（8）取出所有这样的一些 <S. CITY, J. CITY> 二元组，使得S. CITY的供应商为J. CITY的工程提供零件。

七、综合题（10分）

设有如下信息：

下列E-R图是反映产品与仓库两实体间联系的信息模型，要求：

（1）给出该E-R图的关系数据库模式，并指出相应的关键字。

（2）若仓库号、仓库名及仓库地均为字符型且长度均为10，用SQL语言为仓库关系建立相应的基表并说明实体完整性规则。

（3）将仓库基表的查询权限授予所有用户，收回User3对仓库的查询权限。

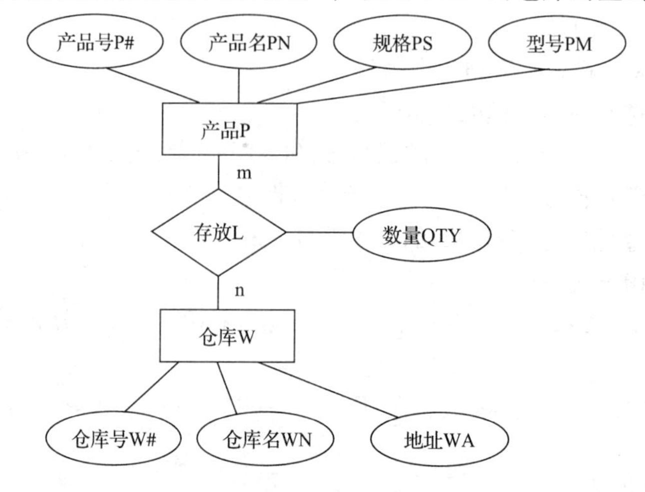

模拟试卷二

一、选择题（每题1分，共20分）

1. 在数据库的三级模式结构中，描述数据库中全体数据的全局逻辑结构和特性的是（　　）。

   A. 外模式　　B. 内模式　　C. 存储模式　　D. 模式

2. 关系数据模型（　　）。

   A. 只能表示实体间的1：1联系　　B. 只能表示实体间的1：n联系

   C. 只能表示实体间的m：n联系　　D. 可以表示实体间的上述三种联系

3. 数据库是在计算机系统中按照一定的数据模型组织、存储和应用的（　　）。

   A. 文件的集合　　B. 数据的集合

   C. 命令的集合　　D. 程序的集合

4. DBS具有“数据独立性”特点的原因是因为在DBS中（　　）。

   A. 采用磁盘作为外存　　B. 采用三级模式结构

   C. 使用OS来访问数据　　D. 用宿主语言编写应用程序

5. 取出关系中的某些列，并消去重复元组的关系代数运算称为（　　）。

   A. 取列运算　　B. 投影运算

   C. 连接运算　　D. 选择运算

6. 规范化过程主要为克服数据库逻辑结构中的插入异常、删除异常以及（　　）的缺陷。

   A. 数据的不一致性　　B. 结构不合理

   C. 冗余度大　　D. 数据丢失

7. 候选码中的属性称为（　　）。

   A. 非主属性　　B. 主属性　　C. 复合属性　　D. 关键属性

8. $X \to A_i$（i=1，2，…，k）成立是$X \to A_1A_2 \cdots A_k$成立的（　　）。

   A. 充分条件　　B. 必要条件

   C. 充要条件　　D. 既不充分也不必要

9. 事务是数据库执行的基本工作单位。如果一个事务执行成功，则全部更新提交；如果一个事务执行失败，则已做过的更新被恢复原状，好像整个事务从未有过这些更新，这就保持数据库处于（　　）状态。

   A. 安全性　　B. 一致性　　C. 完整性　　D. 可靠性

10. 用于实现数据存取安全性的SQL语句是（　　）。

    A. CREATE TABLE　　B. COMMIT

    C. GRANT和REVOKE　　D. ROLLBACK

11. 相对于人工管理阶段，文件系统管理阶段克服了下列哪种不足之处（　　）。

    A. 应用程序与数据间的相互依赖　　B. 数据冗余问题

    C. 应用程序按物理地址访问数据　　D. 数据不一致性

12. 根据参照完整性规则，若属性F是关系S的主属性，同时又是关系R的外关键字，则关系 R 中 F 的值（　　）。

A. 必须取空值　　B. 必须取非空值

C. 可以取空值　　D. 以上说法都不对

13. 下列关系代数操作中，哪些运算要求两个运算对象其属性结构完全相同（　　）。

A. 并、交、差　　B. 笛卡尔乘积、联接

C. 自然联接、除法　　D. 投影、选择

14. 数据冗余存在于（　　）。

A. 文件系统中　　B. 数据库系统中

C. 文件系统与数据库系统中　　D. 以上说法都不对

15. 数据库运行过程中，由于磁盘损坏或外存信息丢失所产生的故障通常称为（　　）。

A. 软件故障　　B. 硬件故障　　C. 系统故障　　D. 介质故障

16. 设有关系 W（工号，姓名，工种，定额），将其规范化到第三范式正确的答案是（　　）。

A. W1（工号，姓名）　W2（工种，定额）

B. W1（工号，工种，定额）　W2（工号，姓名）

C. W1（工号，姓名，工种）　W2（工种，定额）

D. 以上都不对

17. 在 DBS 中，DBMS 和 OS 之间关系是（　　）。

A. 并发运行　　B. 相互调用

C. OS 调用 DBMS　　D. DBMS 调用 OS

18. 在数据库技术中，面向对象数据模型是一种（　　）。

A. 概念模型　　B. 结构模型

C. 物理模型　　D. 形象模型

19. 下面关于关系性质的叙述中，不正确的是（　　）。

A. 关系中元组的次序不重要　　B. 关系中列的次序不重要

C. 关系中元组不可以重复　　D. 关系不可以为空关系

20. 数据库管理系统能实现对数据库中数据的查询、插入、修改和删除，这类功能称为（　　）。

A. 数据定义功能　　B. 数据管理功能

C. 数据操纵功能　　D. 数据控制功能

二、填空题（每空 1 分，共 20 分）

1. 数据库系统通常包括__________、__________、__________、__________、__________五部分。

2. 数据库故障主要有__________、__________、__________三类。

3. DBMS 是一种负责数据库的__________、__________、__________、__________、__________的软件系统。

4. 数据的冗余是指______________________________。

5. 关系代数的五种基本关系运算为__________、__________、__________、__________、__________。

6. 判断分解后的关系模式是否合理的两个重要标志是分解是否满足关系的无损连接性和________________________。

三、计算题（8 分，每小题 2 分）

若关系 R、S、T 如图所示，求：

（1）R1 = R − S

（2）R2 = R∪S

（3）R3 = R∩S

（4）R4 = R×S

R

A	B	C
a	b	c
b	a	e
c	b	d

S

A	B	C
b	a	e
c	a	d

四、应用题（12 分，每小题 3 分）

已知一个关系数据库的模式如下：

S（SNO，SNAME，SCITY）

P（PNO，PNAME，COLOR，WEIGHT）

J（JNO，JNAME，JCITY）

SPJ（SNO，PNO，JNO，QTY）；

其中：S 表示供应商，它的各属性依次为供应商号、供应商名和供应商所在城市；P 表示零件，它的各属性依次为零件号、零件名、零件颜色和零件重量；J 表示工程，它的各属性依次为工程号、工程名和工程所在城市；SPJ 表示供货关系，它的各属性依次为供应商号、零件号、工程号和供货数量。

用关系代数表达式表示下面的查询要求：

（1）求供应工程 J1 零件的供应商代码 SNO。

（2）求供应工程 J1 零件 P1 的供应商代码 SNO。

（3）求供应工程 J1 零件为红色的供应商代码 SNO。

（4）求没有使用北京供应商生产的红色零件的工程项目代码 JNO。

五、证明题（10 分）

1. 设 R = {A，B，C，D，E}，F = {A→BC，D→E}，ρ = {ABCD，DE}。分解是否无损联接分解？试说明理由（5 分）。

2. 设关系模式 R（SNO，TNO，CNO），函数依赖 F = {(SNO，CNO)→TNO，(SNO，TNO)→CNO，TNO→CNO}满足 3NF 还是满足 BCNF，试说明理由（5 分）。

六、程序设计题（20 分）

给定如下关系：

S（S#，SN，SA，SD）S#表示学号，SN 表示姓名，SA 表示年龄，SD 表示所在系。

C（C#，CN，PC#）C#表示课程号，CN 表示课程名，PC#表示先修课程号。

SC（S#，C#，G）S#、C#含义同上，G 表示成绩。

试用关系代数、SQL 语言完成如下查询操作：

（1）查询修读课程号为 C1、成绩为 A 的所有学生姓名。

（2）检索张军老师所授课程的课程号和课程名。

（3）查询年龄为 23 岁的学生所修读的课程名。

（4）查询至少修读 S5 修读一门课程的学生姓名。

（5）查询修读所有课程的学生姓名。

（6）检索李伟立同学不学的课程的课程号和课程名。

（7）检索全部学生都选修的课程的课程号与课程名。

（8）统计刘伟健老师所授课程的每门课程的平均成绩。

七、综合题（10分）

设有如下SB设备信息：

BH——设备编号（字符型，长度8），XH——设备型号（字符型，长度10），GL——功率（字符型，长度6），SL——数量（数值型，长度8，小数为0）。要求：

（1）用SQL语言定义相应的基表，并定义关键字，规定功率数据项不能为空。（4分）

（2）将元组（'SB0121'，'BJDJ-500'，'500W'，40）插入该表。（2分）

（3）将对该表的修改、删除权限授予User1，并将对设备编号的修改权限授予User 2。（4分）

模拟试卷三

一、选择题（每题1分，共20分）

1. 对现实世界进行第二层抽象的模型是（　　）。
   A. 概念数据模型　　B. 用户数据模型
   C. 结构数据模型　　D. 物理数据模型
2. 数据模型是（　　）。
   A. 文件的集合　　B. 记录的集合
   C. 数据的集合　　D. 记录及其联系的集合
3. 由计算机硬件、DBMS、数据库、应用程序及用户等组成的一个整体叫（　　）。
   A. 文件系统　　B. 数据库系统
   C. 软件系统　　D. 数据库管理系统
4. 在关系R（R#，RN，S#）和S（S#，SN，SD）中，R的主码是R#，S的主码是S#，则S#在R中称为（　　）。
   A. 外码　　B. 候选码　　C. 主码　　D. 超码
5. 当B属性函数依赖于A属性时，属性A与B的联系是（　　）。
   A. 1对多　　B. 多对1　　C. 多对多　　D. 以上都不是
6. 在关系模式R（A，B，C，D）中，有函数依赖集F＝{A→B，B→C，C→D}，则R能达到（　　）。
   A. 1NF　　B. 2NF
   C. 3NF　　D. 以上三者都不行
7. 数据完整性保护中的约束条件主要是指（　　）。
   A. 用户操作权限的约束　　B. 用户口令校对
   C. 值的约束和结构的约束　　D. 并发控制的约束
8. 将查询SC表的权限授予用户Wang，并允许该用户将此权限授予其他用户。实现此功能的SQL语句是（　　）。

A. GRANT SELECT TO SC ON Wang WITH PUBLIC

B. GRANT SELECT ON SC TO Wang WITH PUBLIC

C. GRANT SELECT TO SC ON Wang WITH GRANT OPTION

D. GRANT SELECT ON SC TO Wang WITH GRANT OPTION

9. 数据库系统并发控制的主要方法是采用（　　）机制。

A. 拒绝　　B. 改为串行　　C. 封锁　　D. 不加任何控制

10. 关于“死锁”，下列说法中正确的是（　　）。

A. 死锁是操作系统中的问题，数据库操作中不存在

B. 在数据库操作中防止死锁的方法是禁止两个用户同时操作数据库

C. 当两个用户竞争相同资源时不会发生死锁

D. 只有出现并发操作时，才有可能出现死锁

11. 下列哪些运算是关系代数的基本运算（　　）。

A. 交、并、差　　B. 投影、选择、除、联结

C. 联结、自然联结、笛卡尔乘积　　D. 投影、选择、笛卡尔乘积、差运算

12. 现实世界“特征”术语，对应于数据世界的（　　）。

A. 属性　　B. 联系　　C. 记录　　D. 数据项

13. 数据库中，实体是指（　　）。

A. 客观存在的事物　　B. 客观存在的属性

C. 客观存在的特性　　D. 某一具体事件

14. 若要满足依赖保持性，则模式分解最多可以达到（　　）。

A. 2NF　　B. 3NF　　C. BCNF　　D. 4NF

15. 数据库运行过程中，由于磁盘损坏或外存信息丢失所产生的故障通常称为（　　）。

A. 软件故障　　B. 硬件故障　　C. 系统故障　　D. 介质故障

16. SQL 中用于删除基本表的命令是（　　）。

A. DELETE　　B. UPDATE　　C. ZAP　　D. DROP

17. 数据库设计中的数据流图和数据字典描述是哪个阶段的工作（　　）。

A. 需求分析　　B. 概念设计　　C. 逻辑设计　　D. 物理设计

18. 在数据库技术中，面向对象数据模型是一种（　　）。

A. 概念模型　　B. 结构模型

C. 物理模型　　D. 形象模型

19. 相对于人工管理阶段，文件系统管理阶段克服了下列哪种不足之处（　　）。

A. 应用程序与数据间的相互依赖　　B. 数据冗余问题

C. 应用程序按物理地址访问数据　　D. 数据不一致性

20. IBM 公司的研究员 E. F. Codd 于 1970 年发表了一篇著名论文，主要是论述（　　）。

A. 层次模型　　B. 关系模型　　C. 网状模型　　D. 面向对象模型

二、填空题（每空 1 分，共 20 分）

1. 信息模型通常用＿＿＿＿＿＿来刻划，传统的数据模型是指＿＿＿＿＿＿＿＿、＿＿＿＿＿＿＿＿和＿＿＿＿＿＿＿＿。

2. DBMS 是一种负责数据库的＿＿＿＿＿、＿＿＿＿＿、＿＿＿＿＿、＿＿＿＿＿、

__________的软件系统。

3. 数据库的安全保护措施主要有________________、________________、________________三种。

4. 数据库的三级结构可以分别用__________、__________、__________三种模式加以描述。

5. 数据库控制通常包括________________、________________、________________、________________四个方面的内容。

6. 数据的冗余是指____。

三、计算题（8 分，每小题 2 分）

若关系 X、Y、Z 如图所示，求：

（1）$R1 = \Pi_{A,C}(X)$

（2）$R2 = \sigma_{B<'3'}(X)$

（3）$R3 = X \bowtie Y$

（4）$R4 = X \div Z$

X

A	B	C
1	1	1
1	2	4
1	3	1
3	2	4
4	1	2
3	3	2

Y

C	D
1	1
2	2

Z

B	C
3	2
2	4

四、应用题（12 分，每小题 3 分）

设有三个关系：

S（S#，SN，SA，SD）S#表示学号，SN 表示姓名，SA 表示年龄，SD 表示所在系

C（C#，CN，PC#）　C#表示课程号，CN 表示课程名，PC#表示先修课程号

SC（S#，C#，G）　S#、C#含义同上，G 表示成绩

试用关系代数表达式表示下列查询语句：

（1）查询修读课程号为 C1、成绩为 A 的所有学生姓名。

（2）查询年龄为 23 岁的学生所修读的课程名。

（3）查询至少修读 S5 修读一门课程的学生姓名。

（4）查询修读所有课程的学生姓名。

五、证明题（10 分）

1. 设 R = {A，B，C，D}，F = {A→B，C→D}，ρ = {ABC，AD}。分解是否无损联接分解？试说明理由。（5 分）

2. 设关系模式 R（SNO，SNAME，SEX，DNO，DNAME），函数依赖 F = {SNO→SNAME，SNO→SEX，SNO→DNO，DNO→DNAME}，试判断 R 的最高范式，试说明理由，如何分解？（5 分）

六、程序设计题（20 分）

设有如下 4 个关系模式：

S（SN，SNAME，CITY）

P（PN，PNAME，COLOR，WEIGHT）

J（JN，JNAME，CITY）

SPJ（SN，PN，JN，QTY）

其中：S 表示供应商，SN 为供应商编码，SNAME 为供应商名字，CITY 为供应商所在城市；P 表示零件，PN 为零件编码，PNAME 为零件名字，COLOR 为零件颜色，WEIGHT 为零件重量；J 表示工程，JN 为工程编码，JNAME 为工程名字，CITY 为工程所在城市；SPJ 表示供应关系，QTY 表示提供的零件数量。

写出实现以下各题功能的 SQL 语句：

（1）取出所在城市为上海的所有工程的全部细节。(3 分)

（2）取出为工程 J1 提供零件 P1 的供应商编码。(3 分)

（3）取出由供应商 S1 提供零件的工程名称。(3 分)

（4）取出供应商 S1 提供的零件的颜色。(3 分)

（5）取出为工程 J1 和 J2 都提供零件的供应商编码。(4 分)

（6）取出这样一些供应商编码，他们能够提供至少一种红色零件的供应商所提供的零件。(4 分)

七、综合题（10 分）

商品名称（字符型，长度 8），商品型号（字符型，长度 10），供货厂名（字符型，长度 20），厂址（字符型，长度 40），联系人（字符型，长度 8），电话（字符型，长度 10），订货单号（数字型，长度 10），订货数量（数字型，长度 8）。要求：

（1）画实体间相互联系的 E-R 图。(4 分)

（2）构造相应的关系数据库模式。(2 分)

（3）用 SQL 语言为关系模式建立相应的基表。(2 分)

（4）将所建基表的查询、修改权限授予 User1，并将商品型号的修改权限授给所有用户。(2 分)

模拟试卷一参考答案

一、选择题（每题 1 分，共 20 分）

1. A　2. D　3. A　4. C　5. A　6. C　7. C　8. A　9. A　10. B

11. D　12. D　13. A　14. D　15. C　16. C　17. B　18. B　19. C　20. B

二、填空题（每空 1 分，共 20 分）

1. 安全性保护、完整性保护、并发控制、故障恢复
2. 一元联系、二元联系、多元联系
3. 物理独立性、逻辑独立性
4. 结构特性（静态）、行为特性（动态）
5. 关系代数、关系演算

6. 实体、属性、联系
7. $\Pi_{GN}(\sigma_{GC=\text{“上海电器厂”}\wedge GQ<100}(G))$
8. 关系
9. 无损连接性（不失真）、依赖保持性

三、计算题（8 分）

（1）R1

A	C
A1	C1
A1	C4
A2	C1
A3	C2
A3	C4
A4	C2
A1	C2

（2）R2

A	B	C
A1	B1	C1
A3	B1	C2
A4	B1	C2
A1	B1	C2

（3）R3

A	B	C	D
A1	B1	C1	D1
A2	B3	C1	D1
A3	B1	C2	D2
A4	B1	C2	D2
A1	B1	C2	D2

（4）R4

A
A1

四、应用题（12 分）

（1）$\Pi_{S\#}(\sigma_{1=4\wedge 2\neq 5}(SC\times SC))$　（3 分）

（2）$\Pi_{C\#,CNAME}(C\bowtie(\Pi_{S\#,C\#}(SC)\div\Pi_{S\#}(S)))$　（3 分）

（3）$\Pi_{S\#}(SC\bowtie\Pi_{C\#}(\sigma_{TEACHER=\text{'陈军'}}(C)))$　（3 分）

（4）$\Pi_{S\#,C\#}(SC)\div\Pi_{C\#}(\sigma_{C\#=\text{'k1'}\vee C\#=\text{'k5'}}(C))$　（3 分）

五、证明题（10 分）

1. 设 R1 = AB，R2 = AC

因为 R1∩R2 = A，R2 - R1 = C，而 A→C（已知），故 R1∩R2→R2 - R1 成立

根据定理，分解 ρ 为无损联接分解（5 分）

2. 某关系模式R（ABC），函数依赖{A→B，B→A，A→C}，A为关键字，不存在非主属性对关键字的部分依赖和传递现象，R（U）属于3NF。但有B→A，而B为决定因素但不是关键字，故该关系模式不满足BCNF要求。(5分)

六、程序设计题（20分）

（1）
```
SELECT *
FROM J;                                   (2分)
```
（2）
```
SELECT *
FROM J
WHERE CITY ='上海';                       (2分)
```
（3）
```
SELECT DISTINCT SN
FROM SPJ
WHERE JN IN
        (SELECT JN
         FROM J
         WHERE CITY ='上海');             (2分)
```
（4）
```
SELECT SN
FROM SPJ
WHERE JN IN
        (SELECT JN
         FROM J
         WHERE CITY ='上海'OR CITY ='北京')
    AND PN IN
        (SELECT PN
         FROM P
         WHERE COLOR ='红');              (2分)
```
（5）
```
SELECT SPJ. PN
FROM S, J, SPJ
WHERE S. SN =SPJ. SN AND J. JN =SPJ. JN AND S. CITY =J. CITY;      (3分)
```
（6）
```
SELECT DISTINCT SPJ. JN
FROM S, J, SPJ
WHERE S. SN =SPJ. SN AND J. JN =SPJ. JN AND S. CITY < >J. CITY;    (3分)
```
（7）
```
SELECT JN
FROM J
WHERE JN NOT IN
        (SELECT DISTINCT JN
         FROM SPJ
         WHERE SN IN
                (SELECT SN
                 FROM S
```

```
        WHERE CITY ='上海'));                          (3分)
(8) SELECT S.CITY, J.CITY
    FROM S, J, SPJ
    WHERE S.SN = SPJ.SN AND J.JN = SPJ.JN;             (3分)
```

七、综合题（10分）

（1）关系数据库模式：（4分）

仓库 W（仓库号 W#，仓库名 WN，地址 WA）　　关键字：W#

产品 P（产品号 P#，产品名称 PN，规格 PS，型号 PM）　　关键字：P#

存放 L（仓库号 W#，产品号 P#，数量 QTY）　　关键字：（W#，P#）

```
(2) CREATE TABLE W (W# CHAR (10) PRIMARY KEY,
                   WN CHAR (10),
                   WA CHAR (10)); (4分)
(3) GRANT SELECT ON W TO PUBLIC;
    REVOKE SELECT ON W FROM User3; (2分)
```

模拟试卷二参考答案

一、选择题（每题1分，共20分）

1. D　2. D　3. B　4. B　5. B　6. C　7. B　8. C　9. B　10. C

11. C　12. C　13. A　14. C　15. D　16. C　17. D　18. B　19. D　20. C

二、填空题（每空1分，共20分）

1. 数据库、数据库管理系统、操作系统、计算机硬件、用户
2. 事务故障、系统故障、介质故障
3. 定义、建立、操纵、维护、控制
4. 相同的数据重复出现
5. 并、差、笛卡尔乘积、投影、选择
6. 依赖保持性

三、计算题（8分，每小题2分）

（1）R1 = R − S（2分）

A	B	C
a	b	c
c	b	d

（2）R2 = R∪S（2分）

A	B	C
a	b	c
b	a	e
c	b	d
c	a	d

（3）R3 = R∩S（2 分）

A	B	C
b	a	e

（4）R4 = R×S（2 分）

R. A	R. B	R. C	S. A	S. B	S. C
a	b	c	b	a	e
a	b	c	c	a	d
b	a	e	b	a	e
b	a	e	c	a	d
c	b	d	b	a	e
c	b	d	c	a	d

四、应用题（12 分，每小题 3 分）

（1）$\Pi_{SNO}(\sigma_{JNO='J1'}(SPJ))$　　（3 分）

（2）$\Pi_{SNO}(\sigma_{JNO='J1' \wedge PNO='P1'}(SPJ))$　　（3 分）

（3）$\Pi_{SNO}(\sigma_{JNO='J1' \wedge COLOR='红'}(SPJ \bowtie P))$　　（3 分）

（4）$\Pi_{JNO}(J) - \Pi_{JNO}(\sigma_{SCITY='北京' \wedge COLOR='红'}(S \bowtie SPJ \bowtie P))$（3 分）

五、证明题（10 分）

1. 设 R1 = ABCD，R2 = DE

因为 R1∩R2 = D，R2 − R1 = E，而 D→E（已知），故 R1∩R2→R2 − R1 成立

根据定理，分解 ρ 为无损联接分解。（5 分）

2. 由语义可得到如下的函数依赖：

（SNO，CNO）→TNO，（SNO，TNO）→CNO，TNO→CNO

这里（SNO，CNO），（SNO，TNO）都是候选关键字。

因为没有任何非主属性对候选关键字部分依赖，所以 R∈2NF。

没有任何非主属性对候选关键字传递依赖，所以 R∈3NF。

但在 F 中有 TNO→CNO，而 TNO 不包含候选关键字，所以 R 不是 BCNF 关系。（5 分）

六、程序设计题（20 分）

（1）
```
SELECT S. SN
FROM S, SC
WHERE SC. C# = 'C1' AND SC. G = 'A' AND SC. S# = S. S#;（2 分）
```

（2）
```
SELECT C#, CN
FROM C
WHERE TEACHER = '张军';（2 分）
```

（3）
```
SELECT C. CN
FROM S, SC, C
```

WHERE S. SA =23 AND S. S# = SC. S# AND SC. C# = C. C# （2 分）

（4） SELECT S. SN

FROM S, SC SCX, SC SCY

WHERE SCX. S# = 'S5'AND SCX. C# = SCY. C# AND SCY. S# = S. S# （2 分）

（5） SELECT S. SN

```
FROM S
WHERE NOT EXISTS
        (SELECT *
         FROM C
         WHERE NOT EXISTS
                 (SELECT *
                  FROM SC
                  WHERE S. S# = SC. S# AND C. C# = SC. C#));（3 分）
```

（6） SELECT C#, CN

```
FROM C
WHERE NOT EXISTS
        (SELECT *
         FROM S, SC
         WHERE S. S# = SC. S# AND SC. C# = C. C# AND SN = '李伟立');（3 分）
```

（7） SELECT C#, CN

```
FROM C
WHERE NOT EXISTS
          (SELECT *
           FROM S
           WHERE NOT EXISTS
                   (SELECT *
                    FROM SC
                    WHERE S# = S. S# AND C# = C. C#));（3 分）
```

（8） SELECT C. C#, AVG（G）

FROM SC, C

WHERE SC. C# = C. C# AND TEACHER = '刘伟健';（3 分）

七、综合题（10 分）

（1） CREATE TABLE SB（BH CHAR（8） PRIMARY KEY,

```
                    XH CHAR（10）,
                    GL CHAR（6） NOT NULL,
                    SL SMALLINT);（4 分）
```

（2） INSERT INTO SB VALUES（'SB0121', 'BJDJ-500', '500W', 40);（2 分）

（3） GRANT UPDATE, DELETE ON SB TO User1;（2 分）

GRANT UPDATE（BH） ON SB TO User2;（2 分）

模拟试卷三参考答案

一、选择题（每题1分，共20分）

1. C　2. D　3. B　4. A　5. B　6. B　7. C　8. D　9. C　10. D

11. D　12. D　13. A　14. B　15. D　16. D　17. A　18. B　19. C　20. B

二、填空题（每空1分，共20分）

1. E-R模型、层次模型、网状模型、关系模型
2. 定义、建立、操纵、维护、控制
3. 使用权限鉴别、使用范围鉴别、存取控制权鉴别
4. 存储模式、模式、子模式
5. 安全性控制、完整性控制、并发控制、故障恢复
6. 相同的数据重复出现

三、计算题（8分，每小题2分）

（1）R1

A	C
1	1
1	4
3	4
4	2
3	2

（2）R2

A	B	C
1	1	1
1	2	4
3	2	4
4	1	2

（3）R3

A	B	C	D
1	1	1	1
1	3	1	1
4	1	2	2
3	3	2	2

（4）R4

A
3

四、应用题（12分，每小题3分）

（1）$\Pi_{SN}(S \bowtie \Pi_{S\#}(\sigma_{C\#='C1' \wedge G='A'}(SC)))$ （3分）

（2）$\Pi_{CN}(C \bowtie \Pi_{C\#}(SC \bowtie \Pi_{S\#}(\sigma_{SA=23}(S))))$ （3分）

（3）$\Pi_{SN}(S \bowtie \Pi_{S\#}(SC \bowtie \Pi_{C\#}(\sigma_{S\#='S5'}(SC))))$ （3分）

（4）$\Pi_{SN}(S \bowtie (\Pi_{S\#,C\#}(SC) \div \Pi_{C\#}(C)))$ （3分）

五、证明题（10分）

1. 设 R1 = ABC，R2 = AD

因为 $R1 \cap R2 = A$，$R1 - R2 = BC$，$R2 - R1 = D$，故 $R1 \cap R2 \rightarrow R1 - R2$ 或 $R1 \cap R2 \rightarrow R2 - R1$ 均不成立。

根据定理，分解 ρ 不是无损联接分解（5分）。

2. R 最高范式为 2NF。

由函数依赖 F 可以得到 SNO 为候选关键字。

因为没有任何非主属性对候选关键字部分依赖，所以 $R \in 2NF$。

但是由 SNO → DNO，DNO → DNAME 可以推导出 SNO → DNAME，故存在非主属性 DNAME 对候选关键字 SNO 传递依赖，所以 R 不是 3NF 关系。

这里我们可以将 R（SNO，SNAME，SEX，DNO，DNAME）分解成 R1（SNO，SNAME，SEX，DNO）和 R2（DNO，DNAM），它们就可达到 BCNF。（5分）

六、程序设计题（共20分）

（1）
```
SELECT *
FROM J
WHERE CITY = '上海';
```
（3分）

（2）
```
SELECT SN
FROM SPJ
WHERE JN = 'J1'   AND PN = 'P1';
```
（3分）

（3）
```
SELECT JNAME
FROM SPJ, J
WHERE SN = 'S1'   AND SPJ. JN = J. JN;
```
（3分）

（4）
```
SELECT DISTINCT COLOR
FROM P
WHERE PN IN
        (SELECT PN
         FROM SPJ
         WHERE SN = 'S1');
```
（3分）

（5）
```
SELECT SN
FROM SPJ
WHERE JN = 'J1'   AND SN IN
                 (SELECT SN
                  FROM SPJ
                  WHERE JN = 'J2');
```
（4分）

(6) SELECT DISTINCT SPJ. SN
    FROM P, SPJ
    WHERE SPJ. PN IN
        (SELECT SPJ. PN
         FROM SPJ, S, P
         WHERE S. SN = SPJ. SN AND P. PN = SPJ. PN AND P. COLOR = '红'); (4分)

七、综合题(10分)

(1) E-R图(4分):

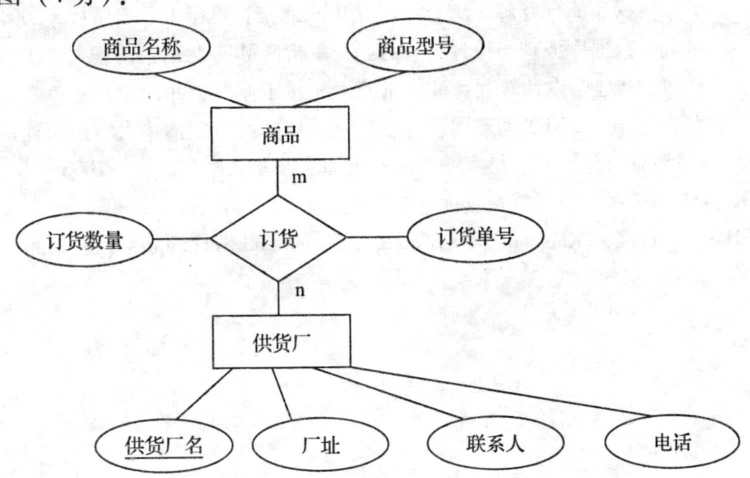

(2) 关系数据库模式(2分):

商品(MC, XH)　　关键字: MC

供货厂(CM, CZ, LXR, DH)　　关键字: CM

订货(DH, MC, CM, SL)　　关键字: DH

(3)
```
CREATE TABLE SP (MC CHAR (8) PRIMARY KEY,
                 XH CHAR (10));
CREATE TABLE GHC (CM CHAR (20) PRIMARY KEY,
                  CZ CHAR (40),
                  LXR CHAR (8),
                  DH CHAR (10));
CREATE TABLE DH (DH SMALLINT PRIMARY KEY,
                 MC CHAR (8),
                 CM CHAR (20),
                 SL SMALLINT);   (2分)
```

(4)
```
GRANT SELECT, UPDATE ON SP TO User1;
GRANT SELECT, UPDATE ON GHC TO User1;
GRANT SELECT, UPDATE ON DH TO User1;
GRANT UPDATE (XH) ON SP TO PUBLIC; (2分)
```

参考文献

[1] 胡孔法. 数据库原理及应用 [M]. 北京：机械工业出版社，2008.
[2] 王能斌. 数据库系统教程 [M]. 北京：电子工业出版社，2002.
[3] 王珊，萨师煊. 数据库系统概论 [M]. 4版. 北京：高等教育出版社，2006.
[4] 王珊. 数据库系统概论学习指导与习题解析 [M]. 4版. 北京：高等教育出版社，2008.
[5] 施伯乐，丁宝康，汪卫. 数据库系统教程 [M]. 2版. 北京：高等教育出版社，2003.
[6] 盛定宇，彭澎. 数据库原理题解·综合练习 [M]. 北京：机械工业出版社，2004.
[7] 刘亚军，高莉莉. 数据库原理与设计——习题与解析 [M]. 北京：清华大学出版社，2005.
[8] 郑阿奇，梁敬东. C#程序设计教程 [M]. 北京：机械工业出版社，2007.
[9] 李英俊，毕斐，等. ASP. NET 动态网站开发教程 [M]. 北京：清华大学出版社，2004.
[10] 郭常圳. C#网络应用开发例学与实践 [M]. 北京：清华大学出版社，2006.
[11] 郑振楣，于戈，郭敏. 分布式数据库 [M]. 北京：科学出版社，2000.
[12] JiaWei Han，Micheline Kamber. Data Mining Concepts and Techniques [M]. 北京：机械工业出版社，2006.